松原 望
統計学

松原 望 著

東京図書株式会社

物有本末，事有終始，知所先後則矣近道矣　　朱子『大学』
　　——物に本末あり，事に終始あり，先後する所を知れば則ち道に近し

事実を用いて科学を築くのは，石を用いて家を築くようなものである．しかし，山積みの石が家でないのと同様，事実の寄せ集めが科学というわけではない．
　　　　　　　　　　　　　　　　　　　　アンリ・ポアンカレ

正しい問題に対する近似的な解を持つほうが，間違った問題に対する正確な解を持つよりもはるかに価値がある．
　　　　　　　　　　　　　　　　　　　　J．テューキー

第九戒　あなたは隣人について，偽証してはならない．
　　　　　　　　　　　　　　　　　　　　旧約聖書

読者へのまえがき

本書のモットーと読み方の心

　統計学には世界のさし迫った問題を全力を挙げて解決して来た長い歴史がある．

　本書も著者の50年余に渉る統計学の教育・研究ノオトから，「統計学」にはこれだけはという基礎的事項を書き出し，かつ実践上の必要から加えた部分を15章に構成したものである．20年ほど前の先駆書で今も好評の『統計学入門』（東京大学出版会）の13章に比べ2章増えたが，回帰分析の分野を厚くし，ニーズの多い「分散分析」を加え，ノンパラメトリック統計学（通称「ノンパラ」），ベイズ統計学（同「ベイジアン」），および計算機統計学の主要2トピック（ジャックナイフおよびブートストラップ）をそれぞれほんのさわりだけ加え，読者のため現代の傾向に対応することにした．何事も基礎を積むことよって現実に向えるのである．

　執筆の基本方針として，かってより学生からニックネームを頂戴している「松原統計学」の基本三モットー「わかりやすく」「ためになり」「面白い」── 一部の同僚から反発と不評があったが ── を維持したつもりだが，内容が増え先端分野も取り入れたことから，気がかりもある．飛ばし読みもかまわない．

　本書の読者対象は，概ね大学1, 2年あるいはビジネスマン，社会人である．文系，理系は問わない．数学は高等学校卒業程度である（微分は最尤推定のところだけで，難解であっても「そういうもんだ」で済ませてかまわない．積分は期待値の代わりにすぎず，ここも同じである．）マスコミは考えることを強調するが，考えれば考えるほどわからなくなることも多く，飛ばして読み後から戻ると存外スッとわかることもある．最近，学び方についてマスコミは信用しないほうがかえって良い結果になる傾向がある．

　各章の構成の関連として，著者が初学者のために以前より工夫し成功を収めている「序破急」の三部構成を今回も踏襲し，ほぼ5章ずつ配置した．序は基礎で，優しくそして易しく「お誘い」する段階で，読者は抵抗なく学問の雰囲気に慣れ

ていただけるだろう．破は徐々に展開に引き込まれる段階で，本論のエッセンスを味わうことができるよう工夫した．多少の難解さがあるとしても，人の理解は基本はまずいわゆる「骨太」でよく，細部にこだわることはない．統計学はもとは帰納の学問で真理は大局に宿るものである．急は学問の厳しさとそれを越えて発展する部分で，いわば「思えば遠くへ来たもんだ」と感じ，（初学者として）現代的分野を知ってほしい部分である．きわめて難解ではないが，場合によっては間をおいて気分をあらたに挑戦してほしい．もともと，著者は読者に最初から100％わかるよう要求しているわけではなく，まずは2/3がさしあたりの満足基準であろう．総じて「統計検定」の内容を参考にしたが，おおむね1.5級程度のレベルとなっている．

　また，読者が広範囲に及ぶことから，事例は特定分野へのかたよりを避けて乱数シミュレーションに代え，かつ一般読者の近づき易さ，自ら試す容易さからエクセルに特定化した．RやJumpは普及してはいるがまだまだ人口の一部の普及にとどまる*．

統計学の基本精神 —— 読む前に

　人類の古代においては，数学（幾何学），論理学，自然哲学（物理学の前身）はあったが，統計学はなかった．数を数えてデータとして残すことは考えられもしなかった．なぜなら，そもそも経験一般の地位が非常に低かったからである．「経験」とは憶測，あやふやな主観，偏見として排撃されることはプラトンの著書を見れば明瞭で，観察を重視した弟子アリストテレスにあっても傾向は続いた．近代に入って，事情は打って変わり，数で数えることが必然となり，統計史家I.ハッキングのいうごとく，人類は19世紀ごろより「統計の世紀」へ入り，というよりは，貧困，病気，戦争，犯罪，自殺など統計で「多量」に対抗せざるを得なくなったのである．まさに，エビデンスとしての統計学である．数学は演繹という仮構を扱うが，統計は事実による帰納という重くハードな仕事を負っている．統計学は「推論」の学であり，数によって証言する．携わる人々は証人であり，証人は公正が旨である．

　統計学は歴史の中から自然に生まれたいわゆる自生的秩序に属するから，物理

＊　本書のExcelによるデータ解説は http://www.qmss.jp/databank/ 参照

学のように強固な体系を取りえていない．科学史家クーンのいわゆる「パラダイム」を当てはめることはできないと思う．言い換えてみよう．クーンは「パラダイム」の明確な定義を与えていないが，それでも，メンバー間では疑うことが許されない強固な少数の法則，指導的，標準的な教科書の存在が条件に挙げられている．これにはあてはまらない．むしろ，統計学は，現実には，クーンを批判したI. ラカトシュのいわゆる「ハードコア」に合う．検定,推定など大方の所「正しい推論」を芯にし，それに向けて，確率論，数理科学など諸学が周りを囲む，これもラカトシュのいう「保護帯」になっている．統計学はそのような学問であるとして，研究・教育を進めたいと思う．

謝辞とともに

　本書の執筆にあたり美添泰人，藤越康祝，倉田博史，森棟公夫，宮原英夫，鎌谷直之，舟岡史雄，諸兄に大変お世話になった．とくに「統計検定」の内容は参考にさせていただいた．これの推進にかかわられた日本統計学会，ことに従事された委員の方々一同，とりわけ美添泰人，竹村彰通両氏には感謝の意を表するとともに，検定の発展をいのりたい．また言うまでもなく，著者が専任・兼任した統計数理研究所，筑波大学（社会工学系），東京大学・大学院（教養学部，総合文化研究科，経済学研究科，教育研究科，新領域創成科学研究科），上智大学には篤く御礼を申し上げたい．また長年にわたりこの方面で筆者が全幅の理解をいただいている日本アクチュアリー会には御礼の言葉を申し上げたい．また，私に活動の場をあたえてくれている聖学院大学前理事長大木英夫先生，現理事長阿久戸光晴先生に，この際神の祝福があることを祈りたい．

　そして，この機会に本当の最後に妻と長男の労苦をねぎらいたい．

　ところで，この際は筆者の私事で申し訳ないが，50年を超える統計学学究生活で，4人の先生の学恩に浴した．深甚なる感謝を表現する言葉がなかなか見つからない．

　林周二先生（元東京大学教養学部教授）の講義は，まだ高校生を抜けたばかりの大学1年生には，その見事さにそもそも大学の講義とはこういうものか，と感服せしめたものである．13回の授業で実験計画やWaldの統計的決定関数までカ

バーする名技量は，期せずして40年後にその後任になった私にも未到である．

　数学者古屋茂先生には有限群論を習っただけであるが，物性物理学（金属電子論）の難解に悩んでいた筆者を好きな統計学に誘導し，統計数理研究所に紹介してくださった．

　松下嘉米男先生（元統計数理研究所初代第一研究部長）は，無頼の一青年を温かく迎えて下さり，何も指示されなかったが，とにかく自分で研究するようにと当方からのお願いはすべて聞いて下さった．それではと，2年後海外留学のお願いに対し，推薦状を米国の一流大学に快く書いて下さった．いくつか合格したが，当時から一流のStanfordへ行けといわれた．それにより，私の遅れたキャリアはスタートした．学者の恩は一生のものである（と私は思っている）．今でもときどき，当時の米国の統計学会の様子をお聞きするのが楽しみであり，また先生は日本の代数学の泰斗高木貞治の助手であったので，隣接他分野のお話しを好学のためにお伺いしている．

　鈴木雪夫先生は留学前の2年間第一研究室長で当時も（今も）大変硬派で厳しい先生であった，当初，ポントリャーギン『連続群論』，伊藤清『確率論』，伊藤清三『ルベーグ積分』を準備として徹底完読したのだが，御不満で，統計は数学ではない，統計をやれと，Cramér，S.WilksそしてWaldのレクチャー・ノートの完読を指示されたが，大事業である．これらはStanford時代にかなり実現した．先生は万事すべて厳しく今でもその関係は変わっていない．ことに，先生は，バリバリのベイジアンで，統計学はこれからはこれ以外あり得ないといわれている．その後東京大学経済学部へ転出され，初期のベイズ統計学の基礎に貢献された．

　これらの先生方の助けがなかったら，風来坊気質の私が統計学という体系に挑むことはなかったであろう．その学恩は計り知れない．他方，これらの先生方は基本的には本人任せで（それでいいのだが），すべて私次第であった．だが，制度の話は別で，一般に研究所は教育システムを持っておらず，コースワークもない．研究所見直しがあってしかるべきである．ことにこれで制度的に統計学はもつのだろうか．私はラッキーであったのかも知れない．

聖学院大学にて　　著者識　　　　　　　　　　　　　　　　　2013年8月

本書の目次

まえがき

第1章 統計学のガイダンス　　1

- §1.1 「統計」と「統計学」を考える前に …… 2
- §1.2 「統計学」とはなにか …… 4
- §1.3 統計は方法だが，文法でもある …… 6
  - 1.3.1 実践からうまれた統計学 …… 7
  - 1.3.2 記述統計と統計的推測 …… 8
- §1.4 統計の有用性と最近の問題点 …… 8
  - 1.4.1 一通りではない …… 9
  - 1.4.2 統計学は文章力 …… 10
  - 1.4.3 事実を忠実に描写する …… 11

第2章 データのとり方　　13

- §2.1 分析の始め方 …… 14
- §2.2 各種のデータの取り扱い …… 16

第3章 統計学と確率の関係　　25

- §3.1 統計データと確率 …… 26
- §3.2 ゴルトンのクィンカンクス …… 28
- §3.3 簡単な二項分布の例 …… 29

第4章 母集団とサンプル　　39

- §4.1 各種の統計量 …… 40
- §4.2 母分散の確率分布のしくみ …… 45
- §4.3 重要な確率変数 X の確率分布 …… 50
- §4.4 確率分布の演算 …… 66

第5章 推論の基礎　　73

- §5.1 確率分布への適合 ……………………………………… 74
  - 5.1.1 データ数字の確率分布 ………………………… 74
  - 5.1.2 χ^2統計量 ……………………………………… 74
  - 5.1.3 χ^2分布 ………………………………………… 75
- §5.2 フィッシャーの有意性検定の基礎 ………………………… 76
  - 5.2.1 z検定 …………………………………………… 77
  - 5.2.2 t統計量 ………………………………………… 78
  - 5.2.3 t分布の導出 …………………………………… 79
- §5.3 F分布 ………………………………………………… 81
- §5.4 十分統計量と統計分析の始まり ………………………… 81
  - 5.4.1 データの置き換え ……………………………… 81
  - 5.4.2 まとめる関数 …………………………………… 82
  - 5.4.3 十分統計量の定義 ……………………………… 85
  - 5.4.3 ネイマンの因数分解基準 ……………………… 86

第6章 統計的推定　　89

- §6.1 推定論のはじめ ………………………………………… 90
  - 6.1.1 推定バイアスと不偏推定量 …………………… 90
  - 6.1.2 一致推定量 ……………………………………… 93
  - 6.1.3 効率性 …………………………………………… 94
- §6.2 最尤推定法 ……………………………………………… 94
  - 6.2.1 最尤推定事始め ………………………………… 94
  - 6.2.2 フィッシャーの最尤推定 ……………………… 95
  - 6.2.2 いろいろな分布のパラメータ推定 …………… 98
- §6.3 信頼区間の考え方 ……………………………………… 100
  - 6.3.1 点推定と区間推定 ……………………………… 100
  - 6.3.2 信頼区間の構成法と意味 ……………………… 101
  - 6.3.3 比較の信頼区間 ………………………………… 103
  - 6.3.4 二項分布と社会調査への適用例 ……………… 105
  - 6.3.5 信頼区間に対する批判——フィデューシャル確率… 106
  - 6.3.6 クラメール＝ラオの下限 ……………………… 108
  - 6.3.7 平均二乗誤差を基準に ………………………… 112

第7章　仮説検定　　　115

- §7.1　χ^2適合度検定 …………………………………………… 116
  - 7.1.1　結論の述べ方………………………………………… 118
  - 7.1.2　よりよい理解のために……………………………… 118
  - 7.1.3　発展への基礎………………………………………… 121
- §7.2　有意性検定……………………………………………………… 122
  - 7.2.1　有意とは………………………………………………… 122
  - 7.2.2　有意水準………………………………………………… 123
  - 7.2.3　手続き方法……………………………………………… 123
  - 7.2.4　有意性検定の注意点………………………………… 124
- §7.3　統計的仮説検定理論………………………………………… 125
  - 7.3.1　有意性検定の発展…………………………………… 125
  - 7.3.2　統計的仮説検定の考え方…………………………… 126
  - 7.3.3　t検定の方式 ………………………………………… 128
- §7.4　おもな仮説検定の方法……………………………………… 132
  - 7.4.1　スチューデントの2標本検定……………………… 132
  - 7.4.2　シミュレーションによる理解……………………… 135
  - 7.4.3　相関係数の検定……………………………………… 137
  - 7.4.4　シミュレーション…………………………………… 138
- §7.5　分散の検定……………………………………………………… 139
  - 7.5.1　サンプルの分散……………………………………… 139
  - 7.5.2　s^2の分布と自由度　………………………………… 140
  - 7.5.3　母分散の有意性検定………………………………… 141
- §7.6　分割表の独立性のχ^2検定　……………………………… 142
  - 7.6.1　χ^2分布を用いる検定　…………………………… 142
  - 7.6.2　独立性とは……………………………………………… 142
- §7.7　検定の検出力………………………………………………… 144
  - 7.7.1　検出力とは……………………………………………… 144
  - 7.7.2　検出力の計算………………………………………… 146
- §7.8　高い検定力の検定…………………………………………… 149

第8章　最小二乗法と回帰分析　　　153

- §8.1　回帰分析とは………………………………………………… 154
- §8.2　最小二乗法…………………………………………………… 155

	8.2.1	基礎	156
	8.2.2	回帰分析を始める	159
	8.2.3	重回帰分析のパラメータ推定	161
§8.3	回帰分析のパフォーマンス		164
	8.3.1	回帰分析の読み方 I	164
	8.3.2	回帰分析の読み方 II	167

第9章 一般線形モデル　　171

§9.1 行列表示 …………………………………… 172
　9.1.1 行列で計算 ……………………………… 172
　9.1.2 重回帰の計算 …………………………… 174
§9.2 回帰係数の有意性検定 ……………………… 175
　9.2.1 回帰係数の標準偏差と t 値 …………… 175
　9.2.2 回帰係数の信頼区間 …………………… 176
§9.3 多重共線のトラブル ………………………… 177
　9.3.1 行列の $X'X$ の変調 …………………… 177
　9.3.2 完全な相関 ……………………………… 178
　9.3.3 多変共線とは …………………………… 179
§9.4 対処法（1）　リッジ回帰 ………………… 181
§9.5 対処法（2）　主成分回帰 ………………… 182
　9.5.1 固有値問題による変数を再構成 ……… 182
　9.5.2 統計学でも固有値 ……………………… 186
　9.5.3 主成分の構成 …………………………… 188
　9.5.4 主成分で回帰 …………………………… 189

第10章 重回帰分析の実際と発展　　195

§10.1 回帰分析の理解 …………………………… 196
　10.1.1 回帰分析と相関関係 ………………… 196
　10.1.2 決定係数, 重相関係数を求めよう … 198
　10.1.3 t 値の計算 …………………………… 199
§10.2 重回帰分析を使いこなす ………………… 201
　10.2.1 「偏回帰係数」の意味 ……………… 202
　10.2.2 偏相関係数 …………………………… 203
　10.2.3 決定係数, F 値で変数選択 ………… 205
　10.2.4 マローズの C_p 基準 ………………… 207

	10.2.5　分散拡大因子による警告	209
§ 10.3	ガウス＝マルコフの定理	214
§ 10.4	ロジスティック回帰	216
	10.4.1　ロジット	216
	10.4.2　一般線形モデル	218

第 11 章　分散分析　　221

§ 11.1	計画された実験のデータ	222
	11.1.1　t 検定の発展	222
§ 11.2	一元配置	224
	11.2.1　因子 A	224
	11.2.2　因子 A の検定	225
	11.2.3　平方和とその分解	227
	11.2.4　F 分布で因子 A の有意性を判断	230
	11.2.5　完全ランダム計画	231
§ 11.3	くり返しのない二元配置	231
	11.3.1　くり返しなしのケース	233
	11.3.2　再び平方和の分解	234
	11.3.3　二元配置レビュー	236
§ 11.4	くり返しのある二元配置	237
	11.4.1　くり返しありのケース	237
	11.4.2　交互作用を入れた平方和の分解	238
	11.4.3　交互作用の重要性	241
	11.4.4　おわりに	244
§付節	多重比較	245
	付.1　'直列式'の落とし穴	245
	付.2　ではどうするか	247
	付.3　テューキー法	247
	付.4　シェフェの方法	249

第 12 章　大標本理論　　253

§ 12.1	統計学と大標本理論	254
	12.1.1　n が大きいとき	254
	12.1.2　大数の法則	255
	12.1.3　中心極限定理	258

	12.1.4　メリット2通り	259
§12.2	統計学への応用	261
§12.3	最尤推定量の大標本分布	264

第13章　分布によらない統計的方法　　267

§13.1	ノンパラメトリック統計学とは何か	268
§13.2	分布によらない方法	269
§13.3	順位の不変性	271
§13.4	順位相関係数	272
§13.5	順位による検定	278
	13.5.1　順位和検定	278
	13.5.2　ウィルコクソンの順位和検定	278
	13.5.3　マン＝ホイットニー検定	280
§13.6	ロバスト推定	281

第14章　ベイズ統計学の基礎　　285

§14.1	ちょうど逆	286
§14.2	平純な計算	287
§14.3	ベイズ統計学へ	288
§14.4	正規分布の共役事前分布	290
§14.5	スタインのパラドクス	293

第15章　シミュレーションによる数理統計学　　295

§15.1	「統計的機械」としてのコンピュータ	296
§15.2	ジャックナイフ法の原理	297
§15.3	ブートストラップ法の原理	299

参考文献案内	305
索引	316

◆装幀　戸田ツトム

第 1 章
統計学のガイダンス

　すべて偉大な物語が「始まり」なく自然に始まるように，統計学も統計学以前の人の知恵と良識から始まる．

§1.1 「統計」と「統計学」を考える前に

統計学は難しいものではない．その理由は，統計学の学びの材料はわれわれのまわりにいくらでもある．本書では，統計学のどのような場面を材料として扱い理論を説明するか，その一端を示して，統計学の学習に親しむことにしよう．

① 全国交通事故の単純概要 統計イコール数字，ゆえに答えを出さなければいけない，という強迫観念に左右されることは多い．絵を眺める気持ちでユッタリと考え，一つ二つでも簡単なそれでいて意外に気付かない事柄を発見してみよう（6頁参照）．

② 生活時間調査 NHKの放送文化研究所の「生活時間調査」によると，日本人の中では睡眠時間が減少する傾向が目立つ．これは,暦年の変化データ（時系列データという）でも，地域別に横断的に見たデータ（横断面，あるいはクロス・セクションデータ）でも確認される．「日本人の」というからには，広く調査を行うことになるが，これはサンプル調査（サンプリングによる調査）によって可能になったことを知っておこう．

③ 学生による簡単な「市場調査」 サンプル調査の典型的なユーザは企業であり，その用途はおもに市場調査である．ただし，市場調査は本格的なものは，個人の手に負えない．これとは別に統計学の学習例としては，学生が身のまわりの商品の価格を実習として調べてみるのは，仕事に就いた後に経験としてある程度，有益であり，ガソリン価格，食品の有名ブランドのスーパーマーケットでの価格を調査するのもよい．当然，価格はバラツキ，平均と分散あるいは標準偏差の計算も自らがとったデータなら親しみもわき，理解もしやすい．価格の高低のソーティング[1]，最大・最小の学習にもなる．

④ 災害，事故の危機理論 わが国では，ことに感傷的な報道が目立つが，

---

[1] 一定の規則に従って並べること．

やはり客観的事実はおさえておくことが重要である．原因，被害の大きさ，被害者の分類や種別，対策，復旧の状況の事実の把握には統計学が役立つ．タイタニック号沈没事故，あるいは阪神・淡路大震災などのケースでは，存在・死亡のクロス集計や復旧の追跡調査（時系列），その地域別の進捗度の差の集計（クロスセクション）など事故，災害の被害の集約結果が蓄積されている．19頁など参照．

⑤ 国際システム指標 「指標」とは，「社会指標」social indicators，すなわちその社会を適切に選別，収集された統計データによって表現する仕組みをいう．ふつう，地理，人口，政治，経済，社会，文化，環境，公衆衛生，安全などの分野にわたる．国家を単位とする世界レベルのものもある．多くはクロスセクションの形であり，おもに平均的レベルや諸量の相関関係から，構造的要因を研究することに用いられる．

⑥ 生活価値の多変数解析 統計学は起こった事実の数的記録を分析する学問であるが，背後にある原因（因子といわれることが多い），構造，価値観を推量して，その効き方，作用を定量的に定めることにも用いられる．背後にあって（隠れていて）現実の現象をもたらしていると考えるとき，その量を潜在変量という．人の「能力」，社会における「価値観」や「意識」，あるいは「イデオロギー」などは潜在変量として考えることができる．消費行動の背後にある地域差などの決定要因は多分に複雑，多元的な存在で，多変量解析（ことに因子分析）でかなりの程度にとらえることができる．

⑦ GDP統計を見る われわれが新聞報道を通じて知る日々，月々の経済事情のデータは，経済データといわれる．官庁の作成による（これを官庁データという）経済データは，重要なものは「国民経済計算」というシステムに体系化される．そのことでもことに重要なのはGDP（国内総生産）であり，その時系列はしばしば引用され，時系列の見方を学ぶ上で重要な例となる．また，今後の日本を考えるとストック統計も見直すべきだろう．

⑧ あさま号事件（統計倫理Ⅰ） 特急列車の所要時間の表示が，正確さと商業主義の衝突として問題になったことがある．企業の利益のために，

統計の用い方が左右された事例として注目をひいたが，統計も社会的存在として責任を持たねばならないことを考えさせられる．

⑨ 公害時代の教訓（統計倫理Ⅱ） 統計データという情報が不足しているとき，社会的決定にはさまざまな問題が生じる．不定のまま意思決定するのがよいのか，十分になるまで待つのか，それぞれ利害損失がある．統計的方法が誤解（曲解）されると，サンプルが十分になるまで待つ（一般には，それが正しいとされる）内に必要な決定が行われない，という弊害が生じる．その典型ケースが水俣病の悲劇であった．

⑩ 世論調査の転換点（統計的倫理Ⅲ） 世論調査（内閣支持率調査）は政治に大きな影響力を持つ．しかも，科学的方法に裏付けられた統計的方法によっているとの理由から，ほとんど異論を寄せ付けない力をふるう．しかし，質問の選び方，集計の仕方，解釈の仕方は唯一の正しい実施法があるわけではなく，実施方法（新聞社，マスコミ）の方針に任せられている．政治を決定する代議制選挙と並ぶ大きな力になった世論調査の調査実施のさまざまな面について，国民主権の立場から議論すべき段階になっていると思われる．ことに，'支持率が30％を切った内閣は長く続かない'などの言説に対しては，世論調査をする側にも一半の責任があり，統計的方法の使い方として反省すべきであろう．科学的だからといって，社会的に野放しにするには，統計学は大きな力を持ち過ぎている．

§ 1.2 「統計学」となにか

これから「統計」，あるいは「統計学」（両者は部分的には重なるのでその限りで使い分けない）を学ぼう．

「統計」とか「統計学」というが，これはどんな方法や学問を指すのであろうか？ 統計学は単なるテクニックだと思っている人は多いが，自動車の運転方法とは異なって，テクニックだけでは十分に使いこなすことはできず，ある程度は（それほど高度ではないが）ちょっとした約束事を知らないと使いこなせない．ひとたびこれを使いこなせると，その効用は相当に大きい．

すなわち，統計学とは

——集団において成り立つ規則性や法則性を，表したり（記述），見出したり（検出），あるいは証明したり（検証）するための，主として数量的な方法論の体系（まとまった集まり）——

であるということができる．ただし，これは筆者の定義である．じつは定義を含んでいるテキストはほとんどない．

アンダーラインをひいた部分は各章においておって説明されるが，一つ，二つ強調しておこう．

第一に，統計学は集団に対して成り立つ．「統計によれば私は……」と言い方は成り立ちえない．大所高所を忘れて自分のランキングに熱中するのは気を見て森を見ない類になる．また統計学は集団のたしかな全体的傾向を示すが，傾向には多少の例外がある．それを理由に強弁して傾向を否定するのも適切な考え方ではない．

第二に，統計学は方法論なので，多くのそれぞれの分野に横断的に用いることができ，"統計力"というべきものである．長い目で見ると，語学力もそうであるが，自分の仕事や人生に影響すると言っても言い過ぎではない．数字を理由もなく嫌うと，長い人生の多くの場面でことごとくそれを避けて通ることになり，可能性や機会を満たすことになるだろう．

第三に，数量を用いるが，統計学では 20 cm，20 g，20 時間，……のように具体的な場でうまれる数字を扱い，"20" そのものを扱うことはない．統計学は数字を使うが，数学の一分野ではない．

「統計はむずかしい」と思われているのだが，本当はそれほど難しくない．数学だから難しいと思うのは誤解である．実は数字だから難しいのではなく（数学者も統計は分かっていないことが多い），使い方を知らないのである．自動車は四輪，自転車は二輪，しかも自転車ははるかに構造が単純である．しかし，自転車に最初に乗るのは，相当に難しく感じられる．統計も素直に

考えれば有用なのに，必要以上に難しいことを考え̇な̇く̇て̇は̇な̇ら̇な̇い̇と思いこんでいる．いくつかの事例を挙げよう．

　自動車の運転免許試験場に行くと，毎回，壁に

平成 14 年度の交通事故のデータ

	全国	都内
発生件数	936721	88512
死者数	8326	376
負傷者数	1167865	101037

という表が貼ってあるが，係官がこれを説明したことは一回もない．2 − 3 時間の講話の中に，全く交通安全の現状の説明がない．高等数学を使うわけでもなく，つまり単純でほとんど明らかな情報なのにこれから読みとれないのである．簡単なことほど難しい．どうですか？　何が読めますか？　下に簡単な問いを挙げます．

　問　このデータだけをもとにして，これから推論されることを推論理由とともに，説明する解説文を作りなさい．ただし，解説文は必ず数字を含むこと．

　かつて奉職した T 大学でこれを出題したところ，回答できた率は 3 割以下であった．'何をたずねているかわからない' という抗議があった．問がなければ答えられないのだろうか．社会では問うこと自体，問題を自ら見出すものである（回答例は，松原望編『統計学 100 のキーワード』参照）．

§ 1.3　統計は方法だが，文法でもある

　「統計」は多くの（統計 = データという用い方もある）人々にとって役に立つ方法であり，テクニックである．方法やテクニックの背後には理論があり，統計で論理的にものを言うとすれば，ある程度の知識が必要である．この知識を「統計学」という．「統計」も「統計学」も英語では statistics（単

数扱い）ということで，区別しないことが多い．

近代統計学理論の基礎の建設者であるカール・ピアソン（Karl Pearson, 1857-1936）が，統計学は「科学の文法」である，という有名な言い方を残しているのも，だいたいにおいて同じ意味である．しかし，今日の統計学はきわめて広い方面に応用されているから，ここでいう「科学」は狭い範囲の自然科学に限られない．

1.3.1 実践からうまれた統計学

統計学はいまでこそ整然とした理論体系をなしているが，もともとは，人間やその社会におけるさまざまな実践的関心や活動から起こり，その考え方や蓄積した知識が合流して太い流れをなしたものである．その痕跡はいまもある．記述統計，検定，推定，……のように方法がセグメント化され，全体として寄せ集めの感がある．『高等統計学理論』という専門書の著者ケンドール（Kendall, 1907-1983）は，統計学の生い立ちを，次のように説明している．

今日，「統計理論」の考え方の太い流れは，この水源の岩から，というふうに遡ることはできない．むしろ，多くの分野からの小さな支流が集まって，2世紀以上もかかって合流し，一つの流れになったものである．たとえば，

a) ゲームのテーブルから起こった確率論，
b) 常備軍や国家財政上の必要から起こった国家状態の統計，
c) 古代地中海貿易での，難破事故や海上略奪に対する海上保険の計算，
d) 17世紀のペスト禍を機とする近代死亡率表の研究，
e) 天文観測で生じる観測誤差の理論，
f) 生物などで生じる諸量の相関関係の理論，
g) 農学で実験を計画するための理論，
h) 経済学や気象学における時系列の理論，
i) 心理学における要因分析やランキングの理論，

j) 社会学における x^2（カイ二乗）統計量の方法,

などが挙げられる．こうしてみると，人間の生活のあらゆる場面とあらゆる科学がこの統計学と関わりを有した，といっても言い過ぎではない．

　このことからわかるように,「現象の法則性」に対する人間のあくなき実際的関心が統計学を生みだした．現象の法則性を知るために,（1）全てを丹念に調べ，規則性から法則を見出してもよい．また,（2）一部を観察して，そこから論理性のある推論で全体の法則性の発見に至ってもよい．

1.3.2　記述統計と統計的推測

　統計学の発達史からいえば,（1）が早く，これが今日「記述統計学」といわれるものにほぼ一致する．また,（2）として,「確率論」という数学理論を武器として，記述統計学の上にここ1世紀ほどで打ち建てられた方法論の体系が,「統計的推測」（あるいは数理統計学）である．この二つの分野を合わせて，近代統計学の理論という．

　全体（集団）の法則性を知るには全体を調べねばならない，ということは理屈の上では尤もで，これが「全数調査」といわれる考え方である．「国勢調査」Census は忠実にこの原理を実行している．統計的推測に見られる「一部」を調べて「全体」に替える，という考え方はここにはない．可能な限り大量の資料を得て，繊細に観察，整理し，数量的法則（規則性）の発見を目指すのである．しかし，数学的考え方の助けを借り，またコンピュータの高度の発達に助けられて統計的推測の考え方が広く普及している．

§ 1.4　統計の有用性と最近の問題点

　「統計」や「統計学」は各方面で役立つ方法である．大学へ入る新入生の多くが，すでに統計学を重要な学問として知っていてこれを選択している．また大学で統計学を学ばなかったが，社会に出てから統計学を使うことを迫られ必要を痛感したという人も多い．仕事に就いてから，かえってある学問

の必要性を感じること，これが統計学の目立った特徴である．

統計学が経済・経営・社会一般の現象や出来事の分析に役立つことは言うまでもないが，それだけではなく，われわれの身の回りや生活でも用いられていることは，考えられる以上である．テスト，スポーツ，医療，心理，賭けごとなど枚挙に暇がない．その大きな情報源である新聞・テレビなども，日々いろいろな統計データを伝えている．しかし，これを取捨選択するだけでも容易ではない．原則的には，適切なデータを正しい適切な図，表の形で読者に提供することはマスコミの重要な役割である．それは何十行の文章にも匹敵する．

ただし逆にマスコミが「数字の一人歩き」をさせることもある．「偏差値」はその最たる例である．それは統計学上の客観的な量であるにも関わらず，一部のマスコミ自体にその意味内容を理解する力量がないため，本質的でない点を強調して，むしろ「数字の一人歩き」に加担している．この傾向はますます加速しており，内閣支持率の世論調査で，総理大臣が次々と交代するという有様になっている．

1.4.1 一通りではない

統計数字（データ）を「読む」とは，統計数字を通じてその背景にある出来事や事柄を推論することである．統計数字の「意味するところ」を知ることであると言ってもよいが，「意味するところ」は一通りではなくさまざまである．読む当の主体も「意味するところ」にかかわる．

たとえば，

　　「500 cc のコップに 250 cc の水が入っている」

ことに対し，「もう半分しか残っていない」とするか，「まだ半分しか飲んでいない」とするかは，データを読む人による．さらに言うなら，人によっては水の量ではなく水の質（透明度など）を問題にするかもしれない（⇒フレーミング）．ここは写実の課題である．

より具体的な例では，「国民の税負担」のデータに対し，「公共サービスの

レベルを維持するためにはやむを得ない」とする立場か「税金の無駄遣いが多い」とする立場かでは，データの見方は異なることが予想される．あるいは，選挙の結果に対し「選挙に負けたのだから責任をとって退陣すべき」か，あるいは「逆風の割りにはよく戦った」とするかは，結論を先取りした議論になるであろう．

したがって，「データを語る」，あるいは「データをして語らしめる」という言い方は，必ずしも適切ではない．もし，データにおのずから客観的な意味がただ一通りあるとすると，それが導き出された状況や，データの作成者の立場を離れて，意味が「一人歩き」しかねない．また，「客観的」を称してある特定の主観が不当に押しつけられる恐れもある．したがって，データを読む際，どのような論理やプロセスでその結論や解釈を得たかをある程度明らかにするか，少なくとも（たずねられたり反論された場合）その用意はしておくことが必要である．言い換えると，少なくとも重要な事項については，「説明責任」があるということである．

1.4.2 統計学は文章力

実際，頭の中で漠然とした常識によって曖昧に組立てられる結論も，文章化してみると，いくつかの常識には必ずしも根拠がなく，また重要な論理が飛躍していたり，あるいは計算が誤っていたり，早合点で不正確であることに気づく．

生のデータを読んで文章化してみよう．その際，
a) 論理プロセスをはっきりする．
b) データ，あるいはその重要な計算結果を文章中に入れる（2, 3 か所）．
c) 一般に広く知られている事実以外の特殊な事柄を入れない．
d) 結論を明確に示す．
e) 文章は簡潔に要点のみをかく．字数は 400 文字程度とする．

1.4.3 事実を忠実に描写する

次の文章を読んでみよう．

　私たちが自習室で勉強していると，そこへ校長が，平服を着た「新入」と，大きな机をかついだ小間使いを連れて入ってきた．居眠りしていた連中は目を覚ました．そして誰も彼もが勉強中に不意を打たれて体で起立した．

　校長は私たちに着席の合図をした．そこから助教のほうに向きなおって，「ロジェくん」と小声になり，「この生徒は二学年へ編入じゃ，よろしく頼む．もし学力操行ともによければ，年相応の「上級」へ上げることにしよう．」

　扉のかげの隅にいるのでよく見えぬが，この「新入」は十五くらいの田舎者で，身の丈は私たちの誰よりも高かった．村の聖歌手のように髪をお河童にし，かしこまり，すっかり照れていた．肩幅は広くないが，黒のボタンのついた緑の羅紗のチョッキは，袖付けがいかにも窮屈そうで，いつもむき出しているらしい赤い手首が，袖飾りの切込みの間から覗いていた．ズボンの吊りできつく吊り挙げた淡黄色のズボンから，青靴下をはいた脚が覗いている．磨きの悪い，びょう打ちの頑丈な靴を履いていた．

　読み方が始まった．彼はお説教でも聞くように足も組まず，肘もつかず，耳をすまして謹聴した．二時の鐘が鳴ったとき，助教は，みなと一緒に整列せよと注意せねばならなかった．

　私たちは教室へ入るとき，早く空手になるように，帽子を床へ放り投げるしきたりになっていた．帽子がぱっと土埃をを立てて壁に当たるように，敷居のところから腰掛の下を狙って投げねばならぬ．それが「しゃれてる」のだった．

　これはフランスの作家 G. フローベルが写実主義を確立した有名作『ボヴァリー夫人』の書き出しで，驚異的に細かく超微細精密画のごとき文章である．作家はふつう一場面を描きとるのに 10 通りもの文章を構想し，そこから一通りを選び出したという．

統計学も写実主義に立つ．現実を数字で描き出しそれを表現する．ただし，各細部の精密さを強調するよりは，全体構図がそれなりにそのまま忠実に伝わるように心掛ける．分析者によって何通りもの解釈がでることはあり得ることであるが，ここでコンペのようにどれが正しいかを決め，選び出すことはしない．多くの場合，いくつかの解釈は一つに収束する．議論が起きることはあるが，そこを無理にまとめることは統計学の役割を超えている．

第 2 章
データのとり方

　なぜ統計分析をするかといえば，多くはデータがそこにあるからである．これからデータを取る場合もある．データから情報を取り出すまず第一歩を考えよう．

§ 2.1 分析の始め方

「データ」data とは，ラテン語 'datum'（「与えられたもの[1]」）の中性複数主格形で，すでにそこにあるものを意味する．分析はそこから始まるという考え方で，もっぱら分析の仕方，方法が課題である．

今日ではそういう考え方は少数で，どのようにしてデータが由来したかも分析や結論に大きな影響を与える．探偵も証拠がなければ，判断できないけれども，証拠が正しい証拠がどうかをまず気に掛けるであろう．

結論が先にあって，そこに導かれるような証拠だけを集め，あとは重要なものでも捨てるということを「科学的」と考える誤解があるようだが，問題がある以上に決して科学的でない．統計学も科学である以上，データ自体がどのようにそこにあるかは多少は注意すべきで，何が何でも分析法に飛びつくような分析は，かえって説得力が低い．統計的方法は

　　　　データ自体のクオリティ ＋ 分析法の正しさ ＋ 結論の妥当性

がうまくバランスしているものが良い分析である．

一般にデータは，

　　　「－集める，－取る，－作成する，－整理する，－計算する，
　　　　分析する，－入力する，－判断する，－統合する」

などの，さまざまな行為に関係するが，最も初歩，基本的な方法は，'自分でとる' ことであろう．このことから始めていろいろと解説してゆこう．

＜自分の体重を 10 回測定＞　自分で体重を継続して測って，その移り変わりや，ダイエットの効果をみる，歩数計を記録してその成果をみる，などは統計学のトレーニングとしても大変望ましい．ここでは，それよりも，そもそも統計学のデータの本質を知るために，一時に続けざまに 10 回測定してみよう．

というのも，長い時間間隔で（例えば，一か月おき）測るとき，変化を知

---

[1] ラテン語 do「与える」から由来する．

りたいためなのか，それとも変化がジャマなのかによって，測定の条件の違い —— 着衣，器具の違い，食前・食後かなど —— をどう考えればよいかが異なってくるからである．この問題を避けるためには，一度に同一機械で10回測ってみた．

   76.55 76.42 76.58 76.52
   76.60 76.52 76.68 76.48
   76.65 76.65

'驚くなかれ'と言ったら読者を軽く見たことになるであろうか．このことに驚かない人は統計学では一歩進んでいる人である．驚く人はいまここで知ってほしい．同一対象を，同じ人が，一度に，同じ測定機械で，同一条件で測っても，すべて同じ値が得られることはまずない．形式的に理屈を言えば，何かが異なるのであろうが，その何かはわからないし（何十通りの原因があるかもしれない），ましてそれをコントロールすることはほぼ不可能である．

統計学では,各回の値の違いを「誤差」とか「偶然誤差」と言っているが，'誤'と言っても悪いことというわけではない．実際，'なぜ偶然誤差があるのか'という問は古代の哲学以来，答えがない．人は，これを人間の側に問題があり，完全に正しく測れば誤差は消え，完全無欠な世界を見ることができると考えていた．しかし，近代に入ってからこのような世界観（決定論的世界観）は少しずつ緩み始め，測定に誤差があることは本来的に当然として認め，むしろどのようにしてこのような誤差という'暴れ馬'を'飼い馴らす'か[2]を科学的に考えればよい，とするに至った．これが統計学の成立である．このことに功績のあった最初の功労者は，F. ゴルトン（Francis Galton, 1822-1911），K. ピアソン（Karl Pearson, 1857-1936）である．この二人こそ，近代統計学の畑を整備した人々である．

---

[2] I. ハッキング著／石原英樹，重田園江訳『偶然を飼い馴らす』，木鐸社，1999年．

<ガソリンの価格，チーズの価格を調べてみる>　自分の仕事ではもちろん，学業，研究（レポート）であっても，気軽に'調べてみる''測ってみる''データをとってみる'という余裕は必須である．議論に熱中し，自己を中心に，それでいて我を忘れて観念に没頭しても，その実をとることは難しい．うまく行っていないとき，このようなことは多い．実際，考えれば考えるほどいい成果が出るとの保証はない．観念論哲学者の元袓カントも，考えている内容よりは，考える方法や方式，考えることの全体の位置づけ，観察の重要性と正しさこそ重要[3]と述べている．まず'調べてみる'はそのきっかけとして役に立つ．

　このようなことは現実から遊離している空論でなく，日常でも実行できる．営業の仕事をしている人にはモノの値段がどうなっているか，さしあたり，ちょっと調べてから方針を組み立てるほうがうまくゆく．このような態度や習慣は大学教育でも欠かせない．経営哲学の講義が重要であるが，哲学と現実は直接，隣り合わせに貼り合わせられているわけではなく，'測ること''観察すること'が哲学と現実の間にある．

　学生が手分けして，自分の住所の周囲にあるガソリンスタンドでのレギュラー・ガソリンの価格（円／リッター），および有名ブランドでロング・セラーのチーズの価格（スーパー，コンビニエンス・ストアで）を調べて，それを集計した．統計学では自らとった「ハンズ・オン」の1次データを分析してみるということは，想像以上に有効であり，大切である（調べる条件の問題もあるが，これは以後の事柄である）．

§ 2.2　各種のデータの取り扱い

■度数分類されているデータ

　普通の人々がデータに触れるチャンスは何通りかある．

① 表形式：仕事の上で集まってきたデータ

---

[3] I. カント著『純粋理性批判』.

これは「素データ」「生データ」と言われるが、いろいろなケースがある．アンケート票（調査票）そのものの場合も多い．これを「個票」という．個票は、一般には持ち出し禁止で，各個票は統計分析の対象とはならず，個票の内容を「表形式」（Excelの初期画面を想像するとよい）に入力するのがふつうである．そして、これを「素データ」「生データ」ということが多い．

表形式は、タテ×ヨコで表され，ほとんどの場合，タテは個体（ケース）（個人が典型），ヨコは「項目」「質問」「変数」「変量」などが配置される．たとえば

	項目1	項目2	項目3
人名1			
人名2			
人名3			

の形式である．ただし，セキュリティの都合上，人名がID番号化，秘匿化されることが最近多い．

ここでは，アンケート調査の例で証明したが，何らかの測定データ，出来高データなどの場合も同じである．

	脈拍	血圧	呼吸数
人名1			
人名2			
人名3			

	国語	数学	英語
人名1			
人名2			
人名3			

	飲料1	飲料2	飲料3
支店1			
支店2			
支店3			

	身長	体重	握力
人名1			
人名2			
人名3			

このように表形式に入力することで統計分析が始まるが，この形式に整えることを知らない人が想像以上に多く，統計分析に対する最初の障害になっ

ている．「コロンブスの卵」と言ってよいが，この第一歩を思いつかない人は7割程度と言ってよいだろう．その意味で，Excelの表形式は誰にでも可能であり画期的である．ただし表形式の活用はこれに限らないことは後に述べよう．

この入力形式でただちに行う統計計算は，
  a．項目（質問，変量，変数 etc）ごとの平均
  b．同じく分散および標準偏差（さらには変動係数）
  c．度数分布表，ヒストグラム，散布図（相関図）
  d．異なった項目間の相関係数

② すでに集計されたデータ

①での集計結果の報告としてのデータであり，世の中ではこれも「データ」と言われる．「集計データ」「データ集計（値）」と称することが多い．もとの素データのケース数が多い（たとえば数表）場合は，集計の当の部外者以外が接するのはこの形式で，データ量も見かけ上コンパクトである．実際，一つの表にまとめられていることがほとんどである．もっとも実質は，二つ以上の表であることもある．

	生存	死亡
非喫煙者		
喫煙者		

	男性		女性	
	生存	死亡	生存	死亡
非喫煙者				
喫煙者				

普通はこのような表は情報が凝縮している有用な統計表と思われているが，理論上は問題も多い．
  a．①の素データが隠されていて，より詳しい個別情報にアクセスできない．客観性が確保できない．
  b．言語での解説が添えられているが，読み方は十分に慎重でなければならず，ややもすれば解釈が曖昧で不正確になりやすい．

c. 一定程度にすでに分析されており，その分析法に包括されて，この表をもとに分析をさらに進める方法論も限られる．実際問題，統計専門家はこの種のデータを嫌う傾向がある．

d. 上記のデータ形式は「クロス表」と言われるが，クロス表はみかけに相違して存外扱い方が難しい．逆説（パラドクス）と言われる'ダマサレ'も起こる（シンプソンのパラドクス）．

実は，喫煙の有無，生存・死亡，性別などはこれ自体量概念ではなく質概念であり，数は単に回数（度数）として表れ，「質的データ」とか「計数データ」「属性データ」などと言われる．もともと，現象は質的なものが圧倒的で，むしろ量的に測定できるものは少ない．このようなクロス表形集計は非常に多く，また現象自体が関心に富み，あるいは稀少，あるいは特異な要素を含んでいる場合は貴重な情報を提供する．この情報自体が貴重であったり目新しかったりである．次はタイタニック号沈没事故の生存者の内訳である．

Passenger category	Number aboard	Number saved	Number lost	Percentage saved	Percentage lost
Children, First Class	6	5	1	83.4%	16.6%
Children, Second Class	24	24	0	100%	0%
Children, Third Class	79	27	52	34%	66%
Men, Crew	885	192	693	22%	78%
Men, First Class	175	57	118	33%	67%
Men, Second Class	168	14	154	8%	92%
Men, Third Class	462	75	387	16%	84%
Women, Crew	23	20	3	87%	13%
Women, First Class	144	140	4	97%	3%
Women, Second Class	93	80	13	86%	14%
Women, Third Class	165	76	89	46%	54%
Total	2224	710	1514	32%	68%

くり返すが，このようなクロス表形集計はここで現象説明力があっても，この先の分析法は多くはなく，ここで行き止りのことが多い．実際，Excelにも，クロス表に対する統計関数はない．

単一の量的測定，たとえば数値測定（テスト点数，血圧，経済変量，物理

量）のデータ集計は①の形のデータからの情報抽出，統計量の計算など，続く分析法も多種多様にあるが，これを「度数分布表」「ヒストグラム」に集計しても，その実質はほぼ保持される．実際，下のテスト得点（一部）のような大きなケース数のデータを保存するコストが節約されるメリットもある．また，ヒストグラムで視覚的に一覧できるメリットもある．

Listen	Read	Total	Listen	Read	Total	Listen	Read	Total
260	180	440	295	180	475	335	260	595
190	135	325	245	105	350	245	110	355
215	130	345	200	150	350	285	145	430
210	195	405	260	230	490	290	155	445
235	265	500	245	220	465	270	205	475
170	105	275	170	105	275	220	170	390
315	230	545	250	175	425	330	225	555
195	175	370	230	155	385	240	170	410
210	195	405	215	150	365	210	145	355
280	245	525	270	230	500	290	260	550
230	230	460	260	240	500	330	285	615
165	75	240	175	125	300	120	85	205
225	220	445	220	240	460	285	190	475
170	150	320	195	115	310	225	215	440
300	295	595	305	265	570	330	375	705
125	120	245	165	130	295	175	135	310
190	125	315	270	155	425	230	135	365
295	220	515	315	305	620	365	280	645
285	190	475	310	205	515	345	160	505

　このような量的測定の度数分布表から，平均，分散，標準偏差を算出できる．ただし，素データの平均，分散，標準偏差とは正確には一致せず，両者の間にはわずかな違いがある．それは，素データが大まかに階級の中へ分類されることにより，データ値が失われ，各階級の真ん中の値などその階級を代表する値へ置き換えられるためである．さいわい，このくい違いはわずかであるうえ，これを補正する大まかな公式もある．もっとも，度数分布から平均，分散，標準偏差を算出する統計関数は Excel には用意されておらず，自らの表計算によるほかない．

なお，よくあることであるが，度数分布，あるいはヒストグラムが％表示だけで全体数（サンプル・サイズ）の表示を欠く場合，平均は算出できるが，分散，標準偏差は算出できないことがある．データ集計の不完全さを示すものといえよう．

二種の量的測定の度数分布表も作成できるが，その手間から SPSS などの統計パッケージが必要である．身長と座高の集計データ（略）はこのような二次元度数分布の初期のもので，現代統計学の創始者の一人であるゴルトン(Sir F. Galton, 1822-1911) が集計したデータである．右，および下にそれぞれの度数分布表があらわれることはもちろん，表全体の度数の分布から，身長と座高が相関していることが一目瞭然で読み取られる．相関係数も算出できるが，素データのそれとはわずかに異なる（希望者は松原望『わかりやすい統計学』65 頁参照）．

③ 表形式：時系列とクロス・セッション（横断面）

①のケースと同様に，表形式によって，次のようにデータが入力，表現されることもある．

	年次1	年次2	年次3	...
地域1				
地域2				
地域3				
...				

	地域1	地域2	地域3	...
年次1				
年次2				
年次3				
年次4				

「地域」は一例で，何らかの「集まり」でよく，国家，企業，グループ，人，…などが考えられる．年次も「時間」の一例である．ここで，

　　　　・時間方向に注目する場合：時系列
　　　　・系列の方向に注目する場合：クロス・セクション

といっている．ヨコ，タテにどちらを配置するかは自由であるが，扱いやすさからはタテ長になる方式が選ばれる．以下の例は県別経済成長率のデータである (http://qmss.jp/databank 1-0b より)．

	昭和60年度	昭和61年度	昭和62年度	昭和63年度	平成1年度	平成2年度	平成3年度	平成4年度	平成5年度
北海道	5.0	3.5	6.7	5.3	5.6	6.9	5.6	1.6	2.9
青森	6.6	1.2	3.4	4.1	8.1	6.7	2.8	4.1	1.3
岩手	5.4	4.2	6.4	2.8	9.4	6.4	4.9	3.4	1.5
宮城	6.4	4.2	4.9	4.6	8.2	8.2	5.6	2.9	0.6
秋田	5.4	3.6	3.5	3.6	5.5	8.0	4.9	1.1	2.8
山形	7.3	4.3	3.6	6.2	5.2	7.9	4.0	1.5	0.7
福島	6.8	3.4	4.4	6.4	9.0	7.6	5.8	1.8	0.5
新潟	6.9	3.3	4.3	5.6	5.4	8.1	6.0	2.7	2.6

　このようなデータには，最も整備されているものとしては，公共的データ（いわゆる「官庁データ」）があり，すでに集計されている．したがって，これが統計分析の出発点であって，素データ（原データ）は入手不可能，あるいは不必要である．分析方法としては①のケースに準じるが，時系列データとして折線グラフに表示し，変化を観察できる点の長所が大きく，かなり有用である．時系列データは折線グラフが勧められ，棒グラフは勧められない．ことに2地域以上を同時表現する場合はそうである．
　相関関係の算出は2通り考えられる．

　　（ⅰ）　異なった2地域間の相関関係，相関係数
　　（ⅱ）　異なった2年次間の相関関係，相関係数

　いずれの場合も，相関係数は何通りもあって，相関係数のマトリックスが算出される．この結果から何を読みとるかが，分析の課題である．
　さらには，異なった2地点間の比較（対応ある場合のt検定）も行われることもある．

④　実験系の記録データ
　①〜③はおもに社会，経済関連のデータを想定しているが，心理，医学関連領域においては，データの量を多く収集するよりは実験条件を正確に計画

し，測定も厳密，かつ慎重に行うことが眼目とされる．この場合のデータの入力形式は，①〜③に準じるほか，実験条件を明示した形にすること（第11章，分散分析），さらには条件ごとに集計した図表現などがしばしば用いられる．重要なことは実験条件の明示であり，これを欠くデータ，データ集計は信頼性が低い．

⑤現実そのものが図，表にある

　伝統的な統計学では，現実→量，あるいは量化→集約（図，表），分析と進むのが'データをとる'ことの内容だが，量，あるいは量化において情報損失が起こったり，要求されることを反映して，直接に現実→集約（図，表）とする技術が目立ってきている．ことにコンピュータの処理能力の向上，統計理論における反省と見直しによって，データ技術の向上として注目されている．5点要約の「箱ひげ図」，度数の「幹葉表示」，多変量データの「星座グラフ」「フェイス法」（チャーノフ）などがある．

⑥データからデータを再生産

　データが少なすぎるとき，データを何回も利用して情報を増やす「再サンプリング法」がある．本質を問う立場からの批判にもかかわらず，「ジャック・ナイフ」「ブートストラップ」「交差確認」などが，信任を得てきている（第15章）．

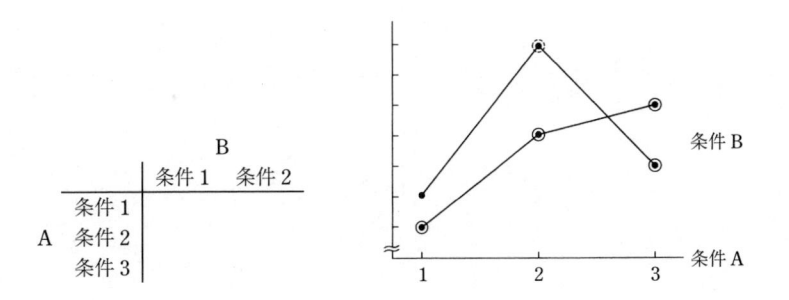

第3章

統計学と確率の関係

　確率の考えを取り入れることによって，統計学は信頼できる推論，確かな結論を導くことができるようになった．その考え方を学ぶ．

§ 3.1 統計データと確率

記述された統計データに対する判断が必要になるとき，その決め手になるのは，そのデータが得られる確率である．その確率をつかめばわれわれの結論は確かさを増す．そのワケを説明するために，その本質が現れる例を紹介しよう．

カードの色（黒，赤）を言いあてられる能力があると主張する人がいるとする．この主張が正しいか否かを確認するために，20枚のカードを用意し，一枚ずつめくって，相手に裏面を見せ，赤，黒を判定させる．以下は，その結果である．カッコ内は割合である．

判断	正	誤	（計）
回数	14	6	20
確率	(0.7)	(0.3)	(1.0)

このデータに対し次のように論理の運びのプランを作る．'カードの色を言いあてられる'と言っても，思いつきで，出まかせに色を言っても半分の回，すなわち10回は当たる計算だから10回を大きく上回るのでなければ，その能力があるとは認められないと考えるのは常識であろう．問題は，10回を大きく上回るとは，何回以上と考えればよいか，である．このままでは多分に感覚の問題であるが，ここが確率の出番である．

20回中の各回ごとにその起こりやすさ，起こりにくさを計算しておくのがよかろう．例によって各回ごとの場合の数は次のとおり（Excelの COMBIN を用いる）である．

回数	0	1	2	3	10	17	18	19	20
場合の数	$_{20}C_0$	$_{20}C_1$	$_{20}C_2$	$_{20}C_3$	$_{20}C_{10}$	$_{20}C_{17}$	$_{20}C_{18}$	$_{20}C_{19}$	$_{20}C_{20}$
	1	20	190	1140	184756	1140	190	20	1

確率は，'確からしさ'の程度と定義されるが，当初，そう考えられていたように，計算としては

　　　　その場合の数÷全ての場合の数

で計算される．この表でその割り算を行うと，当たりの回数ごとの確率のリストが得られる（スペースの関係で略．下の類似例の図参照）．このような，出方の確率のリストを「確率分布」という．

0	1	2	3	4	5	6	7	8	9	10
1	20	190	1140	4845	15504	38760	77520	125970	184756	167960
11	12	13	14	15	16	17	18	19	20	計
167960	125970	77520	38760	15504	4845	1140	190	20	1	1048576

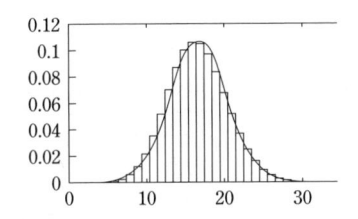

　さて，'14回も当たる'とはこれほど多くの回数当たるとの意味だから14，15，16，…，20回の所をひっくるめて考えている．この確率は，

　　　　$0.037 + 0.014 + \cdots = 0.0577$

である．これを'よくあること'か'稀である'とみなすかであるが，この基準として20回に1回を稀の境目として大概0.05を採用する．よって，20回中14回当たることは，その能力があると考えれば限りあり得ないことである．

　このようにして，確率の考え方を導入することにより問題解決が得られた．理解をたしかにするためにこの確率分布を図に示す．このような図は19世紀の数学者ド・モアブル（de Moivre）が初めて「正規分布」として示し，今日「ド・モアブル＝ラプラスの中心極限定理」と言われている．

正規分布は今後，統計的判断の基準を与えるものとして重要な役割を果たす．いずれにしても，場合の数を計算するだけで難しい判断の問題が解けたことに注目してほしい．何か難しい神秘的なルールを持ち出したわけではなく，むしろ，シンプルな常識が用いられたのであり，統計的判断の常識性の現れである．なお，ここで，カードの色当ての課題が出されたが，ここで重要なことは，判断の行い方そのものが本質であって，カードとか色当ては説明のほんの道具にすぎないことである．むしろ，判断に確率が役立つことを理解することが目的である．

§3.2　ゴルトンのクィンカンクス

これから発展して，次のような確率計算も今後重要である．まず，下のような発展図（樹形図という）を見てほしい．○から出発して，右方向へ進み，上下へ枝分かれしながら×へ達する道は何通りあるだろうか．

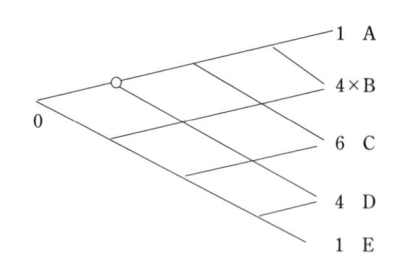

	A	B	C	D	E
上	4	3	2	1	0
下	0	1	2	3	4
場合の数	$_4C_0=1$	$_4C_1=1$	$_4C_2=6$	$_4C_3=1$	$_4C_4=1$

さて全ての分岐点（一例として○点）で，上へ行くか，下へ行くかを決めるピンがあり，確率 2/3 で上へ，確率 1/3 で下へ行くよう作動すると，A，B，C，D，E 点へ達する確率はどうなるだろうか．

A点へは，確率 $2/3 \times 2/3 \times 2/3 \times 2/3 = (2/3)^4$ で，B点へは，2/3 が3回，

1/3 が 1 回あるから，4 本の枝分かれの 1 本ずつの確率は

$$(2/3)^3(1/3)$$

で，結局，B 点への確率

$$4 \times (2/3)^3(1/3)$$

で達することがわかる．したがって，

	A	B	C	D	E	計
確率	$(2/3)^4$	$4(2/3)^3(1/3)$	$6(2/3)^2(1/3)^2$	$4(2/3)(1/3)^3$	$(1/3)^4$	
計算	16/81	32/81	24/81	4/81	1/81	1

が得られる．これを $(4, 2/3)$ の「二項分布」といい $Bi(4, 2/3)$ と表す．この二項分布はデータの分析の一つの基準として有用であるが，上のような面白い書き方は，ゴルトンの「クィンカンクス」の方法と言われる．読者は，街のパチンコはこのシステムを'たて'にしたゲームであることがよく理解できよう．

§3.3 簡単な二項分布の例

二項分布は一般に

$$_nC_x p^x (1-p)^{n-x}$$

で表されるが，いろいろな導き方や説明の式がある．ここで示した枝分かれによる説明はその一つにすぎないが，目で見える点ですぐれている．むしろ重要なのはこの式の適用である．

ある中学校で，100 人に対し，小問として同程度の難易度の方程式を 5 題出題したところ，正解に達した小問数の分布は次のようであった．

正解小問数	0	1	2	3	4	5	計
人数	0	2	7	27	40	24	100
$n=5$, $p=3/4$ の二項分布	0.01	0.015	0.09	0.26	0.40	0.24	1
同，100 人に対して	0	2	9	26	40	24	101

四捨五入のため，合計が101となっているが，$n=5$, $p=3/4$ の二項分布がよくあてはまっている．

二項分布で最もシンプルで基礎的なのは，$n=1$ のときで，ちょうど

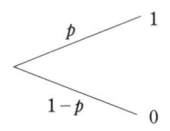

$$\begin{array}{c} \overset{p}{\nearrow} 1 \\ \underset{1-p}{\searrow} 0 \end{array}$$

と表されるときである．これはいろいろと応用が広い．すなわち，あることがらが確率 p で（1回）起きる，$1-p$ で起きないことを表している．'起きる' '起きない' が '成り立つ' '成り立たない'，あるいは 'する' 'しない' とか 'ある' 'ない' であってもよい．

たとえば，ある地域（A地域）では本年中に地震対策の予定があると答えた世帯が150世帯中83世帯あった．したがって 'あり' の確率は，$83/150 = 0.55$ と想定してよい．これを p_A としておこう．ところで，同じ質問をB地域の120世帯にたずねたところ，'あり' は64世帯であった．ここでは確率は $p_B = 64/120 = 0.53$ である．これを表したのが下表である．

地震対策

地域	あり	なし	計
A	83	67	150
B	64	56	120

ここで，$p_A \fallingdotseq p_B$ と考えてよいのか，$p_A > p_B$ と結論してよいのかが問題になるかもしれない．これは後章で扱おう．

ここで特に確率 p が '○○回中平均△△回の割合' で起きると表される場合のデータ形式を考えよう．

n 回中平均 μ（ミュー）回起こるとして，$p = \mu/n$ と表現されるときである．ことに n が大きく，したがって p が小さいケースは計算に工夫が要るの

だが，これが新しいモデルに発展する．

たとえば，ある病気は1000人中平均2人に起こる割合で起こるとすると，$p=2/1000$である．この病気の患者数 n が3(人)である確率はどうだろうか．

上の公式から，$x=3$ となる確率は，公式通りで

$$_{1000}C_3 \left(\frac{2}{1000}\right)^3 \left(1-\frac{2}{1000}\right)^{997}$$

$$= \frac{1000!}{3!\ 997!} \cdot \frac{2^3}{1000^3} \left(1-\frac{2}{1000}\right)^{1000} \bigg/ \left(1-\frac{2}{1000}\right)^3$$

ここで，階乗の部分を整理すると，1000と組み合わせて

$$= \frac{2^3}{3!} \cdot \frac{100 \cdot 999 \cdot 998}{1000^3} \left(1-\frac{2}{1000}\right)^{1000} \bigg/ \left(1-\frac{2}{1000}\right)^3$$

となるが，$n=1000$ が大きい数だから，

$$\frac{1000 \cdot 999 \cdot 998}{1000^3} \fallingdotseq 1, \quad \left(1-\frac{2}{1000}\right)^3 \fallingdotseq 1$$

としてよい．上の数は，かなりスッキリとなって，

$$\frac{2^3}{3!} \cdot \left(1-\frac{2}{1000}\right)^{1000}$$

にほぼ等しい．ここで後の数がまだ問題だが，その見当をつけるため，2でなく簡単に1におきかえて，丹念に1000回（実際には100回を10度繰り返し）掛けてみる[1]．

$$\left(1-\frac{1}{1000}\right)^{100}$$

$$= 0.999 \times \cdots \times 0.999 \quad (100\text{ 回})$$

$$= 0.904792147\cdots,$$

$$\left(1-\frac{1}{1000}\right)^{1000}$$

---

1) Excelを用いるが，一度に1000乗する計算法は使わない．できる限りPCの近似式を使わないためである．

$$= 0.904792147 \times \cdots \times 0.904792147 \quad (10\,回)$$
$$= 0.367695425\cdots$$

であって，1000 回も掛けているのに，意外にもそれほど小さくならず，しかも回数を $n = 10{,}000$ 回にしても変わらずほぼ同じ数になることから，この数がフシギな数（定数）であることがうかがえる．

実際，その数の正確な値は，$n = \infty$（正しくは $n \to \infty$）のときであって，$0.367879441\cdots$である．数学上の理由（微積分学上の便利さ）からこの逆数

$$1/0.367879441\cdots = 2.718281828\cdots$$

がよく用いられ，発見者オイラー（Leonhard Euler, 1707-1783）に因んで 'e' と表される．したがって，今後この e を用いることにすると，大略

$$\left(1 - \frac{1}{1000}\right)^{1000} \fallingdotseq \frac{1}{e} = e^{-1}$$

であり，n が大きければ大きいほどこの $\fallingdotseq$ は正確である．

ここまで来ればほぼ最後で，$\dfrac{1}{1000}$ が $\dfrac{2}{1000}$ におきかわるとき

$$\left(1 - \frac{2}{1000}\right)^{1000} \fallingdotseq \left(\frac{1}{e}\right)^2 = e^{-2}$$

となることは，再び実際計算で確かめるまでもなく，$(1-\alpha)^2 = 1 - 2\alpha + \alpha^2 \fallingdotseq 1 - 2\alpha$（$\alpha$ が 1 に比べ小さいとき）を用いて

$$\left(1 - \frac{2}{1000}\right)^{1000} \fallingdotseq \left(\left(1 - \frac{1}{1000}\right)^2\right)^{1000} = \left(\left(1 - \frac{1}{1000}\right)^{1000}\right)^2 \fallingdotseq \left(\frac{1}{e}\right)^2$$

で納得できよう．これで $n = 3$ となる確率の最終結果

$$e^{-2} \cdot 2^3 / 3!$$

が得られた．一般的には，x が得られる確率は，記号を元に戻して

$$e^{-\mu} \cdot \mu^x / x! \quad (x = 0,\ 1,\ 2,\ 3,\ \cdots)$$

で求められる[2]．

多少苦労して求めただけあって，この確率は相当広い範囲の現象にあてはまり，以上のプロセスを証明したフランスの数学者 S. ポアソン（Siméon Poisson, 1781-1840）の名をとって，「ポアソン分布」あるいは「ポアソンの小数の法則」とよばれる（1837 年）．実際，従来より，いくつかの有名な現象適用例が知られている．ここでは，実際のデータからスタートすることにこだわり，有名なスネデカーのテキスト中の植物データに適用してみよう．

データはある牧草中に見出された有害種子数（x）である．xにはもともと上限はないが，実際には出現しなかった大きなxについては 0，あるいは…として省略してある．

x	0	1	2	3	4	5	6	7	8	9	10	11	…	計
度数	3	17	26	16	18	9	3	5	7	1	0	0	…	98 (N)

有害種子数の平均は，

$$\frac{3\times 0+17\times 1+26\times 2+\cdots +11\times 0}{3+17+26+\cdots +0}=\frac{296}{98}=3.0204$$

と計算できる．二項分布には試行の回数nという上限はあるが，有害種子数xにはそもそも上限はないから，二項分布は考える対象外である．ポアソン分布にはxの上限はない（しいていえば，$n \to \infty$としてので，$n=\infty$である）が，それでも平均値μは指定されているので，それさえわかれば確率は計算できる．つまり，

$$x=0 \quad \text{なら} \quad e^{-3.0204}=0.04878$$

だが，これがわかれば，$N=98$だから

$$x=0 \text{ に対し}, \quad N\cdot e^{-3.0204}=4.780$$

で，これは 3 に近い $\mu=3.0204$ を用いて，順次

---

[2] $e^{-\mu}$の計算は Excel の関数に EXP（ ）を用いる．

$x=1$ に対し， $N \cdot e^{-3.0204} \times (\mu/1) = 14.440$

$x=2$ に対し， $N \cdot e^{-3.0204} \times (\mu/1)(\mu/2) = 21.804$

$x=3$ に対し， $N \cdot e^{-3.0204} \times (\mu/1)(\mu/2)(\mu/3) = 21.955$

………

と計算できる．これを上表と比べると，

x	0	1	2	3	4	5	6	7	8	9	10	11	計
$N\times$確率	4.781	14.440	21.807	21.955	16.578	10.015	5.042	2.176	0.817	0.274	0.083	0.033	97.998
データ	3	17	26	16	18	9	3	5	0	1	0	0	98

となって，多少不満はあるものの，大きさには合い，データはポアソン分布から生まれたといっても差し支えない（事実，これが最も正しい推量である）．

　なお，もちろん，ここでポアソン分布の式に一挙に入れて機械的に計算してもいい．平均は $\mu=3.0204$ を前面に押し出した計算をした．

　このようにして，データが与えられとき，それが確率から生まれたという理解に慣れたとすると，統計学の理論に一歩近づいたことになるだろう．逆に確率から仮想的データを作り出して，それを分析することで，この理解はいっそう深くなる．このように確率から（コンピュータなどを用いて[3]）その出方による仮想データを発生させる実験を「シミュレーション実験」という．「シミュレーション」simulation は「シミュレート」simulate（'マネをする'）の名詞形で，'similar'（'似ている'）から来た語源をもつ．

　これらの仮想データを「乱数」Random number という．一個一個を呼ぶことも，一まとまりをいうこともある．最もよく用いられるのは確率としての正規分布 Normal distribution（記号 N）に従う「正規乱数」であるが，'正規分布'――又の名を'ガウス分布'とも言う――という名称は後の時代のもので，これを最初に発見，研究したド・モアブルには，この用語はない．ド・モアブルは，一般の n に対し，前節のように

---

[3] 歴史的には，さいころ，チップ，'かご' に入れた複数のコインなどが用いられた．

$$_nC_x, \quad x = 0, 1, 2, \cdots, n$$

を計算し，それをこれらの和 2^n で割った結果を研究した．本書では，$n=20$ の場合である．ド・モアブルは苦心してこの曲線[4]の原形が

$$f(x) = \frac{1}{\sqrt{2\pi}} e^{-\frac{x^2}{2}}, \quad -\infty < x < \infty$$

で，代表されることを示した．これが今日，「正規分布」とよばれるものの標準形で，「確率正規分布」とよばれている（2がつくのは後の都合のためである）．正規分布はきわめて多くの現象で成立し，統計学の理論，応用では不可欠とされている．このように x は無限個の値を連続的にとるので，確率分布としていちいち x の確率を書き下すことはできない．関数 $f(x)$ で，あるいは $f(x)$ のグラフで示すことにしている．連続的な x に対する確率の表し方 $f(x)$ を「確率密度関数」という．確率がそこにどの程度ビッシリ，あるいはマバラにあるかを表すからである．

💻正規乱数を出してみよう．Excel で，標準的に平均＝0，標準偏差＝1と指定[5]すると，

−0.300　−1.278　0.244　1.276　1.198　1.733　−2.184　−0.234　1.095　−1.087

が得られる．これが標準正規分布 $N(0,1)$ に従って出る．標準正規乱数だが，これに例えば1を加えても曲線が平行移動するだけ，やはり正規分布に従い，

0.700　−0.278　1.244　2.276　2.198　2.733　−1.184　0.766　2.095　−0.087

も正規乱数である．正規分布 $N(1,1)$ に従っている．また2倍しても曲線の形が横方向に2倍拡がった相似形になるだけで，正規分布に関係であることには違わないから正規分布である．これは正規分布 $N(1,2^2)$ に従っている．

---

[4]　「関数」という術語は十分に知られておらず，また導出に必要な '積分' の方法も広まっていなかった（ほぼ同時代のオイラーによる）．

[5]　確率論の「平均（期待値）」「分散」「標準偏差」は次章で説明する．ここでは条件指定とだけ考えておけばよい．

−0.600　−2.555　0.489　2.553　2.397　3.466　−4.367　−0.468　2.190
−2.173

もちろん2倍し，1を加えても正規乱数が得られる．

0.400　−1.555　1.489　3.553　3.397　4.466　−3.367　0.532　3.190
−1.173

コンピューターから得られたものであるが，これらは'正規分布から生まれたデータ'である．このデータの平均，分散を求めておこう．

	乱数 (1)	乱数 (2)	乱数 (3)
平均 (AVERAGE)	0.046485184	1.046485184	0.092970367
分散 (VAR.S)	1.670303701	1.670303701	6.681214803
正規分布の呼び名	平均=1，分散=1	平均=0，分散=4	平均=1，分散=4
記号	$N(1,1)$	$N(0,4)$	$N(1,4)$

💻 さらに，上に出した2つの正規乱数

2) 正規乱数 $N(0,4)$，　3) 正規乱数 $N(1,4)$

微妙に（よく見ると，かなり）異なることがわかるが，逆に，この2），3) のデータが与えられたとして，この違いを検出する（異なるか否か）のも統計的方法である．これをスチューデントの「2標本（サンプル）t 検定」という．

さらに，関数 $y=3x+2$ を考え，$x=0, 1, 2, \cdots, 10$ とし，対応する y に対し，標準正規乱数を加える．すなわち

x	0	1	2	3	4
y	2	5	8	11	14
乱数	−0.992	0.100	−0.959	−0.332	0.983
y'	1.008	5.100	7.041	10.668	14.983

5	6	7	8	9	10
17	20	23	26	29	31
0.575	−0.675	0.195	2.351	0.124	−2.044
17.575	19.325	23.195	28.351	29.124	29.956

とする．x と y からはもちろん関係式 $y=3x+2$ が復元できる．これを元にして，2次元の10通りの組み合わせ (x, y') のデータが生まれる．これから，これらのデータの元になった $y=3x+2$ が復元できるだろうか．これを単回帰分析という．

　以上のようにして，データの背後には，それを生み出す確率のメカニズムがあるという考え方が統計学の理論の基礎になっている．次章では，これをまとめ，さらに展開してゆこう．

第 4 章

母集団とサンプル

　データから何が読めるか言えるのか，何が含まれているのか．それを探るしくみが母集団とサンプルの関係である．原因なくして結果は生じない．

§4.1 各種の統計量

統計データにはそれを生み出したもとのしくみや原因がある．ここから統計学の基本的考え方である「母集団」population，「標本」（サンプル）sample，そしてそれらの関係へと導かれる．くだいて言うと，次の①〜③のようである．

① 統計データの個々の細かい個別的な数字は，'もと' のより大きな集団から生まれたものと考える．これを「母集団」という．'〜から生まれた' ことを表すのに「母」という語を用いるが，原語の population は元来大きな「人口集団」を意味し，そこから○○人が測られたことを表している．もっとも，原義は歴史的なもの，すなわちかつてそう用いられていたことを表し，現在は転じて人の集団に限らず，何であっても，集合であればよい．人も抽象的集まりであってもよい．例えば，'この製造機で作られた牛乳パックの全体'（数は有限であるが極めて大きく，しかもその都度消費された数は，ほとんど無意味になる）とか，'この駅を利用している人々'（利用の定義が曖昧で，駅頭でアンケートを配布するときにこの定義を実行することもできない．ただし，何らかの意味で利用している人々がいることはたしかである）などである．さらにもっとも抽象的，一般的にすすめて全牛乳パックの秤量（g, cc など），また全駅利用者の年令（齢）などを母集団と考えてもよいことになっている．

母集団を考える訳として，次項とも関わるが，次の例を考えよう，x 歳の 10 人（A〜J）の体重を測って（もとより性別は指定するものとする）

[*]	A	B	C	D	E	F	G	H	I	J
	51.9	53.9	52.6	56.2	50.5	55.3	55.3	60.6	58.8	52.0

を得たとしよう．それから 1 日おいて，A〜J に対して再び測ったところ

次のデータを得たとする．

[**]	A	B	C	D	E	F	G	H	I	J
	51.9	54.1	52.6	56.2	50.7	55.2	55.1	60.5	58.9	52.0

　このデータ**はデータ*と微妙に異なる．'1日おいて'であるが，体重は変わらないと思われるのにどうしてであろうか．なぜ2通りもあるのだろうか．実は'x歳の人の体重'という母集団はただ1通りだけであって，そこから10人とった場合，この1通りの本来的な出方のしくみ——「母集団分布」——から，微妙な測定条件の違いによってそれぞれ異なったデータ数字が生まれたと考えられる．このデータ数字のセット[*]あるいは[**]を，「標本」あるいは「サンプル」という．(10個の数字の全体をまとめて1つの標本という．個々の数字をいうのではない．)

　標本は母集団から由来するから，母集団のさまざまな性質を情報として含んでいる．逆に標本を分析すれば，目ざす母集団がわかってくるというしくみが統計学の基本スピリットである．

　② 標本の中の変動について　標本の数字はさまざまに変動する．統計学未発達の時代，かつてはこの変動はやっかいなものであった．今でも，統計学を知らないと，この平均を計算する以外には，大した方法も思いつかないものである．つまり，

[*]	A	B	C	D	E	F	G	H	I	J
	51.9	53.9	52.6	56.2	50.5	55.3	55.3	60.6	58.8	52.0

に対して，平均は，$\bar{x}=54.7$であるが(これ自体重要だが)その先の方法が肝心である．よくある通俗的'分析'は「ランキング」で，これでは興味本位で，この先伸びず本質的でない．統計的な王道は，まず変動の程度すなわち分散(あるいは標準偏差)，次いで度数分布とヒストグラムで，

分布状況をとらえれば，母集団分布はもう得られたも同然である．
　上記の標本に対しては

　　　$s^2 = 10.28$ （VAR.S），　　$s = 3.206$ （STDEV.S）

である．ここで母集団分布が正規分布であると仮定すると，その平均（μ）が標本の平均 54.7 の周辺にあることは正規分布の形も推量され，また分散（σ^2）が標本の分散 10.28 に近い値であることがわかる．この結果の説明は，大きい別データ（略）に切り変えて，次のデータ例（略）で説明しよう．

　　　$\bar{x} = 52.91$，$s^2 = 443.43$，$s = 21.05$　　（$n = 373$）

　このことは，図表でも確認される．このようにして，最終的に母集団分布は

　　　正規分布　$N(52.91, 443.43)$

であると決定されるのである．

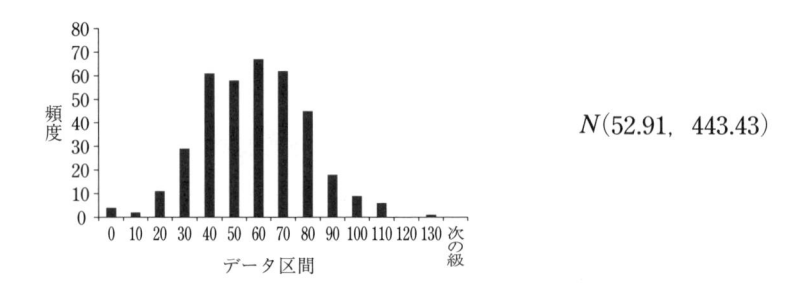

$N(52.91, 443.43)$

③　**重要統計量の計算**　ここまで①，②で統計学の基礎的スピリットの理解が進んだと思われるが,最後の完成が「統計量」statistic の計算である．'statistics' は「統計学」だが，'statistic' は統計量である．似ているが，それくらいデータに対する統計量の計算が統計学にとって本質的であり，統計量のない統計学はあり得ない．データを取りっ放しの実験科学があり得ないように．

　統計量は標本 $x_1, x_2, \cdots, x_n$ だけの関数である．何でもいいというわけではなく,統計的有意味のものを指している．'統計的有意味なもの' と

は，母集団分布の特徴を示す，ということである．

とりわけ，重要で大きな役割を果たす統計量として

$$\text{標本の平均} \quad \bar{x} = \frac{x_1 + x_2 + \cdots + x_n}{n} = \frac{\sum x_i}{n},$$

$$\text{標本の分散} \quad s^2 = \frac{(x_1 - \bar{x})^2 + \cdots + (x_n - \bar{x})^2}{n-1} = \frac{\sum (x_i - \bar{x})^2}{n-1}$$

は典型的で，先の例では，標本から母集団に対し

$\bar{x} = 54.17 \quad \Rightarrow \quad$ 母集団の平均（μ）$= 54.17$

$s^2 = 10.28 \quad \Rightarrow \quad$ 母集団の分散（σ^2）$= 10.28$

と決定（推定という）できた．推定が正しいことは後に（第6章）で証明する．

$$\text{標本の標準差異} \quad s = \sqrt{\frac{\sum (x_i - \bar{x})^2}{x - 1}}$$

このように，統計量によって，母集団分布の重要な量を決める —— 後に説明するように，推定する —— ことができる．ことに，一般に，（正規分布に限らず）母集団分布の平均．分散は「母平均」「母分散」とよばれて，理論的にも実際的にも非常に重要な役割を果たすがこれらに対し

　　　　　標本平均が母平均に，標本分散が母分散に対応する

ことが理解されよう．まずは，○○平均，○○分散が2通りあることに注意しておこう．

それだけでなく，統計計算とは問題ごとにそれにふさわしい統計量の計算であり，事実上無数の統計量がある．よく知られているのが「スチューデントの t 統計量」（1標本）で，たとえば'エアコンの設定温度 18℃ に現実の室温がなっているか'の問題で，n 回の測定値の標本 $x_1, \cdots, x_n$ の平均 $\bar{x}$ と 18 の差 $\bar{x} - 18$ の大小が重要なことはむろんである．ただ，室温の測定それ自体の誤差（温度計，観測者による）にとどまるか，それ以上か ——「有意差」がないかあるか —— を確認すべきで，それには

§4.1　各種の統計量

$$t = \frac{\bar{x} - 18}{s/\sqrt{n}}$$

を計算し，それが大むね $-2.2 \sim 2.2$ に入るか否かによる．この分母は誤差のものさしに相当し，「標準誤差」とよばれる統計量である．この類の課題は一般に「与えられた母平均の有意性検定」といわれ，この t 統計量が用いられる．

異なった別々の母集団からそれぞれ別々の標本があってもよい．母集団の分布が正規分布だが，その平均は異なっても分散は共通（σ^2），つまり母集団分布が位置だけ異なり曲線の形だけ違うだけなら，以上を組み合わせて標本 $x_1, x_2, \cdots, x_n$，標本 $y_1, y_2, \cdots, y_m$ を元にして，統計量

$$\bar{x} = \frac{\sum x_i}{n}, \qquad \bar{y} = \frac{\sum y_j}{m}$$

で，それぞれの母集団の平均 μ_x, μ_y を別個に推量することができる．共通の σ^2 を推量するための統計量は，2つの標本を込みにして

$$s^2 = \frac{(x_1 - \bar{x})^2 + \cdots + (x_n - \bar{x})^2 + (y_1 - \bar{y})^2 + \cdots + (y_m - \bar{y})^2}{(n-1) + (m-1)}$$

$$= \frac{\sum (x_i - \bar{x})^2 + \sum (y_j - \bar{y})^2}{m + n - 2}$$

とすればよいことがわかっている．これは「併合分散」といわれ，後ほど「2標本検定」の中で重要な役割を果たす．分母，分子で第1，第2項がそれぞれの標本に対応している．

💻統計量の解説なので，シミュレーション実験で示そう．第1標本，第2標本はそれぞれ正規分布 $N(1, 4)$，$N(2, 4)$ からの乱数で，$n = 10$，$m = 15$ とする．

  3.32 1.55 1.71 0.69 -0.73 0.90 0.53 0.85 1.65 4.92 ($n = 10$)

  6.03 4.17 1.68 0.53 0.43 4.02 2.55 2.94 5.34 1.61 1.46

  -0.20 -1.46 -0.36 1.73 ($m = 15$)

これから併合分散を計算しよう．まず2つの標本から，$\bar{x}=1.54$, $\bar{y}=2.03$ で，その後途中を略すと，

$$s^2 = \frac{9(2.500)+14(4.641)}{9+14} = 3.805$$

で，ほぼ母分散 $\sigma^2 = 4$ が復元されている．

統計量は離散変数（カテゴリーの度数）に対しても定義される．

ここまでは，典型的な統計量である標本平均，標本分散につき，やや詳しく説明したが，今後，次のような統計量のいくつかを扱ってゆく．

代表値　平均，最頻値，中央値（ϕ位数），トリム平均，ミッドレンジ
ばらつき　分散，標準偏差，四分位範囲
相関関係　相関係数，スピアマン，ケンドールの順位相関係数
回帰分析　偏回帰係数，重相関係数，決定係数
ノンパラメトリック統計学　順序統計量，順位，分位点，経験分布関数
比率　相対頻度，モーメント，歪度（3次），尖度（4次）
各種推定，検定　（以上の組合せ）

§4.2　母分散の確率分布のしくみ

このように統計量によって，本格的に統計学の理論に入ってゆくが，忘れてはならないのは，背後にあってそれを支えている母集団分布の確率分布論があることである．これまでに重要な確率分布を導入し，今後，各所で適用することになるが，リストアップしておこう．その際重要なのは，その平均，分散 ── 母集団の確率分布の平均，分散で，「母平均」「母分散」といわれる ── で，まず

■平均（期待値）の定義
　確率変数（x）の値×確率の和を意味し

$$E(X) = \sum_x x f(x)$$

で定義される．

Σ は有限個あるいは無限個である．ちょうど '宝くじの平均当たり額' を想像すればよいが，(「期待値」の意味)，あくまで定義は純粋に数学的なものである．ごく簡単な例としてさいころでは

$$E(X) = 1 \times \frac{1}{6} + 2 \times \frac{1}{6} + \cdots + 6 \times \frac{1}{6}$$
$$= (1 + 2 + \cdots + 6)/6$$
$$= 3.5$$

である．一般にはこれより複雑な計算となるが，原理はシンプルである（二項分布，ポアソン分布の例）．

正規分布のように，値が連続的に出る連続型の確率変数では，連続的無限に渉る Σ が積分になるというおきかえで，

$$E(X) = \int_{-\infty}^{\infty} x f(x) \, dx \qquad \text{(連続型の期待値)}$$

となる．この積分の変換は数学的知識が必要だが，確率分布論の統計学への応用では，この結果を知っていればさし当たりは用が足りる．次に分散，平均（期待値）からのちらばりを 2 乗で測り，その平均をとるという点では，標本の分散 $\sum (x_i - \bar{x})^2/(n-1)$ と同じ発想だが，今回は確率変数についてである．

■分散の定義

期待値 $E(X)$ を μ と略記すると

$$V(X) = \sum_x (x - \mu)^2 f(x)$$

で定義される．

'平均をとる' という操作が $\sum(\ \ ) f(x)$ であって，そこに $(x - \mu)^2$ が入っているから理解は難しくない．最小限，数学で理解するた

めに，さいころを用いると，$\mu = 7/2$ だから，

$$V(X) = \left(1 - \frac{7}{2}\right)^2 \cdot \frac{1}{6} + \left(2 - \frac{7}{2}\right)^2 \cdot \frac{1}{6} + \cdots + \left(6 - \frac{7}{2}\right)^2 \cdot \frac{1}{6} = \frac{35}{6}$$

となる（計算はわずらわしいがシンプルである）．連続型確率変数では，やはり積分への移行で

■連続型の分散の定義

$$V(X) = \int_{-\infty}^{\infty} (x - \mu)^2 f(x)\, dx$$

が定義である．

　この計算もやや複雑な形ではあるが，基本的には型通りである．とはいえ，実際には手間がかかる（恰好の練習問題になる）ので実際上は行うことはない．統計学での適用上は結果および演算公式を知っておけばよい．計算された分散の値は一般的に σ^2 と表される．なお，$V(X)$ の平方根 $\sqrt{V(X)}$ を確率変数の標準偏差という．この値は σ である．

　以上のように，確率分布の平均（期待値 $E(X)$，分散 $V(X)$）を定めたが，統計学ではこれが母集団分布になっていて，その値は「母平均」「母分散」といわれることは既に述べた．

> **コラム❶**　　　E, V の演算公式

期待値 $E(\cdot)$ については次の基本的演算ルールが成り立つ.
(a) c が定数なら　$E(X+c) = E(X) + c, \ E(cX) = cE(X)$
(b) c が定数なら　$E(c) = c$
(c) $E(X) = \mu$ と表すと　$E(X - \mu) = 0$
(d) $E(X+Y) = E(X) + E(Y)$
(e) $E(aX + bY) = aE(X) + bE(Y)$

(d), (e) の証明は多少進んだレベルなので本章で後述し, (a), (b), (c) を証明する. 式によるよりは, $X = a, b$ の2値のみの場合を扱う.

(*) 　　　| X | a | b |
　　　|---|---|---|
　　　| 確率 | p | q |
　　　　$p, q \geq 0, \ p + q = 1$

$X + c = a + c, \ b + c$ となるので,
$$E(X+c) = p(a+c) + q(b+c)$$
$$= pa + qb + (p+q)c$$
$$= E(X) + c$$
また, $cX = ca, \ cb$ となるので
$$E(cX) = pca + qcb$$
$$= c(pa + qb)$$
$$= cE(X)$$
また, X が常に c なら,
$$E(c) = pc + qe = e$$
となる. (c) は, $c = -\mu$ として (a) から出る. 表*を元にして結果 (a), (b), (c) のイメージとして下表に表しておこう.

$X+c$	$a+c$	$b+c$
確率	p	q

cX	ca	cb
確率	p	q

$X \equiv c$	c	c
確率	p	q

$X-\mu$	$a-\mu$	$b-\mu$
確率	p	q

また，分散 $V(\ )$ についても，演算ルール

(f) c が定数なら $\quad V(X+c)=V(X), \ V(cX)=c^2 V(X)$

(g) c が定数なら $\quad V(c) \equiv 0$

(h) $E(X)=0$ なら $\quad V(X)=E(X^2)$

(i) $V(X)=E(X^2)-(E(X))^2$

が成り立つ．(f) は，
$$\begin{aligned}V(X+c) &= E((X+c)-E(X+c))^2 \\ &= E(X+c-E(X)-c)^2 \\ &= E(X-E(X))^2 \\ &= V(X)\end{aligned}$$
次も全体的に平行移動しても確率分布のばらつきは変わらない．
$$\begin{aligned}V(cX) &= E(cX-E(cX))^2 = E(cX-cE(X))^2 = E(c^2 \cdot (X-E(X))^2) \\ &= c^2 E(X-E(X))^2 \qquad ((b) による) \\ &= c^2 V(X)\end{aligned}$$
のように確かめられる．$E(X)$ とは異なり c^2 倍となることに注意する．(g) は，変数は'定まった数'でばらつきはないことを意味し，その証明も
$$\begin{aligned}V(c) &= E(c-E(c))^2 \qquad ((b) による) \\ &= E(c-c)^2 \\ &\equiv 0\end{aligned}$$
のように確かめられる．(h) は $V(X)$ の定義からストレートに出る．

(i) については，$\mu=E(X)$ とおいて
$$(X-\mu)^2 = X^2 - 2\mu X + \mu^2$$
の期待値 E をとると，(d)，ついで(a)，および(b)から証明される．

ここでは，これらの証明の内容よりも，E, V の'使い方'の練習を行った．

§4.2 母分散の確率分布のしくみ

§4.3 重要な確率変数 X の確率分布

前述のとおり，ここでは実用的にも大切ないくつかの確率分布にふれておく．その $f(x)$, 平均 $(E(X))$, 分散 $(V(X))$ は以下のとおりである．

a. 二項分布 $Bi(n, p)$

$$f(x) = {}_nC_x p^x (1-p)^{n-x}, \quad (x = 0, 1, \cdots, n)$$

平均 $= np$, 分散 $= np(1-p)$

正規分布の出現以前よりくわしく研究された'先輩格'の確率分布で，今以て重要さを失わない．心理学，医学，社会調査，工学などの計数，反応型（カテゴリー型）のデータの分析の基礎である．

b. ポアソン分布 $Po(\mu)$

$$f(x) = e^{-\mu} \frac{\mu^x}{x!} \quad (x = 0, 1, \cdots,)$$

$$E(X) = x, \quad V(X) = \mu$$

$f(x)$ の形はやや親しみにくいが，二項分布の発展形と考えればよく，創始者の名を残して今日でもよく適用される．いわば'稀少現象型'の確率分布で，事故，安全性・信頼性，リスク，保健，偶然事象など，現代社会の基礎部分に現象的に対応する．母平均＝母分散という著しい特色を持っており，その点では憶えやすい．

c. 正規分布 $N(\mu, \sigma^2)$

$$f(x) = \frac{1}{\sqrt{2\pi}\sigma} \exp\left\{-\frac{(x-\mu)^2}{2\sigma^2}\right\}, \quad (-\infty < x < \infty)$$

$$E(X) = \mu, \quad V(X) = \sigma^2$$

統計学においては，歴史的にも実践的にも，圧倒的に大きな重要性と役割があり，ほとんど統計学イコール正規分布論といってもいいすぎではない．$E(X)$, $V(X)$ が $f(x)$ の中に表示されていることも特色で，それが使いやすさのもとでもある．したがって，'パラメトリック統計学'においては，ほぼ独占的な主役である．

以上の3分布は実用上も頻出で，基礎知識としていつでも使えるようにしておく必要がある．母平均($E(X)$)や母分散($V(X)$)の導出は数理統計学の練習課題なのでここでは扱わない．

d. 超幾何分布

2種類のA, BのそれぞれM, N個のモノの合計$M+N$個の集団から，合計n個のモノをランダムにとり出したとき，M個のAからx個，N個のBから$n-x$個それぞれとり出される確率で，その確率分布は

$$f(x) = \frac{{}_M C_N \cdot {}_N C_{n-x}}{{}_{M+N} C_n}$$

である．Xがこの$f(x)$に従っているときに，繁雑な計算の結果

$$E(X) = n \cdot \frac{M}{M+N}, \quad V(X) = n \cdot \left(\frac{M}{M+N}\right)\left(\frac{N}{M+N}\right)\frac{M+N-n}{M+N-1}$$

である．いま，$M/(M+N) = p$とすると，

$$E(X) = np, \quad V(X) = np(1-p)\frac{M+N-n}{M+N-1}$$

となって，二項分布に酷似することがわかるが，'Aから取られること'に注目すればそれは当然である．ただし，$V(X)$に付いている割合は1より小さく，二項分布と異なりとり出しが起きるたびに有限個の元の集団が変化し，次々にとり出しの結果の自由が小さくなってゆくことを示す[1]．$M, N \to \infty$のときは集団は無限になり，完全に有限修正は消える．この結果は世論調査のサンプリング理論，医療現場の予後（良，不良）の経過分析[2]，また野生種の個体数の推定[3]に用いられている．

e. 幾何分布

二項分布と関連があるが，異なった見方をする．すなわち，試行で2つの

---

[1] 有限母集団修正といわれる．
[2] カプラン・マイヤー推定量の研究が挙げられる．
[3] 捕獲・再捕獲法については，『統計学入門』，東京大学出版会を参照．

結果 S, F が可能で，確率的に

　S は確率 p, F は確率 $1-p$

で起こるものとする．順次，試行を繰り返し，n 回目に最初の S が得られる確率は，$x-1$ 回目までは F, x 回目で S を得るから，

$$f(x) = (1-p)^{x-1} p \qquad (x = 1, 2, 3, \cdots)$$

である．$(1-p)^{x-1} \cdot p = (1-p)^x \cdot p/(1-p)$ であるから，初項 p, 公比 $1-p$ の等比数列——以前は'幾何数列'といわれ，名称の元となった——をなしている．等比数列の無限和の与式から，

$$\sum_{n=1}^{\infty} f(x) = p \cdot \frac{1}{1-(1-p)} = 1$$

でたしかに確率分布の条件に合致している．

　試しに 20 回目までをシミュレーションしよう（本来は無限まで試行すべきである）．一様乱数を 20 個生成し，各乱数 U が $U \geq 0.8$ なら S, $U < 0.8$ なら F と定義すれば，$p = 0.2$ の幾何分布の実現例が得られる．

　幾何分布の実際例は多い．巡回するセールスマンが最初の注文を取ることに成功するときの訪問回数（その成功回も含む），秘書を雇用するために応募者の来訪ごとに面接し，最初に雇用者の基準に合致する応募者を得るまでの面接人数（秘書問題），独身者が適切な結婚相手に巡り会うまで多くの異性に出会うが，決めた相手は出合いの何番目か（結婚問題）などである．

　実際，まず関心ある課題は平均して試行の何回前に S を得るか，その期待値である．簡単のために，$1-p = q$ とおくと，期待値計算の定義から

$$E = 1 \cdot p + 2pq + 3pq^2 + 4pq^3 + \cdots$$

となる．これは一見ハードに見えるが，工夫するとうまくゆく．両辺に q を掛けると，

$$qE = 1 \cdot pq + 2pq^2 + 3pq^3 + 4pq^4 + \cdots$$

で，上から下を引くと，

$$(1-q)E = pq + pq^2 + pq^3 + pq^4 + \cdots$$

$$= p \cdot \frac{1}{1-q} \qquad \text{(等比数列の和の公式)}$$

$$= 1$$

これから E が得られて，

$$E(X) = 1/p$$

となる．

ただし，最初の S は平均して試行の 5 回目というだけで必ず 5 回目にとか，5 回やったので，もう成功していいはずだなどの論理は正しくない．最初の S が表れるまでの試行回数にはばらつきがあり，その分散が必要である．

以下，関心のある読者のために解説する．先に進みたい人はとばしてよい．

$$V(X) = E(X^2) - (E(X))^2$$

なので，第一項

$$E_2 = 1^2 p + 2^2 pq + 3^2 pq^2 + 4^2 pq^3 + \cdots {}^{4)}$$

を計算すればよい．この両辺に q を掛けると，

$$qE_2 = 1^2 pq + 2^2 pq^2 + 3^2 pq^3 + 4^2 pq^4 + \cdots$$

となって，先のケースとは異なり x の代わりに x^2 が表れている．しかし，上から下を引くと一般に各項に

$$x^2 - (x-1)^2 = 2x - 1$$

が表れるから，x に対応して先の $E(X)$，1 に対応して全確率 1 が結果として得られて

$$(1-q)E_2 = 2(1/p) - 1 \qquad (1-q = p)$$

となる．これより，$E_2 = (2-p)/p^2$ を得て，結局

$$V(X) = (2-p)/p^2 - (1/p)^2$$

$$= \frac{1-p}{p^2} \qquad \text{(あるいは } q/p^2\text{)}$$

と求められる．p が小さければ，分子の p を略してほぼ $1/p^2$ としてよい．たとえば $p = 0.01$ なら，$V(X) = 90$ だが，分子の p を省略すると，$V(X) = 100$

---

4) 2 乗が表れているので E_2 とした．

で，大まかには近いとしてよいだろう．

f. 負の二項分布

幾何分布で，'最初の S' を 'r 個の（r 番目の）S' に一般化した確率分布である．

r 番目の S が x 番目の試行で起こる確率は，$(x-1)$ 回目の試行までに $(r-1)$ 個の S が起こり，かつ x 回目では S が起こる確率であるから，

$$f(x) = {}_{x-1}C_{r-1}(1-p)^{(x-1)-(r-1)}p^{r-1} \cdot p$$
$$= {}_{x-1}C_{r-1}(1-p)^{x-r}p^r, \qquad x = r,\ r+1,\ r+2,\ \cdots$$

である．

これが確率分布であることの証明，すなわち $\sum_{x=r}^{\infty} f(x) = 1$ は技巧を要するが $r=2$ の場合は簡単である．

$$f(x) = (x-1)(1-p)^{x-2}p^2 \qquad x = 2,\ 3,\ 4,\ \cdots$$

であるが，ここで $x-1$ をあらためて x とおくと，

$$f(x) = x(1-p)^{x-1}p^2 \qquad x = 1,\ 2,\ 3,\ \cdots$$

で

$$\sum_{x=1}^{\infty} f(x) = p \sum_{x=1}^{\infty} x(1-p)^{x-1} \cdot p$$

は，右辺の Σ が幾何分布の期待値で $1/p$ だから，

$$\sum_{x=1}^{\infty} f(x) = (1/p) \cdot p = 1$$

で証明された．

期待値 $E(X)$ は幾何分布の場合の r 倍であることは容易に想像され

$$E(X) = r/p$$

である．分散 $V(X)$ も幾何分布が r 重にくり返されてつながっていると考えられ，しかも次の S までの各くり返しにおける試行回数は互いに無関連と考えられるから，幾何分布の分散の r 倍であって，

$$V(X) = r(1-p)/p^2 \qquad (\text{あるいは } rq/p^2)$$

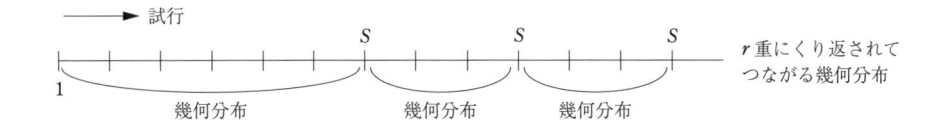

```
    ────▶ 試行           S         S         S
    |—|—|—|—|—|—|—|—|—|—|—|—|—|—|—|—|—|—|—|—|        r重にくり返されて
    1    ⌣⌣⌣⌣⌣   ⌣⌣⌣⌣   ⌣⌣⌣⌣                   つながる幾何分布
         幾何分布       幾何分布    幾何分布
```

　負の二項分布は，先の幾何分布の例にならうと，車のセールスマンがノルマの2台の注文をとるまでの訪問人数，あるいは秘書を2人雇用するとして，まず1人目，次に面接を続けて2人目を雇うケースで，2人目を雇用するまでの面接人数などを考えるとよい．これらは $r=2$ の負の二項分布に従う．

　「負の二項分布」の名称は若干の変形によって二項分布に類似した形になることから来ている．また「パスカル分布」とも言われる．

　ここから先の x はとびとびの値でなく，連続的に変化する．その場合も出方の可能性の強弱を関数 $f(x)$ で表す．たとえば
指数分布は，文字どおり，指数関数

$$f(x) = \lambda e^{-\lambda x} \quad (x \geq 0)$$
$$\quad\quad\ = 0 \quad\quad\ (x < 0)$$

で与えられる．x は全ての非負の数でもはや整数に限られない．

g. 一様分布

　文字通り，'平たく'無区別に有限区間上に存在する確率分布で区間 $[0, 1]$ 上では，

$$f(x) = \begin{cases} 1 & 0 \leq x \leq 1 \\ 0 & \text{それ以外} \end{cases}$$

で定義される'区別がない'ことから，ランダム性の典型的極致であり，統計学理論の原点に位置するものとして，種々の役割があって重要である．X が $[0, 1]$ 上で一様分布に従うなら，

$$E(X) = \frac{1}{2}, \ V(X) = \frac{1}{12}$$

であり，$[\alpha, \beta]$ 上なら

$$E(X) = \frac{\alpha + \beta}{2}, \quad V(X) = \frac{(\beta - \alpha)^2}{12}$$

となることはすぐ確かめられる．ことに $E(X)$ は直観的である．

いろいろな関数に代入して，推定する確率分布もつ確率変数が得られるので，一様分布をもつ一様乱数はことに重要である．

h. 指数分布

ここまで解説した幾何分布は離散形分布であるが，指数分布はその'連続形バージョン'で（図），指数関数が表れるので，このように呼ばれる．

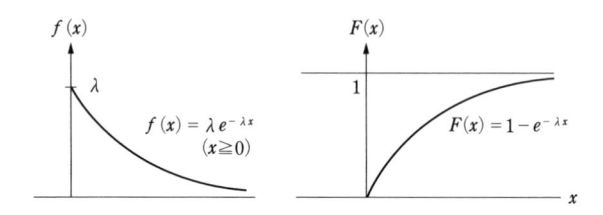

f(x) のグラフ: $f(x) = \lambda e^{-\lambda x}$ $(x \geq 0)$、$F(x)$ のグラフ: $F(x) = 1 - e^{-\lambda x}$

すなわち，幾何分布 $f(x) = (1-p)^x p/(1-p)$ で，x に関係する部分を形式的に $1-p \Rightarrow e^{-\lambda}$ （λ はある定数）でおきかえると $e^{-\lambda x}$ が得られる．

$e^{-\lambda x}$ の前に λ がつくことは，全確率 $=1$，すなわち $f(x)$ の下側の全面積，$f(x)$ の $x>0$ での全積分

$$\int_0^\infty \lambda e^{-\lambda x} dx = 1$$

を保証するためである．これは変数を $y = \lambda x$ と変換すると，

$$\int_0^\infty e^{-y} dy = 1$$

となることと同値である．さらに，一般には

$$\int_0^a \lambda e^{-\lambda x} dx = 1 - e^{-\lambda a} \quad (a > 0)$$

あるいは記号を替えて

$$\int_0^z \lambda e^{-\lambda x} dx = 1 - e^{-\lambda z} \qquad (z>0)$$

となっている．これは指数分布に従う確率変数 X が各 z 以下の値をとる確率である．一般に「○以下の値をとる確率」は，○の関数として「累積分布関数」といわれ $F_x(z)$ で表す；

$$F_x(z) = P(X \leq z) = 1 - e^{-\lambda z} \qquad (z>0)$$

また，

$$Fx(x)' = \lambda e^{-\lambda x}$$

に注意する．すなわち

$$\text{密度関数} \underset{微分}{\overset{積分}{\longleftrightarrow}} \text{累積分布関数}$$

の関係が成り立つ．

コラム❷　累積分布関数の使い道

　累積分布関数は統計学ではいろいろな形であらわれる．指定した確率分布に従う乱数を発生させる有力な方法「確率積分変換」を説明しておこう．

　ふつうコンピュータが発生する乱数は「0〜1上の一様乱数」といわれ，0〜1の区間内で一様分布に従う．

$$P(U \leq 0.4) = 0.4, \cdots, P(U \geq 0.8) = 0.2, P(0.2 \leq U \leq 0.3) = 0.1$$

などである．一般に

$$P(U \leq u) = u \qquad (U の累積分布関数)$$

一様乱数 U から指数分布に従う「指数乱数」X を次のように生成することができる．その方法を説明しよう．

① 一様乱数（の一つ）を U とする．
② これを指数分布の累積分布関数のある値 X に等しいとする．すなわち

$$U = F(X) = 1 - e^{-\lambda X}$$

として，X を求める．実際 X は U と

$$X = -\log(1-U)/\lambda$$
これが指数乱数(の一つ)を与える.

③ この手続きを一連の一様乱数 U_1, U_2, U_3, … に対してくり返し,指数乱数 X_1, X_2, X_3, … を得る.

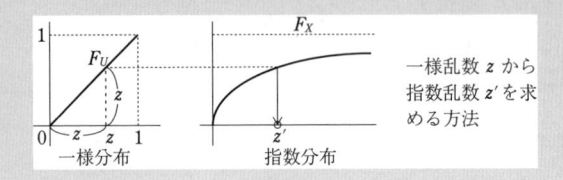

一様乱数 z から指数乱数 z' を求める方法

💻 ある市の 119 番通報による 1 日の平均出動回数は 2 回である(いいかえれば,出動間隔の平均は (1/2) 日 = 0.5 日である).このとき,出動間隔 X は $\lambda = 2$ の指数分布に従う.そこで,$\lambda = 2$ の指数乱数を 20 個生成しよう [5].

一様乱数:

0.25　0.93　0.22　0.78　0.35　0.78　0.75　0.43　0.99　0.94
0.48　0.45　0.85　0.38　0.94　0.42　0.61　0.43　0.39　0.12

指数乱数:

0.14　1.33　0.12　0.76　0.22　0.76　0.69　0.29　2.12　1.42
0.32　0.30　0.94　0.02　1.41　0.27　0.03　0.28　0.25　0.06

実際,この作り方から

$$X \leq x \Leftrightarrow U \leq 1 - e^{-\lambda x}$$

で,したがって,上記から

$$P(\mathrm{x} \leq 20) = 1 - e^{-\lambda x}$$

この指数乱数の平均を求めれば,指数分布の期待値へのヒントが与えられよう.実際,これは 0.587(日)となる.このことは,

---

[5] 指数分布のシミュレーションであって,必ずしも現象(救急車の出動)そのもののシミュレーションではない.

$$E(X) = \int_0^\infty x \cdot \lambda e^{-\lambda x} dx = 1/\lambda \qquad (今の場合は,\ \lambda = 2)$$

であることを示唆する（実際この積分結果は正しい．また上記 X の生成にも $1/\lambda$ が表されている）．あるいは，指数分布のもとになった幾何分布で $p \Rightarrow \lambda$ とおきかえても得られる．

i. ガンマ分布[6]

幾何分布の連続型の負の二項分布に発展したように，幾何分布の一般化である負の二項分布も連続型のガンマ分布に発展する．この際，あらかじめこの名称について触れておくと，'ガンマ関数' が定数に表れているから，このように難しそうによばれるのであるが，実際は見かけ上である．

たとえば，ある病院では，各入院患者から2回の訴えがあるごとに，看護師が適切な対応をすることにしている．時間的に最初の訴えが T_1 後で，次の訴えがこの最初に訴えてから T_2 後であるとする――いいかえると，訴えの時間間隔が T_1, T_2 ――と，対応は $T_1 + T_2$ 後に起こる．いま，T_1, T_2 が独立に指数分布に従うとすると，$T_1 + T_2$ の従う分布が二つのパラメータ λ, および $\alpha = 2$ で推定されるガンマ分布である．同じようにして，3個の時間間隔 T_1, T_2, T_3 なら $T_1 + T_2 + T_3$ は λ および $\alpha = 3$ のガンマ分布である．

コラム❸　　　　ガンマ関数

ガンマ関数は，正の整数に対しては，
$\Gamma(1) = 1$, $\Gamma(2) = 1$, $\Gamma(3) = 2!$, $\Gamma(4) = 3!$, …，一般に $\Gamma(k) = (k-1)!$
(k =整数) となっていて，ふつうの階乗（!）に一致し，'階乗の一般化' と考えられる．オイラーもその意図からこの積分を定義した．

$\lambda = 2$, $\alpha = 3$ として，ガンマ分布の20個の乱数（ガンマ乱数）のシミュレーションを行ってみよう．横に20個の指数乱数を3通り発生させ3通りの和

---

[6] 記号は一定しておらず，$\Gamma(\lambda, \alpha)$, $Ga(\lambda, \alpha)$, あるいは λ, α を入れ替える記法もある．

をとる形でも同じ分布の結果を得られる．指数乱数生成の元になる一様乱数の表示は省略する．

指数乱数（1）	0.36	1.60	0.02	0.24	0.25	…	0.14
指数乱数（2）	0.15	0.26	0.69	1.29	0.10	…	0.04
指数乱数（3）	0.79	0.88	0.52	0.69	1.60	…	0.90
指数乱数（和）	1.30	2.73	0.61	2.21	1.94	…	1.08

なぜ「ガンマ分布」というかは後回しとして，さしあたり $\alpha = 2, 3$ のガンマ分布の密度関数は，それぞれ

$$f(x) = \lambda^2 x e^{-\lambda x} \quad (x \geq 0),\ 0\ (x<0)$$

$$f(x) = \frac{\lambda^3}{2} x^2 e^{-\lambda x} \quad (x \geq 0),\ 0\ (x<0)$$

となる．指数分布と比較して，新たに x, x^2 が入り，定数にも λ^2, λ^3, さらに2だ表れる（ここで，分母の $2 = 2!$ に注意）．

ガンマ分布の期待値，分散は α に応じて，指数分布の α 倍となることは予想されるが，実際

$$E(X) = \alpha/\lambda,\quad V(X) = \alpha/\lambda^2$$

であることが証明できる．

💻ガンマ乱数のシミュレーション・データにおいても

$$\bar{x} = 1.57,\quad s^2 = 0.89$$

であって，それぞれ $E(X) = 3/2 = 1.5$, $V(X) = 3/4 = 0.75$ に近い．

ところで，若干の注意[7]として，ガンマ分布の α は必ずしも $\alpha = 1, 2, 3, \cdots$ に限らない．実際，統計学で用いる自由度 k の χ^2 分布は実は $\lambda = 1/2$, $\alpha = k/2$ のガンマ分布であることが知られている．この場合，λ^2, λ^3 に替わって一般に λ^k が表れることは予想通りだが，他方分母に「ガンマ関数」——「オイラーの第2積分」ともいう——が表れる：

---

[7] この段落は知らなくてもよい．

$$\Gamma(\alpha) = \int_0^\infty x^{\alpha-1} e^{-s} ds \qquad (\alpha > 0)$$

であるが，これから

$$\Gamma(\alpha+1) = \alpha \Gamma(\alpha), \quad \alpha > 0$$

がいえて，α が 1 ずつくり上がる漸化式が成り立つから，$\Gamma(1/2)$，$\Gamma(3/2)$，…なども定義できる．

したがって，ガンマ分布の一般形はこれを用いて，

$$f(x) = \frac{\lambda^\alpha}{\gamma(\alpha)} x^{\alpha-1} e^{-\lambda x} \qquad (x \geq 0), \quad 0 \ (x < 0)$$

で与えられる．ちなみに，$\alpha = 3$ のケースで確認しておこう．$\Gamma(3) = 2! = 2$，そして x^2 が入る．

以上の 4 分布はまとめて「待ち時間分布」をなし，次のように整理される．

	最初に起こるまで	複数回起こるまで
離散型	① 幾何分布	② 負の二項分布（γ 回）
連続型	③ 指数分布	④ ガンマ分布（α 回）

①→④の順に学んだが，ガンマ分布のユーモラスな一例も挙げておこう[8]．

一時間当たり 6 回泣く幼児がいる．両親は 2 回ごとにこれに応えることにしている．両親が 10 分以上応えなくて済む確率を求めよ．

解 1 回ごとに泣く時間間隔は 10 分である．以下 5 分を時間の単位として 5 分 = 1 '時間単位' とする．しかし $1/\lambda = 2$ から $\lambda = 1/2$ 2 回分の時間間隔の和の確率分布は $\lambda = 1/2$ $\alpha = 2$ のガンマ分布だから，この 2 以上の確率を求めよ．

これは積分

$$\int_2^\infty (1/2)^2 x e^{-x/2} dx = 2/e$$

---

8) E.Parzen(1960) "Modern Probability and Its Applications" John Wiley, p.261.

を必要とするが，これを知らなくても，自由度 4 の χ^2 分布を用いればよく，χ^2 分布表よりおよそ 0.73 と知る[9] (70%, 80%点は, 2.19, 1.65)．正確には

j. ベータ分布 [10]

ガンマ分布と並んで，同じくギリシア文字（アルファベット）でよばれる「ベータ分布」がある．正規分布，指数分布，ガンマ分布などは現象に対応した確率分布として必要に応じてよく用いられるが，ベータ分布はむしろ理論的必要性からくる確率分布で

$$f(x) = \frac{x^{\alpha-1}(1-x)^{\beta-1}}{B(\alpha, \beta)}, \quad 0 \leq x \leq 1$$

で表される．ただし，このような必要自体が生じることは多くなく，数学的使いやすさから，ベイズ統計学でも大きな役割を果たす．

ここで，分母の B は

$$B(\alpha, \beta) = \int x^{\alpha-1}(1-x)^{\beta-1}dx, \quad \alpha > 0, \quad \beta > 0$$

で，「完全ベータ関数」という．X がこの分布に従うときは

$$E(X) = \alpha/(\alpha+\beta), \quad V(X) = \alpha\beta/(\alpha+\beta)^2(\alpha+\beta+1)$$

となる．

この分布は，後に述べるノンパラメトリック統計学にあらわれている．いま X_1, X_2, X_3 が 0〜1 上の一様分布からのサンプルとしよう．これを並び換えて小さいほうから

$$X_{(1)} < X_{(2)} < X_{(3)}$$

とする．これを「順序統計量」という．これらの分布はそれぞれ

$$3(1-x)^2, \quad 2x(1-x), \quad 3x^2, \quad 0 \leq x \leq 1$$

のベータ分布であり，

$\alpha = 1, \beta = 3$，あるいは $\alpha = \beta = 2$，あるいは $\alpha = 3, \beta = 1$

となっている．

---

[9] あるいは Excel の CHIINV から 0.7361 (73.6%)．
[10] 記号は一定していない．$B(\alpha, \beta), Be(\alpha, \beta)$ の 2 通りある．前者の B はギリシャ文字 'ベータ' である．ただし，定義中分母と混同のおそれがあるので，両者を区別する記法も多い．

よって，
$$E(X(1)) = 1/4, \ E(X(2)) = 1/2, \ E(X(3)) = 3/4$$
であるが，これは積分計算からも容易に確かめられる．

コラム❹　　ベータ関数

ベータ関数は「オイラーの第一積分」といわれる．オイラーはとにかくも'積分'を今日の形として案出した最初の人で，これが第一の適用であった．積分区間が $0 \sim 1$ でまずは容易だった．第2積分はガンマ関数だが，積分区間は $0 \sim \infty$ で多少手ごわかった．第一，第二の関係は，
$$B(\alpha, \beta) = \Gamma(\alpha)\Gamma(\beta)/\Gamma(\alpha+\beta)$$
で，証明は格好の微積分の練習である．

---

k. 対数正規分布

確率変数 X はその対数（自然対数）$\log X$ が正規分布 $N(\mu, \sigma^2)$ に従っているとき，母数 (μ, σ^2) の対数正規分布に従うという．これを逆にいうと，Y が正規分布 $N(\mu, \sigma^2)$ に従っているとき，$X = e^Y$ は母数 (μ, σ^2) の対数正規分布に従う．

まず，e^x（指数関数）は $x>0$ で非常に急激に増加することできわめて大きい値をとる一方，$x<0$ では0に近い値もある．見てみよう．

x	-1	0	1	2	3	4	5
e^x	0.37	1	2.72	7.39	20.09	54.59	148.41

したがって，X がたとえば $N(0, 1)$ の比較的確率の大きい値 1, 2, … をとるときでさえ e^x は非常に大きい値をとることが多少の確率でありうる．同時に小さい値をとる確率もほどほどにある．この二つの性質を持つのが対数正規分布で，その確率を示す密度関数は次のごとくである．$\mu=0, \sigma=1$ の場合を示す．密度関数は，

$$f(x)\frac{1}{\sqrt{2\pi}x}e^{-(\log x)^2/2}$$

で，正規分布の $e^{-x^2/2}$ の x のかわりに $\log x$ が入っている（$\sqrt{2\pi}$ の次に x があることにも注意）．

対数正規分布の応用先として下の抽象的なグラフからも想像されるように，従来より所得分布，貯蓄分布等の経済量の分布が挙げられる．

l. 2次元（2変数）正規分布　$N(\mu_x,\ \mu_y;\ \sigma_x^2,\ \sigma_y^2,\ \rho)$

それぞれ正規分布 $N(\mu,\ \sigma^2)$, $N(\mu,\ \sigma^2)$ に従う2つの確率変数の組(ペア)(X, Y)で——よって，2次元，2変量という——X, Y がそれぞれ関連しつつ変動するケースである．その関連の度合が「相関係数」とよばれる ρ で決まっている．ρ は $-1 \leqq \rho \leqq 1$ の範囲にある．以下は，次節 b の知識が必要である．

この「母相関係数」ρ を標本から決定する統計量は「標本相関係数」γ で

$$r = \frac{\sum(x_i - \bar{x})(y_i - \bar{y})}{\sqrt{\sum(x_i - \bar{x})^2 \cdot \sum(y_i - \bar{y})^2}} \quad \text{(EXCELではCORREL)}$$

で定義される．

2次元（あるいは多次元）正規分布の応用範囲はきわめて広く，典型的には「多変量解析」を中心に，心理，教育，経済，経営，医学，工学，時系列，確率過程などの多岐に渉る．ことにこの相関係数 r は高校以来おなじみであり，'見たこともない' とはいえないものであろう．

ここで起こっていることを理論として確かめておこう．まず，もし，X, Y がそれぞれ正規分布 $N(0, 1)$ に従い，かつ独立なら，X, Y の確率分布——同時分布——は，定数を除いて

$$\exp(-x^2/2) \times \exp(-y^2/2) = \exp\{-(x^2 + y^2)/2\}$$

となる．ここが正規分布のウマサで右辺が左辺に分解される．しかし，右辺の exp( ) の中で x^2+y^2 でなく，たとえば

$$x^2+1.6xy+y^2$$

であれば，X および Y の周辺分布の積に分解することはなく，本質的に 2 次元の確率分布になっている．一般に，最も簡単な 2 次元正規分布の exp( ) の中の主要部は

$$x^2+2\rho xy+y^2$$

となっている．ρ は相関係数である．上の例では $\rho = 0.8$ である．このとき，X のみの，あるいは Y のみの分布 —— 周辺分布 —— の期待値，分散はそれぞれ

$$E(X) = 0,\ E(Y) = 0\ ;\ V(X) = 1,\ V(Y) = 1$$

であり，$X,\ Y$ の共分散，相関係数は

$$\mathrm{Cov}(X, Y) = \rho_X(X) = \rho,\ \ \rho_{XY} = \rho$$

となっている．さらに，ここに述べたことから，正規分布においては無相関 $\Rightarrow$ 独立がいえる．

ここまでは最も簡単な場合であって，

$$x \to x/\sigma_x,\ y \to y/\sigma_y$$

と置き換え，さらに

$$x \to x - \mu_x,\ y \to y - \mu_y$$

とすると，一般の 2 次元正規分布が得られ，

$$E(X) = \mu_x,\ E(Y) = \mu_y\ ;\ V(X) = \sigma_X^2,\ V(Y) = \sigma_Y^2$$

さらに

$$\mathrm{Cov}(X, Y) = \rho\sigma_x\sigma_y,\ \ \rho_{XY} = \rho$$

となることが得られる．これらを一次元にならって

$$N_2(\mu_x,\ \mu_y\ ;\ \sigma_x^2,\ \sigma_y^2,\ \rho)$$

あるいは，期待値と分散，共分散

$$\begin{matrix} \mu_x & \sigma_x^2 & \rho\sigma_x\sigma_y \\ \mu_y & \rho\sigma_x\sigma_y & \sigma_y^2 \end{matrix}$$

に分けて示すことが多い．それぞれ，「期待値ベクトル」「分散共分散行列」といわれる．

以上をレビューしておこう．二項分布，ポアソン分布，正規分布は確率論，統計学の始まりと発展とともに，知られ，用いられおなじみのものとなった．これと並び，今日，確率分布論の中に挙げられる確率変数(X)の確率分布に，幾何分布，負の二項分布，指数分布，ガンマ分布があり，確率現象を記述し，その性質を研究することに広く用いられている．これらの分布は，一括して「待ち時間分布」waiting time distribution と広く言われた．ただし，統計学で用いられるのは，二項，ポアソン一様，正規，指数，ガンマ分布，それに加えて，超幾何，ベータ，対数正規，各次元正規の各分布であり，これで99.9％済むと考えてよい．

§ 4.4　確率分布の演算

ここまでは，確率分布のリストとして，いわば確率分布の'単語帳'を紹介してきたが，次は確率分布の'文法'へ進む．すなわち確率分布を持つそれぞれの確率変数の組み合わせ

$$X+Y,\ X+Y+Z,\ XY,\ \cdots$$

などについて，期待値，分数，その確率分布などを，あまり細部にかかわることなく，基本事項を簡潔に解説して行こう．3項目ほど扱う．

a.　和 $X+Y$ の期待値

ストレートに

$$E(X+Y) = E(X) + E(Y)$$

が成り立つ．最も単純なケース

$$X = a,\ b\ ,\quad Y = c,\ d$$

で説明する．$X+Y = a+c,\ a+d,\ b+c,\ b+d$ の4通りある．そこで X,Y の4通りの組み合わせの確率を次のように約束しておこう．表で確率を横，縦に加えた和に注意する．

X \ Y	c	d	Xの確率
a	p_{11}	p_{12}	$p_{11}+p_{12}$
b	p_{21}	p_{22}	$p_{21}+p_{22}$
Yの確率	$p_{11}+p_{21}$	$p_{12}+p_{22}$	

　この中心の $2\times 2=4$ 通りの確率のリストを X,Y の（2次元）「同時分布」，横および下の縁の確率リストを（それぞれ X,Y の）「周辺分布」という．

　さて，同時分布から，$a+c$ は確率 p_{11} で生じる．他も同様で，したがって単純に

$$E(X+Y) = p_{11}(a+c) + p_{12}(a+d) + p_{21}(b+c) + p_{22}(b+d)$$
$$= \{(p_{11}+p_{12})a + (p_{21}+p_{22})b\} + \{(p_{11}+p_{21})c + (p_{12}+p_{22})d\}$$
$$= E(X) + E(Y)$$

で証明は終了，これについて特に難点はない．

b. 和 $X+Y$ の分散，および X,Y の共分散

　分散については，重要なことだが

$$V(X+Y) = V(X) + V(Y)$$

は必ずしも成立しない．ただし，成立することもある．

　それは，X,Y が「独立」といわれるケースで，X,Y の組の確率がそれぞれ積の形で，うまく

X \ Y	c	d	Xの確率
a	pp'	pq'	p
b	$p'q$	$p'q'$	q
Yの確率	p'	q'	

$p+q=1,\ p'+q'=1$

$$p_{11}=pp',\ p_{12}=pq',\ p_{21}=p'q,\ p_{22}=p'q'$$

となっている場合は成立する．

　これを示そう．まず

$$V(X+Y) = E(X+Y-E(X+Y))^2$$

§4.4　確率分布の演算

$$= E\{(Y-E(X)) + (Y=E(Y))\}^2$$
$$= V(X) + V(Y) + 2\mathrm{Cov}(X, Y)$$

ここで，$\mathrm{Cov}(X, Y)$ は X, Y の共分散と言われ
$$\mathrm{Cov}(X, Y) = E(X-E(X))(Y=E(Y))$$
で定義される．これはそれ自体重要な演算公式だが，さらにこの共分散には
$$\mathrm{Cov}(X, Y) = E(XY) - E(X) - E(Y)$$
という便利な等式がある．これは
$$(X-E(X))(Y-E(Y)) = XY - XE(Y) - YE(X) + E(X)\cdot E(Y)$$
の期待値からすぐに従う．ところで，もし X, Y が独立なら，
$$E(XY) = E(X)E(Y)$$
となって，$\mathrm{Cov}(X, Y) = 0$ が従い，定理は証明される．実際，上記のこの $E(X, Y)$ については，
$$E(XY) = pp' \cdot ac + pq' \cdot ad + p'q \cdot bc + p'q' \cdot bd$$
$$= (pa + qb)(p'c + q'd) = E(X)\cdot E(Y)$$
が成立している．

　分散の加法性については以上のとおりだが，ここで導入された共分散 Cov から多少の発展がある．共分散は，$X-E(X)$，$Y-E(Y)$ を含んでいて，積はともに＋，あるいはともに－なら＋，二つが反対符号なら－である．実際には二つの傾向が混じって，優勢なほうが全体傾向となる．すなわち，Cov の符号から，

$$\mathrm{Cov}(X, Y) > 0 \quad \Rightarrow \quad X, Y \text{は同方向に変動}$$
$$\mathrm{Cov}(X, Y) < 0 \quad \Rightarrow \quad X, Y \text{は反対方向に変動}$$

に動くと判定してよい．ただし，符号による方向の同，反対の判定だけであり，程度を含んでいない．そこで，Cov を判断する単位として，それぞれの分散——その $\sqrt{}$ ——をとり，
$$\rho_{XY} = \mathrm{Cov}(X, Y) / \sqrt{V(X)}\sqrt{V(Y)}$$
を「X, Y の相関係数」という．

　この相関係数 ρ_{XY} は可能な値の範囲が

$$-1 \leq \rho_{XY} \leq 1$$

と決まり，

正の相関 $\rho_{XY}>0 : X, Y$ は同方向に変動し 1 に近いほどその傾向は大きく

また

負の相関 $\rho_{XY}<0 : X, Y$ は反対方向に変動し -1 に近いほどその傾向は大きい

さらに

無の相関 $\rho_{XY}=0 : X, Y$ には関係はない（無相関）．

いうまでもなく $\rho_{XY}=0$ は共分散 $\text{Cov}(X, Y)=0$ のときである．むしろ，$\text{Cov}(X, Y)=0$ のこと自体を無相関ということが多い．

そこで，ここまでの復習として，次のことを確認しておこう．

X, Y は独立 $\overset{①}{\Rightarrow}$ X, Y は無相関 $\text{Cov}(X, Y)=0$ $\overset{②}{\Rightarrow}$ 分散の加法性

統計理論では分散の加法性が必要でしばしば仮定されるが，①②から現実の現象にまで（例えば経済現象）独立性を要求するのはムリである．実際，独立性はあらゆる確率が積になっていることであるが，その確認は困難である（統計的に独立性を検討する方法はあるが，近似的で，すべての場合に行われるわけではない）．これに対して理論上，無相関は独立よりも成立しやすくサンプル，かつ相関係数を推定し（標本相関係数）検定も可能である．したがって，厳密性を要求される計量経済学，時系列論など，実証研究ではかえって'無相関の仮定'が現実にチェックされる．

結局のところ，①で「独立」と「無相関」はコトバは似ているが異なった概念である．また②の逆は成立しない．ただし，正規分布においては成立する（前節参照）．

c. 和 $X+Y$ の確率分布

$X+Y$ の期待値，分散については以上が基本演算であるが，さらに進んで X, Y の確率分布 $f(x), g(y)$ に対して，和 $X+Y$ の確率分布がどう表されるかという課題がある．和をとること自体は簡単であるにもかかわらず，その確率

§4.4 確率分布の演算

分布となると，多少考えなければならない所がある．確率変数の和の分布を知ることは，今後の統計学にとっても重要であるので，単純な例を示した上で，その計算方式の基本だけを示しておこう．

X, Y を二つのさいころの目とする．二つをまとめて (X, Y) として，その確率分布を示すと，次の表を得る．

X \ Y	1	2	3	4	5	6
1	1/36	1/36	1/36	1/36	1/36	1/36
2	1/36	1/36	1/36	1/36	1/36	1/36
3	1/36	1/36	1/36	1/36	1/36	1/36
4	1/36	1/36	1/36	1/36	1/36	1/36
5	1/36	1/36	1/36	1/36	1/36	1/36
6	1/36	1/36	1/36	1/36	1/36	1/36

このうち，$X+Y=7$ となる組み合わせは表の 6 通りですべて等しく，
$$P(X+Y=7) = (1/36) + \cdots (1/36) = (1/36) \times 6 = 1/6$$
となる．このようにして数えてゆくと，次の確率分布を得る．

$X+Y$	2	3	4	5	6	7	8	9	10	11	12
確率	1/36	2/36	3/36	4/36	5/36	6/36	5/36	4/36	3/36	2/36	1/36

X, Y それぞれは，1, 2, 3, …, 6 を等しい確率で'フラットに'とるが，$X+Y$ には 7 に'山'ができることに注目しておこう．これは後に述べる「中心極限定理」のヒントを与える．

第一にこのように一般に $X+Y=Z$ (Z はある数) になる確率は (X, Y) のうち加えて Z となる全ての組み合わせの確率の和である．すなわち $X=x$, $Y=z-x$ となる確率の和で，もし，X, Y が独立なら f, g の積になり，離散型分布の場合

$$h(z) = \sum_x f(x) \cdot g(z-x) \qquad \text{(和は意味を持つ全範囲で)}$$

として計算される．連続型なら，

$$h(z) = \int_{-\infty}^{\infty} f(x) \cdot g(z-x) dx$$

として与えられる．f, g に対するこの積分は関数解析，システム理論などで「たたみこみ」といわれている．ただし，結果のみ使うので実行は稀である．

これらの和，積分は難しくなくはないものの，多少やっかいである．最もシンプルな最初の例は X, Y がそれぞれ $N(0, 1)$ に従っているとき，積分

$$\int_{-\infty}^{\infty} \frac{1}{\sqrt{2\pi}} e^{-x^2/2} \cdot \frac{1}{\sqrt{2\pi}} e^{-(z-x)^2/2} dx$$

を求めることである．指数関数の部分をまとめて $e^{-Q/2}$ とすると，

$$Q = x^2 + (z-x)^2$$
$$= 2\left(x - \frac{z}{2}\right)^2 + \frac{z^2}{2}$$

で，これを代入してみると，積分計算は

$$\frac{1}{\sqrt{2\pi}\sqrt{2}} e^{-\frac{z^2}{4}} \cdot \int_{-\infty}^{\infty} \frac{1}{\sqrt{2\pi}\sqrt{1/2}} e^{-u^2} du \quad \left(u = x - \frac{z}{2}\right)$$

となるが，積分はちょうど正規分布 $N(0, 1/2)$ の全確率となっていて 1，あとは前半が残る．

これは $N(0, 2)$ である．よって，$X+Y$ は正規分布 $N(0, 2)$ に従う．ここで $X+Y$ が正規分布に従うことが重要で，期待値，分数はそれぞれ

$$E(X+Y) = E(X) + E(Y) = 0$$
$$V(X+Y) = V(X) + V(Y) = 2$$

であることはすでに定まっていることに注意しよう．

一般に X, Y が独立でそれぞれ正規分布 $N(\mu_1, \sigma_1^2)$, $N(\mu_2, \sigma_2^2)$, に従っているなら $X+Y$ は再び正規分布 $N(\mu_1+\mu_2, \sigma_1^2+\sigma_2^2)$ に従うことが計算によって確かめられる．これは今後使い手のある結果である．

第二の例は離散型で，X, Y が二項分布 $Bi(n, p)$, $Bi(m, p)$ にそれぞれ従うなら

$$P(X+Y=Z) = \sum_x {}_nC_x p^x (1-p)^{n-x} \cdot {}_mC_{z-x} p^{z-x} (1-p)^{n-(z-x)}$$

であるが，p，$1-p$ のべき部分は $p^z(1-p)^{n+m-z}$ で x を含まない．よって，よく知られている恒等式

$$\sum_x {}_nC_x \cdot {}_mC_{z-x} \equiv {}_{n+m}C_z$$

によって，上記の和は

$$_{n+m}C_z p^z (1-p)^{n+m-z}$$

となって，結果は二項分布 $Bi(n+m, p)$ である．

以上の二例を具体的計算によってたしかめたが，今後のために知っておくと便利な他の結果をこの2例を含めて表にまとめておこう．

名称	X の確率分布 f	Y の確率分布 g	$X+Y$ の確率分布 h
正規	$N(\mu_1, \sigma_1^2)$	$N(\mu_2, \sigma_2^2)$	$N(\mu_1+\mu_2, \sigma_1^2+\sigma_2^2)$
二項	$Bi(n, p)$	$Bi(\mu, p)$	$Bi(n+m, p)$
ポアソン	$Po(\lambda)$	$Po(\lambda')$	$Po(\lambda+\lambda')$
ガンマ*	$\Gamma(\lambda, \alpha)$	$\Gamma(\lambda, \alpha')$	$\Gamma(\lambda, \alpha+\alpha')$
負の二項	（略）		

*$\alpha=1$ なら，指数分布．

これらの例は，$X+Y$ が再び同種類の分布が表れるという意味で，「再生的」といわれる．

第 5 章

推論の基礎

　データがあれば統計的―なければ統計的でない―と思っている人は多い．だが，統計学では表れたデータ数字がそのまま信じられることはない．これは意外なことかもしれないが大切なことである．'信頼できる推論'を目指し，いくつかの範型を通じて，統計的推定，仮説検定の路を拓く．統計学が目指す所は，<u>それら数字の元となっている確率的出方の法則（確率分布）であって，この法則こそが実在である</u>．

§5.1 確率分布への適合

5.1.1 データ数字の確率分布

データ数字は確率分布のある表れ方にすぎず,実際その確率分布の法則から多少はずれているのがふつうである[1]．下表の「メンデルの法則」(1865) で見てみよう．メンデルは,エンドウの種子の形（丸,黄）,子葉の形（丸,しわ）の2対の対立形質に注目し,純系の（丸,黄）と（しわ,緑）の個体を交配した．雑種世代 F_1 は（丸,黄）のみで,その自家受精による第2世代 F_2 の表現形は4通りあり,その確率分布は 9/16, 3/16, 3/16, 1/16 であるが,観察から得られた頻度（度数という）は正確にはこの比率にはなっていない．観察（観測ともいう）度数 f とこの確率分布からの理論的な期待度数（全体数×各カテゴリーの確率）はずれている．

表現型	丸い・黄色	しわ・黄色	丸い・緑色	しわ・緑色	計
観測度数	315	101	108	32	556
確率	9/16	3/16	3/16	1/16	1
理論度数	312.75	104.25	104.25	34.75	556
両度数の差	2.25	−3.25	3.75	−2.75	0

5.1.2 χ^2 統計量

この確率分布を科学的に証明しなくてはならない．これを手元のデータにもとづいて行うのが「適合度検定」であり,データがこの確率分布に適合する（矛盾しない）か否かを決する．簡単のために2カテゴリーのケースで考えてみよう．

---

[1] 事実,なぜ変動するのか,あるいは反対にその法則は実在するのか,という根本問題がある．統計学の前身である遺伝学におけるこの種の論争は長期に渡ったが,遺伝学者 R. フィッシャーによって超克された．K. ピアソンはこの総括に反対したが,その後の発展した統計学の方法論の体系には,表向きは,その論争の後は消えている．

カテゴリー	1(A)	2(*not* A)	計
観測度数	f_1	f_2	n
確率	p_1	p_2	1
期待度数	np_1	np_2	n
差	$f_1 - np_1$	$f_2 - np_2$	0

　これらの差が十分に小さければデータは確率分布に十分よく適合する．この確認のために，差を2乗して正負を消し —— 符号 $+$，$-$ はこの際問題にしない —— かつこれらを加える際の重み（重大性）も考える．同じ大きさの差にも10を測った場合と100を測った場合では重大性が異なり，前者のほうが実質のずれは大きい．この考え方からそれぞれ np_1, np_2 で割ることとし，「χ^2（カイ2乗）」と名付ける量

$$\chi^2 = \frac{(f_1 - np_1)^2}{np_1} + \frac{(f_2 - np_2)^2}{np_2}$$

を得る[2]．この統計量 χ^2 が大きい場合，データ f_1, f_2 は確率分布 p_1, p_2 に適合していない．逆にいうと，小さい場合には'適合していない'とはいえない．さらには'適合している'ということとする．後者の場合の2つの言い方には微妙な差がある．

5.1.3　χ^2 分布

　適合の判断のためのこの量は

$$\chi^2 = \frac{(f_1 - np_1)^2}{np_1} + \frac{(f_2 - np_2)^2}{np_2} = \frac{(f_1 - np_1)^2}{np_1} + \frac{(n - f_1 - n + np_1)^2}{n(1 - p_1)}$$

$$= \frac{(f_1 - np_1)^2}{np_1(1 - p_1)} = \left\{ \frac{f_1 - np_1}{\sqrt{np_1(1 - p_1)}} \right\}^2$$

---

[2] 未知量を表す x に対応するギリシア文字 χ を用いて，「未知」を扱っていることを象徴する．「未知」量 x で表す習慣は古代ギリシア以来のもので，正式に数学に用い始めたのはデカルトである．ここでは2乗で定義されているので χ^2 とした．

と変形できるので｛ ｝内の量の出方が結論を決する．f_2 が表れず f_1 だけの式になっているが，この f_1 は，n 回の観測中の A の回数で A の確率は p_1 だから，二項分布 $Bi(n, p_1)$ に従い，期待値は p_1，分散は $np_1(1-p_1)$ で，中心極限定理（第12章）により $\overset{\cdots}{n}\overset{\cdots}{が}\overset{\cdots}{大}\overset{\cdots}{き}\overset{\cdots}{い}\overset{\cdots}{と}\overset{\cdots}{き}$，｛ ｝内の量

$$\frac{f_1 - np_1}{\sqrt{np_1(1-p_1)}}$$

は標準正規分布 $N(0, 1)$ に従うことが結論できる．

💻 シミュレーション

シミュレーションとして $n=20$，$p=0.3$ として Excel の二項乱数 f_1 を出し，$(f_1-6)/\sqrt{20 \cdot 0.3 \cdot 04}$ を計算をしてみるとよい．（ただし，f_1 の列は省略）

標準正規分布[3]に従う確率変数 Z の 2 乗の Z^2 の確率分布を統計学では，'自由度 1 の χ^2（カイ 2 乗）分布'という．これは全く新規のものではなく，$\lambda=1/2$，$\alpha=1/2$ のガンマ分布に他ならないことを示すことができる．

これを進めて標準正規分布に従う k 個の独立な確率変数 $Z_1, Z_2, \cdots, Z_k$ の 2 乗の和

$$Z_1^2 + Z_2^2 + \cdots + Z_k^2$$

の確率分布を'自由度 k の χ^2 分布'といい $\chi^2(k)$ で表す．いうまでもなく，これはガンマ分布の再生性から $\lambda=1/2$，$\alpha=k/2$ のガンマ分布である．

§5.2　フィッシャーの有意性検定の基礎

今日広く統計的方法の始まりはフィッシャーの有意性検定論であり，それが発展したものである．実は，このことを知らなくても，仮説検定論を'ノウハウ'や'レシピ'のように用いることもできるが，それでは一知半解で深みに欠け，その後の発展にも限界を感じる．また有意性検定こそ $\overset{\cdot}{統}\overset{\cdot}{計}\overset{\cdot}{的}\overset{\cdot}{方}$

---

3) 「自由度」は後のフィッシャーによるので，この時点での云い方ではない．また，この確率分布の式そのものはこれより以前のヘルメルトによる．

法の華であるから，本論は7章としその基礎部分だけ述べておこう．

　仮説（あるいは仮定）から大きく離れたと判断されればその「仮説」は成立せず，また，たとえ離れたとしてもその離れ方が小さければ今度は成立するとしてよい——'成立しない'とは言えない——，と考えることは，フィッシャーに先立ってK. ピアソンのデータに対する χ^2 統計量の説明で見たとおりである．この考え方を今回は正規分布に対して適用するための基礎を用意しよう．

5.2.1　z 検定

　次の20個の正規乱数 $x_1, x_2, \cdots, x_{20}$ は $N(1, 2^2)$ からとられたものである．'本当に'このサンプルから期待値が1であると判断できるだろうか．

1.845	0.645	1.179	0.822	−2.102	−0.347	3.247	1.437	2.676	0.007
−1.540	4.183	1.947	0.545	2.014	−2.061	3.896	−2.802	0.150	7.855

　これから平均を計算すると，$\bar{x}=1.180$ であり，たしかに仮説の1に近いが，最終的に'1'と判断してよいだろうか．正規分布の理論（および確率論）によれば，$\bar{x}$ は $N(1, 2^2/20)$ に従うことがわかっている．すなわち，$\bar{x}$ は再び正規分布に従い，その期待値は各 x のそれで1，分散は $2^2/20$ となる．

　これを標準的な正規分布 $N(0, 1)$ の表と対照するために

$$z = \frac{\bar{x}-1}{\sqrt{2^2/20}}$$

と変換すると，この z が $N(0, 1)$ に従う．$\bar{x}$ が1に近ければ z は0に'近い'はずで，'近い'の判断をこの分布における位置で判定すればよい．実際 $z=0.402$ であって，0に十分近いと言える．なぜなら，この分布に見るように，0から遠いほど出にくい（確率が小さい）値，0に近いほど出やすい（確率が大きい）値であり，確かに 0.402 は十分確率の大きい範囲にあるからである．よって，'1'と判断してもよい．

　ここで，'遠い''近い'（'離れた''離れていない'）が確率分布で確率の

大小に言い換えられたことに注意しておこう．一般に，$x_1, x_2, \cdots, x_n$ が正規分布 $N(\mu, \sigma^2)$ に従ったかどうかを検定するためには，その平均 $\bar{x}$ に対して

$$z = \frac{\bar{x} - \mu}{\sqrt{\sigma^2/n}}$$

を正規分布 $N(0, 1)$ の表と対照し，0 との離れ方を確率で見ればよい．以上のアイデアは，数学者ガウス以来の正規分布に従う誤差論を統計的判断に応用したもので，大変巧妙なものである．これを「z 検定」[4]ということがある．

5.2.2 t 統計量

しかしながら，この z 検定を用いる機会はほとんどない．なぜなら，ここで $\sigma^2 = 4$ ($\sigma = 2$) との仮定は，シミュレーションのためにバーチャルなものとして設定しただけで，現実のケースでは σ^2 が具体的に知られた値を持つことはほとんどないからである．

これを言い換えると，$N(\mu, \sigma^2)$ は n 個のデータ値 $x_1, x_2, \cdots, x_n$ の発生源であり，統計学の用語では，$N(\mu, \sigma^2)$ は背後の「母集団」が持っている母集団分布，データ法は「サンプル」(「標本」) である．母集団分布は直接はわからず，知りたい対象であり，それをサンプルを通して推測する．いま，μ (母集団の平均，母平均) を知るために $\bar{x}$ (サンプル平均) を用いているが，その際，計算に見るように σ^2 (母集団の分散，母分散) が必要であるが，これはこれから知りたい母集団の分散で，知られていない．

母平均 μ はサンプル平均 $\bar{x}$ から見当をつけられ，母分散 σ^2 も標本分散

$$s^2 = \frac{\sum (x_i - \bar{x})^2}{n-1}$$

で見当を付けられて，σ^2 を s^2 で '代替' する (おき換え) という考え方は自然である．これが W. ゴセット (W. Gosset) のアイデアであり，1 つのブレークスルーであった．ただし，このシミュレーションでは $\sigma^2 = 4$ であるが，s^2

---

4) Excel にあるが，この語は現在はあまり用いられない．

= 5.97 で, たしかに近い値ではあるものの十分近いとはいえない. この理由は $n=20$ でサンプルをしては小さいからである (これを「小標本」small sample という). ちなみに, n が大なら大なるほど (これを「大標本」large sample という) 両者は近くなり, このおき換えは正当となる. 実際これは「大数の法則」の一ケースであって, 大標本ではサンプルはますます母集団そのものに似てくるから当然の結果である. 当初の統計学者ももっぱらそう答えて, σ^2 と s^2 の違いには注意を配らなかった.

大標本が成立していない場合, z に替わって新しい量[5]

$$t = \frac{\bar{x}-\mu}{\sqrt{s^2/n}} \quad (\mu は推定された値)$$

を考える必要があり, これが「スチューデントの t の統計量」[6], その確率分布が「スチューデントの t 分布」である (1908). 'スチューデント' は, ゴセットが行きがかり上用いたペンネーム (というより「偽名」) である.

t 分布は当然正規分布とは異なり, その計算は「t 分布表」となっている. 大標本では正規分布に合致するものの小標本こそ現実の課題なのであるから, t 分布の発見は統計学が 'かんじん' の時こそ役立つ理論として出発する大きな礎石となった. 以後, 一般に, 大標本に対して, 小標本を扱う統計理論を n が大のときの近似的理論に対し「小標本理論」とか「精密標本理論」exact sample theory といい, 統計理論の一角を占めている.

5.2.3 t 分布の導出

もし, 多少の数学的関心がある向きには, t 分布は全く新しい分布というわけでなく, わざとらしいが, その定義に近づけると

$$t = \frac{\bar{x}-\mu}{\sqrt{\sigma^2/n}} \bigg/ \sqrt{\frac{s^2}{\sigma^2}}$$

であり, 分子は z で標準正規分布 $N(0, 1)$ に従い, 分母の $\sqrt{}$ 内は, s^2 の本

---

[5] 当初は t を用いておらず, 依然 z であり, しかも n は入っていない.
[6] 分母の $s/\sqrt{n}$ を平均値 $\bar{x}$ の「標準誤差」といい, $\bar{x}$ と μ の差を判断する基準となる.

来の定義（第 4 章）も入れて

$$\sum_{i=1}^{n}\left(\frac{x_i-\bar{x}}{\sigma}\right)^2 \bigg/ (n-1)$$

で，解説を要する（第 7 章で多少詳しく扱う）．

仮にもし $\bar{x}$ が母平均 μ ならば，$(x_i-\mu)/\sigma$ $(i=1, \cdots, n)$ は標準正規分布に従うので，その 2 乗の独立和は自由度 n の χ^2 分布に従う．事実は $\bar{x}$ であるからそうはならないが，実は χ^2 分布に従う点は変わらず，自由度が $n-1$ になるだけである．よって，分母は自由度 $n-1$ の χ^2 分布に従う量[7] ÷ 自由度の平方根である．

最後に分子と分母は確率論的に独立である[8]．このことから，t 分布の確率論的定義は

$$t=\frac{X}{\sqrt{Y/k}} ; X \text{ は } N(0, 1), Y \text{ は自由度 } k \text{ の } \chi^2 \text{ 分布に従い，}$$
$$\text{互いに独立}$$

の分布で，つまり t 分布は全く新種というわけではなく，正規分布と χ^2 分布が組み合わさった分布である．

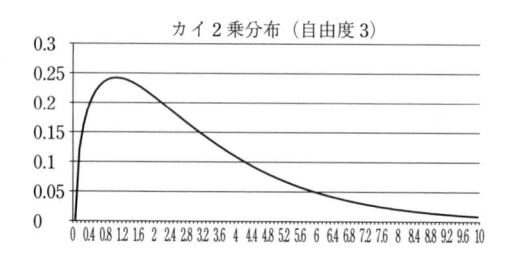

カイ 2 乗分布（自由度 3）

---

7) $(x_1-\bar{x})+(x_2-\bar{x})+\cdots+(x_n-\bar{x}) \equiv 0$ であるから，自由に動ける変数は $n-1$ 個だけである．
8) 統計学は難しいものではない．その理由は，統計学の学びの材料はわれわれのまわりにいくらでもある．

§5.3 F分布

χ^2分布,t分布を定義して,最後にF分布を定義することになる.この段階でなぜF分布を定義すべきかを説明するのは尚早であるが,分散を比較するためといえばそれほど遠くはない.今後,

i) 正規分布のもつ2母集団の分散比較(第7章)
ii) 回帰分析における残差の分散の扱い(第10章)
iii) 分散分析における何通りもの分散(第11章)

が,その主な場面である.いずれも,検定の場面である.そこで,前もって定義しておこう.分散の比較であるから,2つのχ^2分布が関わる.分散分析表からの結論の出し方は次の様である.

——Xが自由度mのχ^2分布,Yが自由度nのχ^2分布に従い,かつ独立のとき,比

$$F = \frac{X/m}{Y/n}$$

が従う分布を自由度(m, n)のF分布といい$F(m, n)$と表す——

このように,F分布の自由度は2つの数により成る.F分布はフィッシャーが最初に導入したもの——元来の定義,記号は現在と異なる——χ^2分布,t分布と並んで重要三分布の一つであり,分散分布,回帰分析では重要分布である.

§5.4 十分統計量と統計分析の始まり

5.4.1 データの置き換え

$R.$フィッシャーは『統計的方法と科学的推論』において「(定)量的推論[9]」から始めて「有意性検定」「確率と尤度」「推定の原理」と進める中で,'サ

---

[9] あえて,'量的'と強調しているのは遺伝学者でもあるフィッシャーによる近代的遺伝学の成功と確立を意識したものである.

ンプル（標本）をまとめる'ことの重要性を強調している[10].

──理想的には推定量としては，それが得られたデータに完全におき換えられるようなものが望ましい．すなわち同じ推定値を生ずるような仮説的なデータの継の間に区別をする必要が全くない場合である．このような状況は，常に成り立つとは限らないが，ある場合には実現される──

　結論から先にいうと，この'データに完全におき換えられるようなもの'，いいかえれば，これさえあれば──さしあたり扱っている問題限りでは[11]──以降元データの存在は忘れてもよいものが，「十分統計量」sufficient statisticsである．フィッシャー以後に仮説検定論が有意性検定から発展し，フィッシャーの十八番である尤度原理も広く理論全体に行き渉った現在，推定のみならず数理統計全体に基礎として入っている考え方，道しるべとして辿れる考え方である．やや古い文献では「充足統計量」とも云われるが，'これさえあれば，分析を始めるに当たり元データを参照しなくても何のさしつかえないくらい，母数についての情報は100%保たれている'ことを内容とする．

5.4.2　まとめる関数

　十分統計量はそう難解なものではない．正式な定義はあとにして，例を以て説明しよう．いま，サンプル $x_1, x_2, \cdots, x_n$ は正規分布 $N(\mu, \sigma^2)$ からのものとする．したがってそれが得られる確率，さらには (μ, σ^2) の尤度[12]は

---

10)　引用中の傍点は筆者による．
11)　仮定された母集団分布の過程のもとでは，の意．
12)　フィッシャーは次章に述べる「尤度」で考えている．

$$f_{\mu,\sigma^2}(x_1,\cdots,x_n) = \prod_{i=1}^{n}\frac{1}{\sqrt{2\pi}\,\sigma}e^{-(x_i-\mu)^2/2\sigma^2}$$
$$= (2\pi)^{-\frac{n}{2}} \cdot \sigma^{-n} e^{-\Sigma(x_i-\mu)^2/2\sigma^2}$$

で，ここで，n 通りの $x_1,\cdots,x_n$ を

$$\Sigma(x_i-\mu)^2 = \Sigma\{x_i - \bar{x} + (\bar{x}-\mu)\}^2$$
$$= \Sigma(x_i-\bar{x})^2 + n(\bar{x}-\mu)^2$$
$$= (n-1)s^2 + n(\bar{x}-\mu)^2$$

とまとめると，比例定数を除いて（∝は比例の意），

$$f_{\mu,\sigma^2}(x_1,\cdots,x_n) \propto (\sigma^2)^{-\frac{n}{2}} e^{-\{(n-1)s^2 + n(\bar{x}-\mu)^2\}/2\sigma^2}$$

となり，元データは，μ，σ^2 に関する部分は，$x_1, x_2, \cdots, x_n$ の替わりに

$\bar{x}$（サンプル平均），s^2（サンプル不偏分散）

が入っていて，以後 $\bar{x}$，s^2 だけが知られていればよい．$\bar{x}$，s^2 は直接サンプルされてはいないが，そう考えて差し支えない．このまとめた2つの関数 $(\bar{x}, s^2)$ が (μ, σ^2) に対し，十分統計量の組である．

ここで，s^2 に替わって $\Sigma(x_i-\bar{x})^2$ でもよく，あるいは

$$\Sigma(x_i-\bar{x})^2 = \Sigma x_i^2 - n\bar{x}^2$$

から，その二乗和 Σx_i^2，および $\bar{x}$ の定義 $\bar{x} = \Sigma x_i/n$ もあわせて

$(\Sigma x_i^2, \Sigma x_i)$

も，十分統計量の組である．このように十分統計量はそれと互いに一対一の関数関係で結ばれるものも十分統計量となる．

σ^2 がわかっていてたとえば $\sigma^2 = 1$ なら，母数 μ に関係する部分だけを後ろへ分けて

$$f_\mu(x_1,\cdots,x_n) = (2\pi)^{-\frac{n}{2}} e^{-(n-1)s^2/2} \cdot e^{-(\bar{x}-\mu)^2/2}$$

から，$\bar{x}$ が μ に対する十分統計量である．

十分統計量は，統計学に用いられる確率分布ごとに極めて多くあるが，他の若干の十分統計量を紹介しよう．

二項分布：パラメータは p で

$$f_p(x_1, \cdots, x_n) = \prod_{i=1}^{n} p^{x_i}(1-p)^{1-x_i} = p^{\Sigma x_i}(1-p)^{n-\Sigma x_i}$$

で，Σx_i が p に対し十分．

ポアソン分布：パラメータは λ で

$$f_\lambda(x_1, \cdots, x_n) = \prod_{i=1}^{n} e^{-\lambda} \lambda^{x_i}/x_i = e^{-n\lambda} \lambda^{\Sigma x_i}/x_1! \cdots x_n!$$

で，やはり Σx_i が λ に対し十分．

指数分布：パラメータは λ で

$$f_\lambda(x_1, \cdots, x_n) = \prod_{i=1}^{n} \lambda e^{-\lambda x_i} = \lambda^n e^{-\lambda \Sigma x_i}$$

で，Σx_i が λ に対して十分．

ノンパラメトリック統計学：特定のパラメータはなく

サンプルデータ $x_1, \cdots, x_n$ を小さいものから大きいものへと順序で組み替えた「順序統計量」

$$x_{(1)} \leqq x_{(2)} \leqq, \cdots \leqq x_{(n)}$$

はもとの確率分布に対して十分．パラメータはないが（ノンパラメトリック），f 自体をパラメーターと考える大胆な扱いもある（第13章）．

重回帰モデル[13] ($p=2$)：{ } は $i=1, \cdots, n$ として，

$$f_{\beta_0, \beta_1, \beta_2, \sigma^2}(\{x_{1i}\}, \{x_{2i}\}, \{y_i\}) = \prod_{i=1}^{n} \frac{1}{\sqrt{2\pi}\sigma} e^{-\Sigma Q_i/2\sigma^2}$$

$$= (2\pi)^{-\frac{n}{2}} \cdot (\sigma^2)^{-\frac{n}{2}} e^{-Q_i/2\sigma^2}$$

ただし，

$$Q_i = \{y_i - (\beta_0 + \beta_1 x_{1i} + \beta_2 x_{2i})\}^2$$
$$= \beta_1^2 x_{1i}^2 + \beta_2^2 x_{2i}^2 + y_i^2 + \beta_0^2 + 2(\beta_1 \beta_2 x_{1i} x_{2i} - \beta_1 x_{1i} y_i - \beta_2 x_{2i} y_i)$$
$$+ 2(\beta_0 \beta_1 x_{1i} - \beta_0 \beta_2 x_{2i} - \beta_0 y_i).$$

これらの和 ΣQ_i から $\beta_0, \beta_1, \cdots, \beta_\phi, \sigma^2$ に対する十分統計量は組

---

[13] 初学者はとばしてもよい．あるいは第8章を読了後を勧める．

$$\Sigma x_{1i}, \quad \Sigma x_{2i}, \quad \Sigma y_i,$$
$$\Sigma x_{1i}^2, \quad \Sigma x_{2i}^2, \quad \Sigma y_i^2,$$
$$\Sigma x_{1i}x_{2i}, \quad \Sigma x_{1i}y_i, \quad \Sigma x_{2i}y_i$$

である．σ^2 が既知の場合は，たとえば $\sigma^2=1$ とすると，Q_i から y_i^2 を除いた和を Q_i' として

$$f_{\beta_0, \beta_1, \beta_2}(\{x_{1i}\}, \{x_{2i}\}, \{y_i\}) = (2\pi)^{-\frac{n}{2}} \cdot e^{-\Sigma y_i^2/2} \cdot e^{-\Sigma Q_i'/2}$$

であるから，上記の組から Σy_i^2 を除いた組が β_0, β_1, β_2 に対する十分統計量となる．実際，β_0, β_1, β_2 を求める正規分布方程式には Σy_i^2 が表れないが，σ^2 の最尤推定量（第6章）には y_i^2 が必要である．以上のことがらは $p>2$ でも同様である．

5.4.3 十分統計量の定義

このような形で'サンプルをまとめる'関数があるとき何がいえるのだろうか．それが十分統計量の本質である．二項分布で見てみよう．すでに扱ったように

$$f_p(x_1, \cdots, x_n) = p^{S_n}(1-p)^{s_n}, \qquad S_n = \Sigma x_i$$

である．サンプル $x_1, \cdots, x_n$ は S_n にまとめられている．そこでいま $S_n=Z$ であるとき各 $(x_1, \cdots, x_n)$ の（条件付）確率分布を求めると，S_n は n 回中の '1' の回数で，1の起こり方は確率 p だから

$$P(S_n=z) = \frac{n!}{z!(n-z)!}p^z(1-p)^{n-z}$$

条件付確率とはその場合 (z) に限定して，条件の確率で割ったものであり，

$$f(x_1, \cdots, x_n | S_n=z) = 1 \bigg/ \frac{n!}{z!(n-z)!}$$

で，もはや p に関係ない．すなわち，S_n を知ったあとのサンプルには p に関する情報は含まれていない．下記 $n=3$ で確かめよう．この表には p は現れず，p について何も知ることはできない．いわば'白紙'になっている．

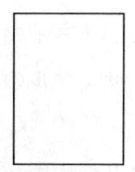

何も現していない
'白紙'

S_n	(x_1, x_2, x_3)	条件付確率
3	1 1 1	1
2	1 1 0	1/3
	1 0 1	1/3
	0 1 1	1/3
1	1 0 0	1/3
	0 1 0	1/3
	0 0 1	1/3
0	0 0 0	1

$n=4$ での同様である．簡略に表すと，各 (x_1, x_2, x_3, x_4) の条件付確率は，以下の通りである．

$S_4=4$ のとき， 1

$S_4=3$ のとき， 1/4 （4通り）

$S_4=2$ のとき， 1/6 （6通り）

$S_4=1$ のとき， 1/4 （4通り）

$S_4=0$ のとき， 1

このように，$x_1, x_2, \cdots, x_n$ の関数 $T(x_1, x_2, \cdots, x_n)$ で $T=t$ と知ったあとの条件付確率分布

$$f(x_1, \cdots, x_n | T=t)$$

がもはや θ に関係しないとき，今や定義として，T は θ に対して十分統計量といわれる．

実際，$f_\theta(x_1, \cdots, x_n)$ がある $x_1, \cdots, x_n$ の関数にまとまっているとき，その関数が十分統計量になることは，次の定理で示される．

5.4.4　ネイマンの因数分解基準 [14]

サンプルの確率分布が $x_1, x_2, \cdots, x_n$ の関数 T によって

$$f_\theta(x_1, \cdots, x_n) = h(x_1, \cdots, x_n) \cdot q_\theta(T(x_1, \cdots, x_n))$$

と2つの因数に分解されるとき，$T(x_1, \cdots, x_n)$ は θ に対して十分となり，また

---

14) Lehmann の記述に従う．

逆も成り立つ．

　このようにある限界までは，十分統計量の関数を作ると再び十分統計量になっている．この限界の十分統計量は「最小十分」minimally sufficient といわれる．なぜ'最小'というかというならば，何と云ってもサンプルが最上ないしは最大の情報で，その関数を作ることが'グレードが下がる'――ただし，ある段階までは十分――と考えられるからである．
　最小十分統計量は最も率の良い十分統計量であり，いわば情報を保持したままでの窮極の効率化であって当然いろいろと優れた性質があるが，ここでは省略する．

コラム❶　　条件付確率

　確率計算では，よく'サイコロの目が4以上であるときの偶数の目の確率'のように，'～であるときの'を条件として確率を求めることがある．～を B とおいて，A の確率を，割算

$$P(A|B) = \frac{P(A \cap B)}{P(B)}$$

で定義する．「B で条件を付けたときの A の条件付確率」という．$P(B)$ で割っている所がポイントである．

第 6 章

統計的推定

　ここから先がいよいよ統計学の本領である．「推定」は元来データを元にして見積もるという意味である．推定が先か検定が先かという学びの戦略がある．歴史的には検定が先行したが，今日，どちらかといえば推定問題のほうが地味であるものの基礎としての役割が大きい．まず推定の基礎解説から始め，最尤推定法へ進む．

§6.1　推定論のはじめ

推定の理論は，最初の基礎の'ことば'からスタートし発展して，さまざまなモデルの中に各論として入って行っており，一口では扱いきれない．仮説検定がすぐに各論に入る進み方とは多少様子が異なる．そこで，ここではまず'はじめのことば'として基礎タームを概説しておこう．以下では，θ の推定量を $\hat{\theta}$，くわしくは $\hat{\theta}(x_1, x_2, \cdots, x_n)$，あるいは $x_1, x_2, \cdots, x_n$ が確率変数であることを強調して $\hat{\theta}(X_1, X_2, \cdots, X_n)$ と表す．

そして，'θ の値は $\hat{\theta}$ である'と言明する．一点を示すので，方式としては一般に「点推定」point estimation と言われる．したがって，標的を射るイメージをもてばよい．

6.1.1　推定バイアスと不偏推定量

$\hat{\theta}$ が θ に常に完全に適中する（$\hat{\theta} \equiv \theta$）ということはふつうはありえないが，'平均的に当たる'，すなわち[1]

$$\text{すべての } \theta \text{ に対して，} E(\hat{\theta}) = \theta$$

であることは期待してよい．この等式が成立するとき $\hat{\theta}$ は θ の「不偏推定量」unbiased estimator[2] という．$X_1, X_2, \cdots, X_n$ は確率変数だから，$\hat{\theta}$ の期待値 $E(\cdot)$ は $X_1, X_2, \cdots, X_n$ の母集団分布（母数は θ となっている）による期待値である．等式が成立しないとき'推定バイアス'がある．「バイアス」bias とは偏りのことで，当然 $E(\hat{\theta}) - \theta = E(\hat{\theta} - \theta)$ と定義される．

標的を射ることにたとえて，的の中心が標的でこれが θ とする．次の A, C が不偏（のたとえ）になっているが，B にはバイアスがある[3]．このように，不偏推定量であること（不遍性 unbiasedness）は，推定が'正しい''正確である''妥当である''信頼できる'ことで，明らかに望ましい性質である．

---

1) E_θ と強調する書き方もある．
2) unbiassed と綴る流儀もある．
3) 点の集まりで期待値操作 E を忠実に表すことはできないから，あくまで近似的イメージである．

下は推定のイメージ図であり，A, C は不偏，B にはバイアスがある．C より A は効率的.

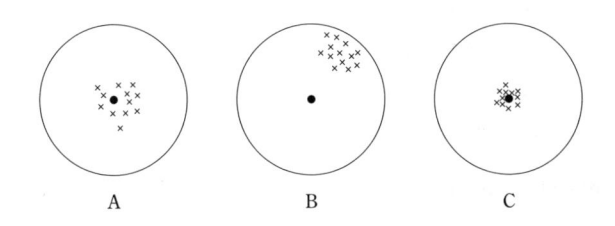

A　　　　　　　B　　　　　　　C

多くの知られた推定量が不偏推定量である．たとえば $X_1, X_2, \cdots, X_n$ が母集団からのランダム・サンプルであり，母平均は $E(X) = \mu$，母分散は $V(X) = \sigma^2$（i は省略）としよう．このとき，μ の推定量 $\hat{\mu}$ をサンプル平均
$$\overline{X} = (X_1 + \cdots + X_n)/n$$
にとると，
$$E(\hat{\mu}) = E(\overline{X}) = (1/n) \cdot (E(X_1) + \cdots + E(X_n)) = (1/n) \cdot n\mu$$
$$= \mu$$
から，サンプル平均 $\overline{X}$ は母平均 μ の不偏推定量となる．

不偏性は容易に成り立つわけではない．たとえばサンプルから計算した分散[4] $s^2 = \Sigma(X_i - \overline{X})^2/n$ は，若干の計算の工夫[5]で
$$E\left(\sum_{i=1}^{n}(X_i - \overline{X})^2\right) = (n-1)\sigma^2$$
が示される——不思議なことに，左辺の Σ は n 個なのに右辺は $n-1$ である（自由度の'真意'）！——ことから
$$E(s^2) = \frac{n-1}{n}\sigma^2 \neq \sigma^2$$
となって，周知のごとく σ^2 の不偏推定量ではない．常に $1/n$ の割合だけ過小推定のバイアスがある．ただ，n が大きくなるにつれこのバイアスは消失

---

[4] 正規分布 $N(\mu_1, \sigma^2)$ の σ^2 に対する最尤推定量.
[5] 難しくない．東京大学教養学部統計教室編『統計学入門』，東京大学出版会参照.

する．

このバイアスは，最初から除数を $n-1$ に替えることで
$$s^2 = \Sigma(X_i - \overline{X})^2/(n-1)$$
として除去できる．すなわち，上記の結果を利用すれば
$$E(s^2) = \sigma^2$$
となり，したがって，s^2 は σ^2 の不偏推定量である．これこそが皆が知る「不偏分散」unbiased variance であり，しばしば $\hat{\sigma}^2$ と記する[6]．この記法では型通り
$$E(\hat{\sigma}^2) = \sigma^2$$
となる．数理統計学では'分散'といえばこの不偏分散をさす．

n で割らずに $n-1$ で割る理由[7]に初学者が迷うことは多く，教える側も苦労する理由は本来ここにあるが，記述統計だけでは不可能な証明なので，当初は他の工夫が必要である．一般に $(x_1, \cdots, x_n)$ の n 次元ユークリッド空間内の平面 $L: x_1 + x_2 + \cdots + x_n = 0$ は $n-1$ 次元線形（ベクトル）空間であり，ここでも $(X_1 - X, X_2 - X, \cdots X_n - X)$ はこの L に属するゆえ $n-1$ で割るとの考え方——つまり，見かけ上とは異なり実質的には $n-1$ 個の数である——がよいかもしれない．

いうまでもなく，$E(\hat{\theta})$ が計算さえできなければ不偏性を示すこともできない．実際，標準偏差 σ に対しては，$\sqrt{\hat{\sigma}^2} = \hat{\sigma}$ とおいても，
$$E(\hat{\sigma}) \neq \sigma$$
となることが証明できるが[8] $E(\hat{\sigma})$ 自体の計算は知られていない．一般に不偏性は変換——ここでは $\sqrt{}$ 変換——に対して保存されない．

しかしながら，不偏でなければその推定量を無価値として顧みることがないというものではなく（実際，不偏推定がないこともある），不偏性に固執するといろいろの不都合を招くことを後に示そう．

---

6) σ^2 に ˆ を付けている．なお，s^2 には適切な呼称はない．電卓，Excel には'母分散'とあるが，適切な呼び方ではないので，学習者は注意．

7) 初学者は本段落はとばしてもよい．

8) ジェンセンの不等式．なお，近似式はある（Cramér）．

6.1.2 一致推定量 [9]

フィッシャーは不偏推定量よりも,推定量の「一致性」consistency を望ましさの筆頭に挙げている '一致する' とは '首尾一貫する' 'つじつまが合う' が原意で,サンプルが母集団の一部である以上,サンプルが大きくなるにつれ全体に一致してゆくものであるから,n に対する $\hat{\theta}$,すなわち $\hat{\theta}_n$ も,それにつれて,$n \to \infty$ のとき $\hat{\theta}_n \to \theta$ となるはずである.これを「一致推定量」consistent estimation といい,そうならない($\hat{\theta}_n \not\to \theta$)$\hat{\theta}_n$ は最初から外すべきである.

ところで,$\hat{\theta}_n$ は,確率変数なので estimatior という.$\hat{\theta}_n \to \theta \, (n \to \infty)$ の意味は定数 $\varepsilon > 0$ がどれほど小さくしても

$$P(|\hat{\theta}_n - \theta| < \varepsilon) \to 1 \quad (n \to \infty)$$

ということであり,つまりは n が大きくなるについて $\hat{\theta}_n$ が θ と非常にわずかしか違わなくなる確率1に向かって高くなることを意味する[10].確率が(1に)収束しているので,$\hat{\theta}_n$ は θ に確率収束(Convergence in probability)するといわれる.

この好例は先述したサンプル平均 $\hat{\mu}_n = \overline{X}_n = (X_1 + \cdots + X_n)/n$ の母平均 μ への確率収束であり,実際,チェビシェフの不等式を $\overline{X}_n$ に適用して

$$P(|\overline{X}_n - \mu| < \varepsilon) \geqq 1 - \frac{\sigma^2}{n\varepsilon^2}, \quad (V(\overline{X}_n) = \sigma^2/n)$$

から,$n \to \infty$ のとき

$$P(|\overline{X}_n - \mu| < \varepsilon) \to 1 \quad \text{つまり} \quad P(|\overline{\mu}_n - \mu| < \varepsilon) \to 1$$

となって,$\hat{\mu}_n$ は μ の一致推定量である.

固定した n に対してバイアスのある推定量も,$n \to \infty$ のとき一致推定量となるものもある.

---

[9] 本来は,$n \to \infty$ の場合の理論(大標本理論)として第12章の話題だが,推定論としてバランスを考えた.
[10] フィッシャーは一致性を重要と考えたが,この定義には不満であった.

6.1.3 効率性

推定量は効率が良いことが望ましい．多大なサンプルから不確かなことしか云えなければ結果には信頼がおけない．不偏性のもとでは——フィッシャーは一致性を前提としているが——，$\hat{\theta}$ は θ に平均的に適中しているが，さらに θ の周囲に鋭く集中することが望ましいことはいうまでもない．イメージ図では双方とも不偏性を満たす A より C がよい．これを C が精確という云い方がある．

どれだけの集中が得られるかはサンプル・サイズ n により，比較的小さい n で高い集中が得られるなら，'経済的' という意味で効率的である．集中度を分散で測るなら，結局，効率性は分散の比較となって，二つの推定量で一方が他方の 1/2 の分散をもつなら，前者の効率は後者の 2 倍であると定義される．

以後，一般に分散の大小で推定量の「効率性」efficiency を測るものとし，不偏推定量のうちすべての θ にわたって最小分散[11]のものを，長々しいが，「一様最小分散不偏推定量[12]」という．その上で，これに対する比較を効率性の指標とするが，そのためには最小分散のものを見出しておかねばならない．それがクラメール＝ラオの不等式である．

§ 6.2 最尤推定法

6.2.1 最尤推定事始め

確率分布は関数形は同じで，含まれているパラメーターによって区別される．たとえば，二項分布 $Bi(n, p)$，ポアソン分布 $Po(\lambda)$，正規分布 $N(\mu, \sigma^2)$ などである．母集団にある確率分布をあてはめる場合，このパラメータの値を定める必要がある．数学一般や確率論と異なり，統計学は '実際の学問' だからである．

---

[11] uniformly minimum variance unbiased, UMVU と省略する（レーマン）．
[12] 本来は「効率推定量」との呼称が対応すべきだが，慣例による．

統計学では，一般に母集団のパラメータを「母数」[13]というが，これは実際の問では未知であり，これらをサンプル $x_1, x_2, \cdots, x_n$ の関数として定める必要がある．これを母数の「推定」estimation という．わかりやすい例として，標本平均や標本分散のように，母数（母平均，母分散）を推定するためにサンプルから求めた統計量を一般に「推定量」estimator とよぶ．また，推定量のそれぞれの値は「推定値」estimate という．

母平均 μ を標本平均 $\overline{X}$ で推定する場合のように，母集団の未知の母数 θ を推定するためにそれをある1つの値 $\hat{\theta}$ で指定する方法[14]を「点推定」point estimation とよぶ．他に「区間推定法」があるが，これは歴史的由来に忠実に「信頼区間」Confidence interval (C.I.) と言われることが多い．点推定，区間推定の二つは一長一短があるが，点推定の持つ'当てる'のイメージからも点推定が推定の主たる方法であり，区間推定は副次的である．

これから述べる最尤法,「モーメント法」[15] method of moments が点推定に当たる．標本平均 $\overline{X}$ で母平均 μ の推定をするように，$\hat{\theta}$ は $X_1, X_2, \cdots, X_n$ の関数で，確率変数であるから現実の $\hat{\theta}$ の値は θ に一致せず，実際の推定にはなにがしかの誤差を伴う．したがって，誤差の評価を行わなければならないが，これには推定量の標本分布を考えた確率的な取り扱いが必要である．

6.2.2 フィッシャーの最尤推定

1をとる確率が p，0をとる確率が $1-p$ のベルヌーイ分布 $Bi(1, p)$（$n=1$ の二項分布）が母集団分布の場合を考えよう．推定すべき未知のパラメータ（母数）は p であるが $0 \leq p \leq 1$ の範囲にある．$X_1=1, X_2=0, X_3=1, X_4=0, X_5=0$ の $n=5$ のサンプルとしてとられたとしよう．

ここでわれわれは「最尤原理」principle of maximum likelihood といわれる「現実の標本は確率最大のものが実現した」という想定――小さい確率

---

13) 「母集団」との云い方にあわせた用語で「パラメータ」parameter の意訳であって，英語には対応する語はない．具体的問題に応じて「母○○」のように呼ばれる．
14) θ の推定値を $\hat{\theta}$ と'ハット'を付けて表し，推定量を $\hat{\theta}(x_1, \cdots, x_n)$ と表す．
15) 本書では扱わない．ただし，Cramér など

の現象も現実に起こるから，これは想定であり，しかも強い想定——を採用する．このサンプルが得られる確率

$$L(p) = p^2(1-p)^3$$

は，p のいろいろな値におけるもっともらしさを表す関数とみなすことができ，このようなもっともらしさを「尤度」[16] likelihood, その関数を「尤度関数」likelihood function とよぶ．x が固定されているので，変数は p であることに注意する．x を「結果」とすると p は「原因」に相当するので，最尤原理は原因に関心があることを前提としている．結果の起こりやすさがふつうの「確率」であるが，原因の「もっともらしさ」には日常用語で充てる語がない．「尤度」は統計学の固有の専門用語である．いわば，探偵にとって事件の'犯人'を探すたとえを考えてもよい．この考え方に慣れないと，いくら数学に強くても，統計学は縁遠いままであろう．この一事を以てしても，このコンセプトを設定したフィッシャーの統計理論への貢献の大きさが理解できる．

「最尤推定」は最尤原理にもとづき尤度関数を最大にする θ を推定値や推定量 $\hat{\theta}$ とするもので，尤度関数を最大にする値が「最尤推定値」maximum likelihood estimate, 関数としては「最尤推定量」maximum likelihood estimator である．

上の例では，

$$\frac{dL(p)}{dp} = p(1-p)^2(2-5p)$$

なので，$\hat{p} = 0.4$ が最尤推定値である．5回中2回だから，実際として尤もであろう．

一般に，大きさ n の標本において，二項分布の p のような未知の母数を一般に θ とした場合，尤度関数は $X_1, X_2, \cdots, X_n$ の同時確率分布を θ の関数とみなしたもので，X_i の確率分布を $f(x, \theta)$ とすると[17], 独立性から尤度関数は n 個の確率関数の積

---

16) likely(ありそうな，あり得る) + -hood(名詞化語尾). 広い意味での'可能性'
17) $f_\theta(x)$, $f(x|\theta)$ などの書き方がある．

$$L(\theta) = f(x_1, \theta) \cdot f(x_2, \theta) \cdot \cdots \cdot f(x_n, \theta)$$

を θ の関数とみなしたものである．また，母集団分布が正規分布の μ, σ^2 のような複数の母数 $\theta_1, \theta_2, \cdots, \theta_k$ を含む場合は，尤度関数は

$$L(\theta_1, \theta_2, \cdots, \theta_k) = \prod_{i=1}^{n} f(x_i ; \theta_1, \theta_2, \cdots, \theta_k)$$

となる．ここで，Π は積（連乗積）を表す記号である．なお，確率分布は離散型，連続型を区別するが，尤度ではいずれであってもよい．

ところで，尤度関数を考える場合，積の形なので（自然）対数をとって和の形にした「対数尤度」log of likelihood

$$\mathcal{L}(\theta) = \log L(\theta) = \sum_{i=1}^{n} \log f(x_i, \theta)$$

を考えるのが普通である．最尤推定量 $\hat{\theta}$ は，$\log L(\theta)$ を最大にする推定量であり，通常

$$\frac{\partial \log L(\theta)}{\partial \theta} = 0 \qquad \left(あるいは \frac{\partial \mathcal{L}(\theta)}{\partial \theta} = 0\right)$$

の解を考えることによって求める．なお $\log L(\theta)$ を '点数' のように考え，最大点数を狙うという発想から，対数尤度 $\log L(\theta)$ を「スコア関数」[18] ということがある．

一つだけ試してみよう．

X_i が $X_i = 1$ となる確率が p，$X_i = 0$ となる確率が $1-p$ のベルヌーイ分布 $Bi(1, p)$ に従うとき，$r = \sum X_i$ とすると，その尤度関数は

$$L(p) = p^r (1-p)^{n-r}$$

である．

$$\log L(p) = r \log p + (n-r) \log(1-p)$$

これを微分して（この微分だけが高校範囲を超えている）

---

[18] ただし，'スコア' という語は広く「点数」という一般述語としても用いられる．

$$\frac{\partial \log L(p)}{\partial p} = \frac{r}{p} - \frac{n-r}{1-p} = 0$$

とおくと，p の最尤推定量は 1 の相対頻度 $\hat{p} = r/n$ となる．

このように「尤度」「最尤推定」は確率分布を θ の関数に読み替えて，最適な $\hat{\theta}$ を探すという着想に基づいている．これによって，確率分布という性質は失われるが，逆に本質的な意味での'可能性'——'事件現場'を離れて'犯人'へと思考を転じる[19]——が得られる．このアイデアは，ラプラス，ガウスまでさかのぼるが，統計理論としてはほとんど R. フィッシャーに帰せられ[20]，最大の功績の一つといってよい．

結果として得られる最尤推定量は（必ずという訳ではないが）大むね妥当な'良い'推定量である．実際，推定法として極めて強力かつ統一的な唯一の方法である．単純な場合は $\hat{\theta}$ は $x_1, x_2, \cdots, x_n$ の関数として解析的に解けるが，そうでない場合でも一般の方程式の逐次近似法（ニュートン・ラプソン法），さらには最近は「EM アルゴリズム」などのコンピュータ計算も準備されている．

6.2.3 いろいろな分布のパラメータ推定

求め方のルールを理解するために，さらに多くの例を用いよう．いうまでもなく，最尤法のメリットと強力さはこのような簡単なケースではあらわれないが，考え方の基礎になるものである．なお，L, l には本来 $x_1, x_2, \cdots, x_n$ が入るが，ここでは省略する．

＜正規分布に関する推定＞　　正規分布 $N(\mu, \sigma^2)$ は 2 つの未知のパラメータ μ（母平均），σ^2（母分散）を含んでいる．このとき，尤度関数は

$$L(\mu, \sigma^2) = \prod_{i=1}^{n} \frac{1}{\sqrt{2\pi}\sigma} \exp\left\{\frac{-(x_i - \mu)^2}{2\sigma^2}\right\}$$

その対数（対数尤度関数）$l = \log L$ は

---

[19] 主成分分析．因子分析．正規相関分析．数量代理論など．
[20] 1910 年代から 1920 年代にかけて．

$$l(\mu, \sigma^2) = -n\log(\sqrt{2\pi}\sigma) - \frac{1}{2\sigma^2}\sum_{i=1}^{n}(x_i-\mu)^2$$

である．L と l の大小関係は一致するから，l を最大にすればよく，

$$\frac{\partial l}{\partial \mu} = \sum_{i=1}^{n}\frac{x_i-\mu}{\sigma^2} = 0$$

$$\frac{\partial l}{\partial \sigma^2} = \sum_{i=1}^{n}\frac{(x_i-\mu)^2}{2\sigma^4} - \frac{n}{2\sigma^2} = 0$$

とおいて，μ, σ^2 の最尤推定量を求めると，それぞれは

$$\bar{x} = \sum_{i=1}^{n}\frac{x_i}{n}, \qquad S^2 = \sum_{i=1}^{n}\frac{(x_i-\bar{x})^2}{n}$$

となる．この分散 S^2 は σ^2 の不偏分散でないことに注意する．なお，ここでは標準偏差 σ でなく分散 σ^2 を推定していることに注意する．

なお，パラメータが 2 個以上のときの最尤推定は一般には求めにくい．

＜二項分布に関する推定＞　既に見たように，母集団分布が $x_i=0,1$ が確率 $p, 1-p$ で出現するパラメータ p の二項分布のとき，対数尤度関数は

$$l(p) = \sum_{i=1}^{n}\{x_i\log p + (1-x_i)\log(1-p)\}$$

であるから，最尤推定量は $\hat{p}=\bar{x}$（1 の出た相対度数）となる．

＜ポアソン分布に対する推定＞　母集団分布がパラメータ λ の $Po(\lambda)$ のとき，対数尤度関数は

$$l(\lambda) = \sum_{i=1}^{n}(-\lambda + x_i \cdot \log\lambda - \log x_i!)$$

である．したがって，

$$\frac{\partial l(\lambda)}{\partial \lambda} = -n + \frac{\sum_{i=1}^{n}x_i}{\lambda} = 0$$

とおいて最尤推定量を求めると

$$\hat{\lambda} = \bar{x}$$

となる.

＜正規回帰論に関するパラメータ推定＞　第8章以下で見るように，正規分布の応用で，固定された $x_1, x_2, \cdots, x_n$ に対し，各 $y_i (i=1, 2, \cdots, n)$ は母集団分布 $N(\beta x_i + \alpha, \sigma^2)$ に従っている．尤度関数は

$$L(\beta, \alpha, \sigma^2) = \prod_{i=1}^{n} \frac{1}{\sqrt{2\pi}\sigma} \cdot \exp\left\{-\frac{(y_i - (\beta x_i + \alpha))^2}{2\sigma^2}\right\}$$

となる．対数尤度関数は

$$l(\beta, \alpha, \sigma^2) = -n\log(\sqrt{2\pi}\sigma) - \frac{1}{2\sigma^2}\sum_{i=1}^{n}\{y_i - (\beta x_i + \alpha)\}^2$$

となるが，この最大が｛　｝内の最小，すなわち β, α の最小二乗推定量によって与えられることが見てとれる．

＜指数分布に関する推定＞　母集団分布がパラメータ λ の指数分布のとき，尤度関数，対数尤度関数は

$$L(\lambda) = \prod_{i=1}^{n} \lambda e^{-\lambda x_i},$$

$$l(\lambda) = n\log\lambda - \lambda \sum x_i$$

であり，微分して0とおくと $n/\lambda - \sum x_i = 0$. ゆえに最尤推定量は

$$\hat{\lambda} = 1/\bar{x}$$

と与えられる．

§ 6.3　信頼区間の考え方[21]

6.3.1　点推定と区間推定

　点推定は θ をある1つの値 $\hat{\theta}$ として推定するが，これに対して区間推定は θ に対して確率の考え方を用いる．これと対照的に一般に「区間推定」interval estimation と求めるべき目的値が，ある区間 (L, U) に入る確率を $1-\alpha$ （α は区間に入らない確率）以上になるように保証する一連の方法である．予測域，許容域，ベイジアン信頼（信憑）区間などもこの考え方の分

---

[21] 本節は次章（仮説検定）を飛んだ後が望ましい．

類に入るが,これから述べる信頼区間は母集団のパラメータ(母数)の眞値 θ が

$$P(L \leq \theta \leq U) \geq 1-\alpha$$

となる確率変数 L, U をサンプルの関数として求めるものである.これら L, U はそれぞれ,「下側信頼限界」lower confidence limit,「上側信頼限界」upper confidence limit といわれる.右辺の $1-\alpha$ は「信頼係数」confidence coefficient とよび,また区間 $[L, U]$ を $100(1-\alpha)$ %「信頼区間」confidence interval とよぶ.$1-\alpha$ は通常 0.99, 0.95 に設定されることが多い.

ところで α は確率であるのに,なぜ確率といわず「信頼係数」といいかえられるかは,後に述べるそれなりの歴史上の理由がある.「信頼区間」は J. ネイマンにより考察されたが,その考え方の原型をなした基本概念は R. フィッシャーの有意性検定によるものであるにもかかわらず,フィッシャーは最後までこれを認めなかった.この学説上の論争は次のシミュレーションで見るように結果解釈上の考え方のくい違い,さらには学問傾向——実験科学対意思決定論——の違いから来ている.

6.3.2 信頼区間の構成法と意味

信頼区間は,$\hat{\theta}$ の標本分布から求められるが,ここでは,わかりやすい例として,母集団分布が正規分布,二項分布の場合についてふれてみよう.ことに前者は典型例であり,理論上も含む所が大きい.

母集団分布が平均 μ,分散 σ^2(既知)の正規分布 $N(\mu, \sigma^2)$ と仮定できる母集団からサンプル・サイズ n の標本をとったとき,μ の信頼区間は,

$$\left(\bar{x} - Z_{\alpha/2} \cdot \frac{\sigma^2}{\sqrt{n}},\ \bar{x} + Z_{\alpha/2} \cdot \frac{\sigma^2}{\sqrt{n}}\right) \tag{6.1}$$

で与えられる.ここで,$Z_{\alpha/2}$ は標準正規分布の上側確率が $\alpha/2$ となる点である.なぜなら,ここで μ の有意検定を思い出そう.$\bar{X}$ は正規分布 $N(\mu, \sigma^2/n)$ に従い,標準化された確率変数 $Z = (\bar{X} - \mu)/(\sigma/\sqrt{n})$ は標準正規分布 $N(0, 1)$ に従うので,μ の有意性検定から

$$P\left(-Z_{\alpha/2}<\frac{\bar{X}-\mu}{\sigma\sqrt{n}}<Z_{\alpha/2}\right)=1-\alpha,$$

となる.よって,不等式を変形して

$$\therefore\ P\left(\bar{X}-Z_{\alpha/2}\cdot\frac{\sigma}{\sqrt{n}}<\mu<\bar{X}+Z_{\alpha/2}\cdot\frac{\sigma}{\sqrt{n}}\right)=1-\alpha$$

が成り立つ.有意性検定の手続を使ったところがポイントで,しかも $\bar{X}$ は観察された $\bar{x}$ に替えている(実はここが問題である).

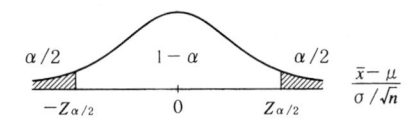

σ^2 が未知の場合なら,μ の信頼区間は標本から σ^2 を推定して,(L, U) は

$$\left(\bar{x}-t_{\alpha/2}(n-1)\cdot\frac{s}{\sqrt{n}},\ \bar{x}+t_{\alpha/2}(n-1)\cdot\frac{s}{\sqrt{n}}\right)$$

となる.ここで,s^2 は不偏分散

$$s^2=\Sigma(x_i-\bar{x})^2/(n-1),$$

また $t_{\alpha/2}(n-1)$ は自由度 $n-1$ の t 分布の上側確率が $\alpha/2$ となる点である.

理由は,今度は $(\bar{X}-\mu)/(s/\sqrt{n})$ が自由度 $n-1$ の t 分布に従い

$$P\left(-t_{\alpha/2}(n-1)<\frac{\bar{X}-\mu}{s\sqrt{n}}<t_{\alpha/2}(n-1)\right)=1-\alpha$$

$$\therefore\ P\left(\bar{X}-t_{\alpha/2}(n-1)\cdot\frac{s}{\sqrt{n}}<\mu<\bar{X}+t_{\alpha/2}(n-1)\cdot\frac{s}{\sqrt{n}}\right)=1-\alpha$$

が成立することからわかる.ここでも有意性検定の手続きをうまく利用している.

💻<信頼区間のシミュレーション実験:信頼区間の意味> ここで信頼区間のシミュレーションを行ってその意味を深めておこう.

これを理解するためにシミュレーションを行う.母集団分布は $N(2,1)$ と

し，サンプル・サイズ $n=25$ のサンプルをとる．95％信頼区間は，$t_{0.025}(24)$ = 2.064 であるから，

$$(\bar{x}-0.4128s,\ \bar{x}+0.4128s)$$

で与えられる．正規分布 $N(2,1)$ に従う正規乱数を 25 回発生させ，計算された $\bar{x}$, s からこの信頼区間を作る．2 を含めば 'TRUE'，含まなければ 'FALSE' とする．以上を 100 回くり返して，TRUE の割合を見ると，94％となっている．その一例（1 回分の例）および集計は下記と表 8-1, 図 8-2 のごとくである．信頼区間の感覚がわかる．

1.407152	2.385974	2.905525	0.701273	1.721523
0.749463	1.285158	3.755534	0.20704	2.187437
2.970319	1.340171	1.894278	2.190565	2.885079
1.946738	1.851161	1.362626	3.047833	1.484332
0.856456	2.538778	2.619464	− 0.2496	1.746681
平均	$\bar{x}=1.831638$		信頼区間下限	$L=1.437384$
標準偏差	$s=0.955075$		信頼区間上限	$U=2.225893$

6.3.3 比較の信頼区間

諸分野におけるニーズがひときわ高い方法で，多くは統計パッケージの対応がある．まずは 2 母集団の母平均の差の信頼区間であり，細かい導出の証明は略して示すが，最低限

(ⅰ) 各母集団からのサンプルには対応がなく――つまりペア（一対）にはなっていない――したがって，サンプルの大きさ n_1, n_2 は不等でも構わない．（逆に言えば，同一母集団の前後比較，異項目比較はここでは排除される．

(ⅱ) 両母集団の（母）分散は等しいと仮定しも差し支えない．必要なら検定を行う．

のケースに限ろう．しばしば成り立つ状況だからである．以下を通して，1, 2 は母集団の区別を示す．

母分散 σ_1^2, σ_2^2 が知られている場合は，

$$\left(\bar{x}_1 - \bar{x}_2 - Z_{\alpha/2}\sqrt{\frac{\sigma_1^2}{n_1} + \frac{\sigma_2^2}{n_2}},\ \bar{x}_1 - \bar{x}_2 + Z_{\alpha/2}\sqrt{\frac{\sigma_1^2}{n_1} + \frac{\sigma_2^2}{n_2}}\right)$$

であるが,これは稀であろう.しかし母分散が知られていないが等しいとされる場合に通じる意義がある.すなわち

$$(1/n_1 + 1/n_2)\,\sigma^2 \ (\sigma_1^2 = \sigma_2^2 = \sigma^2)$$

となるのはよいが,どのようにしてこのσ^2を推定できるだろうか.σ^2は共通なのだから,2サンプルを通算(合併)した分散

$$s^2 = \frac{\Sigma(X_i - \bar{X})^2 + \Sigma(Y_i - \bar{Y})^2}{(n_1 - 1) + (n_2 - 1)}$$

$$= \frac{(n_1 - 1)s_1^2 + (n_2 - 1)s_2^2}{n_1 + n_2 - 2}$$

で置き換え$Z_{\alpha/2}$も置き換え2標本検定[22]から次のように求められる.

$$\left(\bar{x} - \bar{y} - t_{\alpha/2}(n_1 + n_2 - 2)\cdot s\sqrt{\frac{1}{n_1} + \frac{1}{n_2}},\right.$$

$$\left.\bar{x} - \bar{y} + t_{\alpha/2}(n_1 + n_2 - 2)\cdot s\sqrt{\frac{1}{n_1} + \frac{1}{n_2}}\right)$$

次に,以上と並行的に考えて,2母集団においてあることがらあるいは属性Aの生起しやすさを比較しこの差を測る場合で,このようなニーズもしばしばあるであろう.ただし,以下では$n_1,\ n_2$が大きい(大標本)が前提である.

母比率の差$p_1 - p_2$の信頼区間は,$n_1,\ n_2$をサンプルの大きさ,$\hat{p}_1,\ \hat{p}_2$をサンプルでの比率として,

$$\bar{p} = \frac{n_1\hat{p}_1 + n_2\hat{p}_2}{n_1 + n_2}$$

を両サンプルを通算した比率とし

$$\left(\hat{p}_1 - \hat{p}_2 - Z_{\alpha/2}\sqrt{\left(\frac{1}{n_1} + \frac{1}{n_2}\right)\hat{p}(1-\hat{p})},\ \hat{p}_1 - \hat{p}_2 + Z_{\alpha/2}\sqrt{\left(\frac{1}{n_1} + \frac{1}{n_2}\right)\hat{p}(1-\hat{p})}\right)$$

---

[22] 次章を読んでからのほうが理解しやすいが,このまま読み進めても手続き自体は理解できる.

となる(分子＝生起数の和).

これらのほか，有意性検定よりも使用頻度はかなり小さいが，それでも時おり用いられるのが母相関係数 ρ に関する信頼区間である．これについてはすでに述べたフィッシャー z 変換[23]を用いるのがふつうであるが，ここでは割愛しよう[24]．この変換によって，正規分布しかも分散が一定のものへ変換できるのである（分散安定化変換）．

6.3.4 二項分布と社会調査への適用例

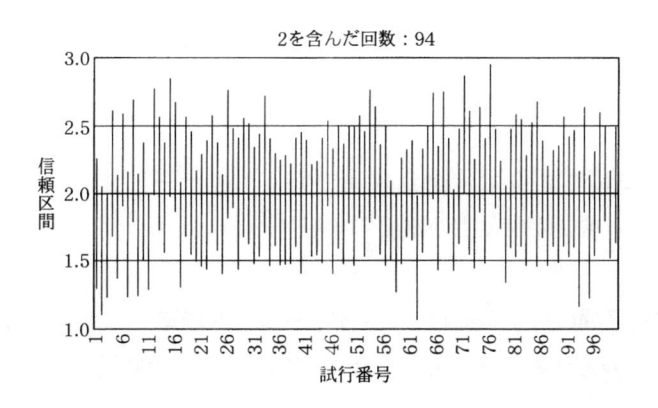

次の例として，無限母集団から n 個の観測値(サンプル)をとり，このうち属性 A をもつものの数が r 個であったとすると，A の母比率 p の推定量の点推定としては $\hat{p}=r/n$ をとればよい．実際これは二項分布 $Bi(n, p)$ に対する最尤推定量であり，順当な結果である．次に信頼区間であるが，まず r は確率変数でパラメータ p （と n）の二項分布 $Bi(n, p)$ に従う．$Bi(n, p)$ の平均は np，分散は npq （$q=1-p$）なので，中心極限定理により十分大きい n に対しては，標準化された確率変数

---

[23] フィッシャーは $\rho \neq 0$ のときの標本相関係数 γ の分布を求めており（そして，それもあまり知られていない業績だが），結果的には n が大きいときの漸近理論のほうが著名となっている．

[24] 『入門統計解析』参照．実際，EXCEL には，FISHER, FISHERINV がある．ただし，初中級のテキストでこの議論を含むものもある（Hoel）．

$$Z = \frac{r-np}{\sqrt{npq}} = \frac{\hat{p}-p}{\sqrt{pq/n}}$$

の分布は，標準正規分布 $N(0,1)$ で近似できる[25]．したがって，信頼係数を $1-\alpha$ とすると，

$$P\left(-Z_{\alpha/2} < \frac{\hat{p}-p}{\sqrt{pq/n}} < Z_{\alpha/2}\right) \fallingdotseq 1-\alpha$$

が成り立つ．（　）内の p の範囲（信頼区間）は，厳密には p についての2次不等式を解くことによって求まるが，n が十分大きいときには，分母の p, q は $\hat{p}, \hat{q}$（$=1-\hat{p}$）で置き換える近似計算でも実際上大差ない（第12章，大数の法則から裏付けられる）．したがって求める信頼区間は，

$$\left(\hat{p} - Z_{\alpha/2} \cdot \sqrt{\frac{\hat{p}\hat{q}}{n}},\ \hat{p} + Z_{\alpha/2} \cdot \sqrt{\frac{\hat{p}\hat{q}}{n}}\right)$$

である．これによって，社会調査でいう「エラー・マージン」(erraor margin, 誤差幅) が付く点が重要である[26]．

6.3.5　信頼区間に対する批判—フィデューシャル確率[27]

信頼区間の方法の根拠として，仮に '100回——100通りの意味——信頼区間を作れば，信頼区間95%なら95個は眞値を含むのだから，十分に信頼できる' というのがネイマンによる理由付けであるが，これにはムリがある．

ⅰ）それは想定に過ぎず，実際は1回だけで，説得力は小さい．
ⅱ）各回が95%あるいは5%のいずれに属するかの判定ができない．

つまり，作った信頼区間が求めている眞値を含んでいないかもしれない（つまり，5%の方に入る）のであれば，この '95%' の信頼も価値も減じる．

見てのとおり，信頼区間はフィッシャーの有意性検定で棄却できない——

---

25) ここでは不連続補正は便宜上考慮しない．
26) 日本の新聞の社会調査は，この信頼性の指標を揚げていない．
27) 統計学の本質にかかわるが，初学者は割愛可能である．

採択される——θの集合であるが,ネイマンはこれを有意性検定から切り離し,一歩進んで発展させ「信頼区間」とネーミングを与え,さらに「区間推定」として「点推定」と2本立てにしたのである.しかし,フィッシャーはこれに不満を表明している.その理由は完全に明確ではないが,'区間'として扱ったこと自体ではなく,信頼係数を〇〇回中××回の割合とムリな解釈をせざるを得ないことに向けられる.その原因は眞値θはわからないがただ一つあるとの思い込みにあり,フィッシャーの考えでは'わからない以上,θは一定値ではなく,さまざまな値をとる変数であり,しかも確率的に動く'とする方が合理的であり,そうであればθが・・・から・・・の中に入る確からしさ95％であるという命題も完全に意味が通る.フィッシャーはθを変数と考える「尤度」「最尤推定量」を創出した人であり,論理が一貫している.

θを変数と考える理論はフィッシャーが最初ではなく,ベイズ(T.Bayes)やその系統である「逆確率」Inverse probabilityの伝統に属する多くの著名な数学者が原因にもいろいろあり決して固定的なものではないとした.哲学発展に通じている.ただし,フィッシャーは用心深く最初から確率変数と断言するベイズの考え方——ベイジアン Bayesian——までを受け入れる所までは入らず,その手前で止めている.たしかにθに対して確率的言明をすることはでき,そして必要でもあるが,それはいわば数学的に自然に導き出されるもの,とした.

このようにθを可変としてそれに多様な可能性を想定して推論するフィッシャーの立場を「フィデューシャル確率」(fiducial probability)という[28].ただし,この「確率」は必ずしも数学的な確率ではない.'フィデューシャル'は……と思われる.信じられる,推測される,つまり言葉は違うがやはり信頼性,信憑性を表す.残念なことに,フィッシャーはほとんど具体的には示さず,ある一つの議論の型として「推測の議論」fidncial argumentsと形容

---

28) probabilityは本来広義で'可能性'くらいの内容である.

するのみであったのは悔やまれる[29]．

　フィデューシャル確率の数少ないわかりやすい説明例として「ピボータル量」（pivotal quantity）を解説しよう．平均 θ の正規分布（σ^2 は未知）から n のサンプルから作ったスチューデントの t, ただし，今は記号を変えて

$$Q = \frac{\bar{x} - \theta}{s/\sqrt{n}}$$

は $\bar{x}$ の分布のためであるが，Q 自体の分布は θ に関係せず自由度 $n-1$ のスチューデント t 分布 $t(n-1)$ である．t 分布は原点につき対称で

$$P\left(-t_{\alpha/2}(n-1) \leq \frac{\theta - \bar{x}}{s/\sqrt{n}} \leq t_{\alpha/2}(n-1)\right) = 1 - \alpha$$

でもある．こうするのは劇的で θ と $\bar{x}$ がちょうど入れ替わってあたかも θ が $t(n-1)$ に従っているように見える．つまり，Q を通じて論理がちょうど '180度回転' して今度は θ が分布をもったのである．このようにサンプルおよび母数 θ の関数で，その分布が θ に関係しない量を「ピボータル量」pivotal quantity という．

　このようにフィッシャーは θ にフィデューシャル確率を導入すれば，信頼区間（といわれるもの）に無理なく穏当な解釈が可能とした[30]．

6.3.6　クラメール＝ラオの下限

　最尤推定法は，点推定の '優等生' であるが，これまでのところ，素直に求めやすく，かつその理屈もはっきりしている．さらにその決め手がある．それは推定法の窮極まで達している —— これは次項 —— ということである．

　サンプル・サイズ n のサンプルに基づく不偏推定量 $\hat{\theta}$ はパラメータ θ に対して不偏とする．このとき $\hat{\theta}$ の分散 $V(\hat{\theta})$ に対して，絶対不要式

---

[29] フィデューシャル確率はもう終わった，とする考えさえある．
[30] ベイズ統計学からも同一の結論が得られる．

$$V(\hat{\theta}) \geqq \frac{1}{nI(\theta)}$$

が成立する．ここで，$I(\theta)$ は尤度 $f_\theta(x)$ ——$f(x, \theta)$ を $f_\theta(x)$ と省略する——に関する1観測値あたりの「フィッシャー情報量」[31]

$$I(\theta) = E\left(\frac{\partial \log f_\theta(x)}{\partial \theta}\right)^2 = E\left(-\frac{\partial^2 \log f_\theta(x)}{\partial \theta^2}\right)$$

である．

すなわち，不偏推定量の分散をある一定値より小さくすることはできない．右辺の限界を「クラメール＝ラオの下限[32]」Cramér-Rao lower bound という．不等式は L. J. サベジに従って，「情報不等式」と呼ぶ．

証明は後ほどとし，例で確かめておこう．母集団分布を正規分布 $N(\mu, \sigma^2)$ とし，この母平均 μ をサンプル $x_1, \cdots, x_n$ から推定するには，サンプル平均

$$\bar{x} = (x_1 + \cdots + x_n)/n$$

を推定量 $\hat{\mu}$ とすることになっている．なぜそうするかについてはさまざまな理由があるが，果たしてこれよりよい推定法はないのか考えてみよう．$E(\hat{\mu}) = \mu$ だから，不定推定であることはよい．次にその分散は

$$V(\bar{X}) = \sigma^2/n$$

である．他方，クラメール＝ラオの下限を計算すると，θ は μ が，計算は最尤推定法と同じコースで進んで，

$$\log f_\mu(x) = -(x-\mu)^2/2\sigma^2 - \log\sqrt{2\pi}$$

$$\frac{\partial \log f_\mu(x)}{\partial \mu} = \frac{x-\mu}{\sigma^2}, \quad \frac{\partial^2 \log f_\mu(x)}{\partial \mu^2} = -\frac{1}{\sigma^2} \quad \text{(定数)}$$

よって，$I(\mu) = 1/\sigma^2$ となり，分散 σ^2 が小さいほど情報量は大きく，まず順当である．クラメール＝ラオの下限は σ^2/n であり，$V(\bar{X})$ がそれをすでに達成している

---

31) 1922. シャノンの「エントロピー」による情報尺度より早い．原型はエッジワースに遡る（レーマン）．

32) lower bound は「下界（かかい）」と訳すのが厳密である．'下限' は本来 infremum の訳語で，ここでの内容にはふさわしくない．しかし慣用に従う．

§6.3 信頼区間の考え方

$$V(\hat{\mu}) = 1/n\, I(\mu)$$

からこれより（分散の意味で）よい不偏推定を探すことはムダな努力であることがわかる．よって，$\bar{X}$ はこの意味において最適である．

　以上はうまく行く理想的ケースを理解のための例としただけで，問題を多少変えるとそうは行かない．今度はこの σ^2 自体を推定する不偏推定量

$$\Sigma(X_2 - \bar{X})^2 / (n-1)$$

は不偏ではあるが，下限を ―― わずかに ―― 達成しない．

　クラメール＝ラオの下限を達成する不偏推定量はまた「有効推定量」 **efficient estimator** といわれる．不偏推定量も一般には有効とは限らず

$$V(\hat{\theta}) > 1/n\, I(\theta)$$

である．すなわち $V(\hat{\theta})$ は $1/n\, I(\theta)$ まで ―― 100％まで ―― 小さくできず，また，他の推定量 $\hat{\theta}$ で達成できるのか否かもわからない．$\hat{\theta}$ の達成度をこの下限に対する逆数の比

$$\frac{1/nI(\theta)}{V(\hat{\theta})} \times 100 \quad (\%)$$

で表す．この効率性の比は100％を切るのが一般であるが，n が大きくなる大標本の極限で100％になることにはしばしば成功する（漸近的有効推定量）．これは第12章にゆずろう．

　[不等式の証明[33]]しておこう．厳密には「コーシー＝シュワルツの不等式」を用いるが，これを統計学に翻訳した形でショート・カットする．

　相関係数

$$\rho_{XY} = \frac{\mathrm{Cov}(X,Y)}{\sqrt{V(X)}\sqrt{V(Y)}}$$

に対し $\rho_{XY}^2 \leq 1$ から，不等式

$$V(X) \geq \frac{(\mathrm{Cov}(X,Y))^2}{V(Y)}$$

---

[33] 初学者は割愛可能．

が得られる．ここで，E, V, Cov はすべて母集団分布 $f_\theta(x)$ によるものとし，E は $\int \cdot f_\theta(x)dx$ を表す[34]．$n=1$ とするが，一般の n でも変わらない．そこで不等式を

$$X \Rightarrow \hat{\theta}(X), \quad Y \Rightarrow \frac{\partial \log f_\theta(x)}{\partial \theta} = \frac{\partial f_\theta(x)}{\partial \theta} \bigg/ f_\theta(x)$$

として利用する．あとはストレートな微分積分の計算だけで，まず

$$\begin{aligned}
E(Y) &= \int f_\theta(x) \cdot \frac{\partial f_\theta(x)}{\partial \theta} \bigg/ f_\theta(x)\, dx \\
&= \int \frac{\partial f_\theta(x)}{\partial \theta}\, dx & \text{(微分が先，積分が後)} \\
&= \frac{\partial}{\partial \theta} \int f_\theta(x)\, dx & \text{(積分が先，微分が後)} \\
&= 0 & \text{(積分} \equiv 1\text{)}
\end{aligned}$$

これから，まず

$$\begin{aligned}
\mathrm{Cov}(X,Y) &= E(XY) - E(X)\cdot E(Y) \\
&= E(XY) \\
&= \int f_\theta(x) \cdot \hat{\theta}(x) \frac{\partial \log f_\theta(x)}{\partial \theta}\, dx \\
&= \int \hat{\theta}(x) \frac{\partial \log f_\theta(x)}{\partial \theta}\, dx \\
&= \frac{\partial}{\partial \theta} \int \hat{\theta}(x) f_\theta(x)\, dx & \text{(上と同様)} \\
&= \frac{\partial}{\partial \theta} \theta & \text{(不偏推定だから)} \\
&= 1,
\end{aligned}$$

他方，

$$V(Y) = E(Y^2) - (E(Y))^2$$

---

[34] 積分は $-\infty \sim \infty$ の領域だが，略記のため省略．

$$= E\left(\frac{\partial \log f_\theta(x)}{\partial \theta}\right)^2 \qquad (E(Y) = 0)$$

で，これで証明は完成する．

なお，有意義な他の表現もあって，まず[35]，
$$(\log f)' = f'/f, \quad ((\log f)')^2 = (f')^2/f^2,$$
$$(\log f)'' = \frac{f'' \cdot f - (f')^2}{f^2}$$
$$((\log f)')^2 + (\log f)'' = f''/f$$

だが，この最後の式に $E(\cdot)$ を行うと，右辺は
$$\int f_\theta(x) \cdot \frac{\partial^2 f_\theta(x)}{\partial \theta} \Big/ f_\theta(x)\, dx = \frac{\partial^2}{\partial \theta^2}\int f_\theta(x)\, dx = 0 \qquad (積分 = 1)$$

だから，
$$E\left(\frac{\partial \log f_\theta(X)}{\partial \theta}\right)^2 = E\left(-\frac{\partial^2 \log f_\theta(X)}{\partial \theta^2}\right)$$

という別表現が得られる．

この $I(\theta)$ の 2 次導関数による表現は，2 次導関数が曲線の曲がり具合――すなわち凹凸――ピーク（最大値）その鋭さの程度，すなわち曲率[36]を表すから，推定量の精度を表すという意味で意義深い．これが推定の分散に効き，さらに X がもららす θ に対する識別の精度となる点で，$I(\theta)$ を'情報'というにふさわしいであろう．θ の 2 次元以上の場合にも一般がされる．

6.3.7 平均二乗誤差を基準に

クラメール＝ラオの下限が不偏推定量に対してのみ適用されることは再確認しておこう．単に'分散を小さくすればよい'だけなら，分散が無限に 0 に近い $\hat{\theta}$ を見出すのはもちろん容易で針のごとくに狭い幅を指せばよい[37]．

---

35) ここでは，′ は $\partial/\partial \theta$ を表す．
36) 微分幾何学では，曲線の曲率はその点における接触円の半径 R の逆数 $1/R$ で，一次導関数も関係するが，極値においては 2 次導関数のみで決まる．
37) デルタ関数は分数＝0．

しかし限りなく小さい幅の中に真値を含んで正しく指すことは不可能である．見方を変えると，不偏性は他のある望ましい性質を実現するための前提あるいは条件，という多少補助的な役割を持つことになる．

いいかえれば，不偏性は大切な条件だが，絶対的なものではない．バイアスがあれば認めた上でそれを含めた「平均二乗誤差」Mean squared error

$$MSE(\hat{\theta}) = E(\hat{\theta} - \theta)^2$$
$$= V(\hat{\theta}) + (b(\theta))^2, \quad b(\theta) = E(\hat{\theta}) - \theta$$

で考える統計的決定理論の代案[38]もある．なぜなら，$b(\theta) \neq 0$ も許し多少 $b(\theta)$ が大きくなってもかえってその程度以上に $V(\hat{\theta})$ が小さくなり，結局 $MSE(\hat{\theta})$ が小さくなりうるからである．その好例は第10章で扱う'意図的に'バイアスを入れた「リッジ推定量」である．また MSE によったからこそ見えてくるいわゆる「スタインのパラドックス」さらには「縮減推定量」も同様であり，さらにはベイズ推定（第14章）という大きな拡がりも視野に入ってくる．これについてはそれぞれの章で扱おう．

---

[38] $E(\hat{\theta} - \theta)^2 \geqq$.

第7章

仮説検定

　検定とは，データを用いて，用意した仮説さらには理論が成り立つか調べる，検査することで，歴史的には有意性検定から一般的な「仮説検定理論」の体系ができた．内容は心持多く，まずχ^2検定とt検定から始めてあとは同じ考え方で進め，検出力を当面の目標とする．いわゆる多重比較の問題にも応用として触れておこう．

§ 7.1　χ^2 適合度検定

これによって，2 カテゴリーの場合から以下の一般の C カテゴリーの場合の χ^2 適合度統計量も定義でき，それに基づき χ^2 適合度検定を行うことができる．すなわち，度数分布が表

カテゴリー	C_1	C_2	$\cdots$	C_r	計
観測度数 O	f_1	f_2	$\cdots$	f_r	n
確率	p_1	p_2	$\cdots$	p_r	1
期待度数 E	np_1	np_2	$\cdots$	np_n	n

のように与えられているとき，理論上の期待度数を参考にした統計量

$$\chi^2 = \sum_{i=1}^{r} \frac{(f_i - np_i)^2}{np_i} \quad (\chi^2 \text{適合度統計量}^{[1]})$$

$$= \sum \frac{(O-E)^2}{E}$$

は，n が大きいとき（大標本のとき），自由度 $k = r-1$ の χ^2 分布に従う．

さし当たり，2 点注意すべきことがある．第 1 に χ^2 は 2 カテゴリーのとき自由度 1 の χ^2 分布に従うことが示された．$f_1 + f_2 = n$ なので，f_2 は結局 f_1 で表されるからである．同様に r カテゴリーの場合も f_r は $f_1, \cdots, f_r$ で表されるから，自由度 $r-1$ の χ^2 分布に従うのである．第 2 に $p_1, p_2, \cdots, p_r$ の間に関数関係がないことが前提とされている．しかし，これらが二項分布の確率に該当しているときは，r 個の確率に関係が生じるので自由度は $r-1$ とはならない（実際，$r-2$ となる）．ただし，この点はやや進んだ用法なので，その折に留意すればよい．

ここでメンデルのデータについては計算してみよう．

$$\chi^2 = \frac{(315 - 312.75)^2}{312.75} + \frac{(101 - 104.25)^2}{104.25} + \frac{(108 - 104.25)^2}{104.25} + \frac{(32 - 34.75)^2}{34.75}$$

---

[1]　χ^2-statistic of goodness of fit.

$$= \frac{(2.25)^2}{312.75} + \frac{(-3.25)^2}{104.25} + \frac{(3.75)^2}{104.25} + \frac{(-2.75)^2}{34.75}$$

$$= 0.470$$

となるが，一見非常に小さく，メンデルの法則からのズレは小さいと考えてよさそうである．ここの結論としてはそれでよいが，一般的判断ルールを述べておこう．

この確率分布（9/16, 3/16, 3/16, 1/16）が成り立っているなら，観測度数 O が理論上の期待度数 E から大きくずれること，つまり大きい χ^2 の値が出ることは小さい確率でしかないだろう（下図）．

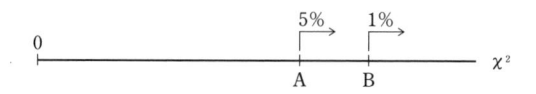

この理屈を逆に使って'小さい確率'が5%ならA（上側5%点），1%ならB（上側1%点）を以て'大きい値'を定義し，これらの値を超えればはっきりとズレたと判断してよいだろう．そこでこの'はっきりとずれた'ことをズレは統計的に「有意」*statistically* significant[2]といい，これのもとになった小さく指定された確率を「有意水準」という．有意水準は小さい確率なら何でもよいが，一般的にはあまり突飛な数字よりはキレのよい数字が用いられる．自由度によって確率分布が定まるから，上側5%, 1%点は自由度によって異なる．なお，「有意」「有意水準」という用語はピアソンの後のフィッシャーによることば使いであることに注意しておこう．

自由度 (k)	1	2	3	4	5	6	7	8	9	10
上側5%点A：$\chi^2_{0.05}(k)$	3.84	5.99	7.81	9.49	11.09	12.59	14.07	15.59	16.92	18.31
上側1%点B：$\chi^2_{0.01}(k)$	6.63	9.21	12.34	13.88	15.09	16.81	18.48	20.09	21.67	23.21

有意水準5%, 1%の上側%点の表（χ^2 分布の表の一部）

---

[2] '統計的に'という制約があり，ただちに最終結論に直結しない．

K. ピアソンは遺伝をはじめとして生物統計学データの分析興隆のため '生物統計学' を意味する「バイオメトリカ」Biometrika という研究雑誌を創刊し，そこにこれらの％点の数表を掲載したのが，それが今日の「χ^2分布表」である．

7.1.1 結論の述べ方

上の表はχ^2分布表からの抜粋であるが，メンデルのデータに対しては自由度$k=3$として，$\chi^2=0.470$は5％有意水準，1％有意水準の％点7.81，11.34を超え，有意ではない．したがって，9/16, 3/16, 3/16, 1/16 という仮定——統計学では「仮説」という——を否定するには至らない．

統計学ではこの '否定する' を「棄却する」といい，'否定するには至らない' を「棄却されない」という．「棄却されない」を「採択される」と言い換えることもあるが微妙な違いがある．

結局，このケースは次のように結論される．定型の云い廻しになっている．カテゴリーの度数分布からχ^2適合度統計量を計算した結果$\chi^2=0.470$は有意水準1％で統計的に有意ではなく，したがって<u>各確率が9/16, 6/16, 3/16, 1/16であるとの仮説は</u>（有意水準5％で）<u>棄却されない</u>．

前半は根拠ないしはプロセス，後半が最終結論なので後半だけでもよい．前半も入れる場合は，カッコ内は重複である．なお，このケースでは<u>有意水準1％でも結論は同様である</u>と付け加えてもよい．棄却されないケースでは，統計的に強い結果であるから（なぜか）弱い⇒強いの順に結論を述べるが，棄却されるケースでは逆となる（なぜか）．

7.1.2 よりよい理解のために

以上のようであるが，やはり本来的にわかりにくさが残る．これも含めて3点注意しておこう．なお，下記1～3には以後の続きがある．

1. 「有意」「有意水準」「棄却」の関係

ある有意水準で	仮説
有意	棄却
有意でない	棄却されない

　有意のとき棄却となることに注意する．語感からすると逆に聞こえるが，理論上はこれでよい．分析者として棄却がいいのか，されないのがいいのか，研究上の期待心があるのがふつうだが，いうまでもなく仮説の内容のとり方による．ただし，仮説のとり方（述べ方）にはかなり数学上の制約があり，どのような内容でもよいというわけではないから，適切なもののみ公式化されている．

2. 「統計的に有意」の意味

　統計分析はデータによる分析であって，研究には背景，前提，基本理論がある以上，統計分析の結果だけで一刀両断できるわけではない．あくまで「統計的」な分析であることに注意する．ただし，統計が示す所は無視できないから，これと矛盾する最終結論は問題がらみになる可能性がある．

3. 「有意確率」について

　ほとんど全てのコンピュータ統計プログラムが「有意確率」（あるいは「p 値」）を出力表示する．反面，統計学理論の教科書にはこれを扱わないものが多く，ユーザーに混乱を生じている．それはこの考え方自体が（後で述べるように）正統ではないからである．とはいえ，決して誤った考え方というわけではなく，実践的には便利であり，しかもコンピュータあってこそこの計算が可能になるからである．χ^2 適合度検定の例で説明しよう．

　メンデルのデータでは $\chi^2 = 0.470$ であった．一般の χ^2 値に対し，χ^2 分布からちょうど

$$\text{有意水準 } x\% \,(\chi^2 \text{分布の上側で } x\% \text{点}) = \chi^2$$

§7.1　χ^2 適合度検定

となる．$x/100$ を χ^2 値の「有意確率」「p 値」といい，p で表す．もちろんこれは自由度（d.f.）により，自由度 = 3 なら $\chi^2 = 0.470$ の有意確率は Excel から $p = 0.925$ となる[3]．これは何を意味するのだろうか．上側 % 点の定義から

$$\chi^2 \text{値大（小）} \Leftrightarrow \text{有意確率 } p \text{ 小（大）}$$

である．検定との関係では，χ^2 値が十分に大きく $p < 0.05$ となれば，自動的に，χ^2 値が 5% 有意となり，さらに $p < 0.01$ ならば，1% 有意と判断される．要約すると

（ⅰ）有意水準が何 % ならその χ^2 値が有意であるかがわかる．1%，5% 有意に限らない．

（ⅱ）p 値が小さい（大きい）ほど，χ^2 値の有意性が大きい（小さい）ことにこの（ⅱ）から，χ^2 値の有意の程度がストレートに確率に翻訳されるというメリットがある．ただし，大小が逆転する点がわかりにくい．

　正統の有意性検定はあらかじめ有意水準を 1%，5% などのように判断基準として定めておき判断に向かうことを予定しているので，データの χ^2 値から後になって有意水準を決めることは，理論上邪道であるとする．もっとも，有意水準を判断基準と考えず χ^2 値の大きさの一表現として解釈を変えればこの批判は避けられ，実践的に役立てることができる．ただし，p 値の理解が初学者にはややこみ入っているので，正しい理解は必要であろう．

　例を学んで理解のまとめとしよう．再び「メンデルの法則」のデータだがメンデル自身のものではない[4]（Lindstrom）．

　2 種のトウモロコシの交配で，第 2 世代の形質およびその度数，およびメンデルの法則の分離比 9/16，3/16，3/16，1/16 による仮説的な期待度数は次のとおりである．

3）　χ^2 分布表からは逆引きできない．CHISQ. DISRT. RT による．
4）　Snedecor-Cochran

	緑色	金色	緑色, すじ入り	緑・金, すじ入り	計
観測度数	773	231	238	59	1301
期待度数	731.9	243.9	243.9	81.3	1301

これから $\chi^2 = 9.2714$, $p = 0.0259$ であり [5], 仮説の比率は有意水準5％で棄却されるが $(0.025 < 0.05)$, 1％では棄却されない $(0.025 > 0.01)$.

これを言い換えると $\chi^2 = 9.2714$ は5％点より大きく, 1％点よりは小さい.

次の例は確率が確率分布パラメータを含むケースである. 二項分布 $Bi(5, 0.2)$ のあてはめで, 100通りの乱数 (0〜5) の度数分布は次の通りである.

	0	1	2	3	4	5	計
観測度数	32	44	17	6	1	0	100
期待度数	32.77	40.96	20.48	5.12	0.64	0.03	100.0

0 となる確率は $(1-0.2)^5 \fallingdotseq 0.3277$ だからその期待度数は $100 \times 0.3277 = 32.77$ などとなって $\chi^2 = 1.22$ である. これらの確率は二項分布のパラメータ $(p=0.2)$ によって制御されているから, 観測度数の自由度は1だけ失われ, d.f. $= (6-1) - 1 = 4$ となる. これから $\chi^2 = 1.221$ の有意確率 [6] は $p = 0.875$ で, χ^2 は有意ではない (あるいは $\chi^2_{0.05}(4) = 9.488$). よって, 二項分布 $Bi(5, 0.2)$ に従っていると考えてよい.

ただし, 4, 5 の度数が小さいため, 3 へ合併すべきとする教科書も多い (一般に度数が5以下となってはならない). しかも, この制約は強いが, 他方この合併は χ^2 検定を弱めるとされる.

7.1.3 発展への基礎

K. ピアソンの χ^2 適合度検定は統計学上初めて考え出された推測方法であ

---

[5] Excel 2007 以上は CHISQ. TEST があるが, p 値のみを出力紙, χ^2 値は出力しないのであまり有用ではない. また, 確率がパラメータを含むとき (ポアソン分布など) は自由度が減り, 使えない.
[6] CHISQ. DIST. RT

り，データのもとになる「確率分布」,「統計量」「検定」「有意」「有意水準」「自由度」「分布表」そして「有意確率」などの重要概念をオリジナルの形で含んでいる．この考え方が，後継者のフィッシャー，ゴセット，ネイマン，E. ピアソンなどに受け継がれて行く．読者もこの章で学んだこれらの重要概念のセンスを体得すれば，次章以降がわかりやすくなる．

§ 7.2 有意性検定

スチューデントの t 分布に基づいて仮説の「有意性検定」の方法をはじめて確立したのが R. フィッシャーである[7]．ただし，今日「有意性検定」は'仮説が有意であるか否かをデータから統計的手続によって検証する統計的方法' 一般を指す総称であるが (Snedecor)，その最初のものはここで述べる t 分布による t 検定である．

7.2.1 有意とは

「統計的に有意」とは，サンプルデータ（有意）が，当初の仮説（帰無仮説）から，ある量的基準（統計量）で何らかの意味ある 'ずれ' ── 多くは差 ── を示す，言い換えると，'誤差の範囲にとどまり特別の意味を認めていない程度' 以上となる，ことである．有意である（ない）が良いとか悪いとかではなく，どちらの結果が意図すべきかは研究者による．ただ，有意であることは仮説が成立しないこと，有意でないは仮説が成立することを意味する（語感に注意）ので，仮説の内容を確認しておくことがかんじんである．

いずれにせよ，ある統計量[8]が

　　　　〇〇以上→有意（仮説は成立せず），

　　　　〇〇以下→有意でない（仮説は成立しない）

との確認のしかたを定めておけばよい．なお，ここで仮説は成立せずを仮説を「棄却」rejected，成立を「棄却せず」not rejected と表すのが有意性検定

---

7) t 分布は 1908 年発表，フィッシャーの有意性検定の提唱と使用はおおむね 1925 年頃である．
8) 以上，以下が成立する＝はどちらでもよい．

の言い方である．微妙であるが，「棄却せず」といい「採択」accepted とい
わないところが今日での注意である．これは後で触れる．

7.2.2　有意水準

したがって，仮説を棄却，棄却せずは，ある統計量（検定統計量）○○以
上か以下かの判断の目安の○○を定めることに帰し，これを先に t 分布で見
たように確率によって定めるのが「有意水準」である．確率論の教えるとこ
ろは，大きい（小さい）値は確率が小さい（大きい）ことであり，これは正
規分布，χ^2 分布，t 分布で典型的に表れている（厳密には，絶対値の大小），
実際 n が大きい t 分布で見ても小さい確率 0.05（+，− で 0.025 ずつ）は 0
から大きく離れた範囲に相当している．この $\alpha = 0.05$ が有意水準である[9]．

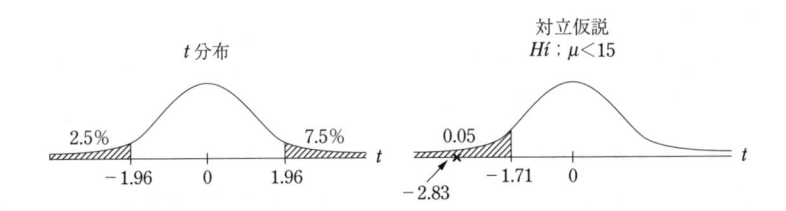

7.2.3　手続き方法

よって，図の斜線のように，t が大きく +，あるいは − の値をとれば（t は）
有意であり，仮説は棄却される[10]．これが成り立たなければ，棄却しない．t
分布（n が大きいので標準正規分布表でもよい）から実際には $t \geq 1.96$，あ
るいは $t \leq -1.96$，つまり，

$$|t| \geq 1.96 \quad \text{なら，有意水準 } \alpha = 0.05 \text{ で，仮説を棄却}$$

することとなる．

---

[9] 有意水準は α と表すのがならわしである．
[10] 「有意である」で止める表現が最近は一般的で，英語で s.（有意），n.s.（有意でない）との省略
も多い．significant, non-significant の略である．

以上が有意性検定のアウトラインだが，どのようにやさしく説明しても理解しにくいのがふつうである．それは読者や筆者の問題と言うよりも，データに基づく経験主義（帰納理論）独特のわかりにくさによるもので，数学のような演繹理論のようにスッキリとはいかない．むしろ，逆にそこを扱う方法論が統計理論である．

(t検定の例)

	棄却	棄却せず
仮説からのずれ	大	小
有意性	有意	有意でない
仮説の成立	成立せず	成立
$\|t\|$ の範囲（例）	$\|t\| \geq 1.96$	$\|t\| \leq 1.96$

(有意水準 $\alpha = 0.05$)

7.2.4　有意性検定の注意点

　有意性検定は統計的考え方の典型であり中核である．教育上も大切であるのみならず，用いてみると存外に用い方の注意点も多い．

　ⅰ）有意水準を $\alpha = 0.05$ とすることがテキストでも圧倒的だが，もちろん本来は選び方の一例にすぎない．フィッシャーが農薬試験の中で，毎年決められた方法で行っていても 20 年に 1 回程度は異常も起こる——だからといって，方法が誤っている訳ではない——ことは認めよう．という気持ちで，さし当たり $\alpha = 0.05$ 程度とした，いわば歴史的エピソードが慣習的に定着した．$\alpha = 0.01$, 0.005 あるいは $\alpha = 0.1$ とすることももとより誤りではないが，それは結論の相違をもたらすことに注意する（もちろん，説明の義務がある）．

　ⅱ）「統計的に有意（でない）」という表現に注意する．これですべて決定というわけではなく，結論の‘統計的エビデンス’にあるということそれ以上でもそれ以下でもない．検定の結果を万能とすることはあやまりであるが，他方それを全く無視することは不合理である．

　ⅲ）「仮説」をなぜ「帰無仮説」と称するかについては，2, 3 の説がある

が定説はなく，省略する．ただし，次節では区別のためこの語を用いられる．

iv) サンプルを構成する x の個数（サンプル・サイズ，標本の大きさ）n は t に影響し，したがって棄却（せず）を大きく左右する．データの内容以外にデータの量（情報量）により結論が左右されることは理屈上当然だが，実際上は考慮すべき課題である．特に'一例でよいか'はやっかいな問題である．

v) いわゆる「有意確率」については，伝統的な統計理論の枠では扱われずに，コンピュータが出力するので，理論的に混乱を生じている．これについては，前章参照．

vi) 有意性検定は記号論理学の背理法（reductio ad absurdum）の一変形であり，基本的には人間の論理感覚に合致する．

　　A である（仮説）→　A にふさわしい x が出る（事実）

から，したがって，

　　A にふさわしくない x が出た（事実）→　A ではない

すなわち仮説の否定（仮説の棄却）が導かれる．すなわち，有意性検定は根本は別段統計に固有なものではない．

§7.3　統計的仮説検定理論

数理統計学の中心的な話題の1つである「検定」を扱おう．

7.3.1　有意性検定の発展

フィッシャーが提唱した理論体系は，大まかに

$a)$　有意性検定 [11]

$b)$　実験計画法（分散分析 [12] を含む）

$c)$　統計学基礎理論（尤度，最尤法，十分統計量など）

---

11) フィッシャーの晩年の総括に依ると，χ^2 検定，t 検定，分散分析の z 検定（今日の F 検定）を主として指す．それぞれ 1900, 1908, 1924 年に成立した．
12) 「自由度」の考え方が重要だが，これを $c)$ に入れてもよい．

の3つに大別される．$a)$ はかなりの議論を得て，今日においては「統計的仮説検定」の理論となって現在に至っている．$b)$ は生物統計学（biostatistics），医学統計学（前者に含めてもよい），心理統計学など，計画された実験データの収集と分析の科学的方法として，その効用は確立している．$c)$ は全ての数理的統計学の下支えとなり，考え方[13]によっては「ベイズ統計学」にも通じている．見方によってはフィッシャーの最も現代的な部分である（ことに最尤法）．これら3部分は理論上は密接に通底しているが，それぞれ別個独立に広く応用されている．

ここではまず $a)$ を中心に多少ていねいに解説を進め，$b)$，$c)$ についてはその後の発展としよう．

7.3.2 統計的仮説検定の考え方
＜ネイマン＝ピアソン理論＞

J. ネイマンと E. ピアソン（K. ピアソンの子）はフィッシャーの有意性検定の理論に，「対立仮説」alternative hypothesis ―― 厳密に理論的な '反対仮説' ではなく，'もう一つの' 仮説くらいを意味する ―― という新しい概念を加え，仮説が棄却されるときは対立仮説が成り立つとして，仮説対対立仮説のど・ち・ら・が成立するかをサンプルのデータによって決するという発展した理論を提唱した．これが今日の「統計的仮説検定」として広く知られ用いられている理論である．いわば通説で，「ネイマン＝ピアソン理論」ともいわれている．

ただし，歴史的には，興味深いことに，フィッシャーはこの「発展」に強硬に反対した．フィッシャーはメンデル由来の遺伝学の科学方法を維持発展させた非常にマジメな実験科学者であり，後日統計学の基礎理論体系を創出した後もある重要な科学的仮説の成立の確証だけが有意性検定の適用範囲であるとし，工業応用などの功利的応用はこれを逸脱するものとして拒否し

---

[13] フィッシャー自身は，ベイズを高く評価しつつも，最終的には取り入れなかった．

た[14]．フィッシャーによれば，科学的真理にある仮説が成立するか（否か）であって，2通りの仮説のどちらかが'成立する'いわばテストの二択問題のような設定は安易すぎ，これを'誤解'としている．

しかしながら，この設定によって問題はある決定問題として定式化[15]され仮説の，検定はこの定式にあてはまる限り，より広い範囲の課題がむしろ科学的に扱われるというメリットがある．となれば，ネイマン＝ピアソンのこの理論体系は，フィッシャーの考え方に反するのはなく，むしろそれを引き継いだのであって，「フィッシャー＝ネイマン＝ピアソン理論」と称してもよいくらいである．そのようなわけで，仮説―対立仮説という大枠で考える「仮説検定理論」が今日の標準手続きとして成り立つことになった．

仮説検定理論に多少形式的難解さや堅苦しさが伴うのは，一方にフィッシャーの理論，他方にネイマン＝ピアソン理論の雑種（ハイブリッド）だからであって，読者のゆえではない．実際，仮説対対立仮説と考えるなら，'2つの仮説を入れ替えてよいか'（許されない），など実践上の素朴な疑問も生じる[16]．しかしながら，経数理的には，ネイマン＝ピアソン理論はよくできており，枠の中では精密な議論も十分に可能である．さし当たり，ネイマン＝ピアソン理論のレビュー概説を述べておこう．

＜対立仮説＞

一般に，仮説と相容れない仮説を「対立仮説」という．必ずしも仮説の理論的全否定とは限らないから，さまざまなケースが生まれる．端的に仮説$A=B$に対して，$A \neq B$はもちろんのこと$A>B$あるいは$A<B$はそれぞれ対立仮説になり得る．どれを対立仮説として採用するかは，研究者（分析者）の方針次第であり，統計理論とは別個のことであるのみならず，しばしばそれは統計議論でさえある．実際，仮説$A=B$に対し，対立仮説を$A>B$とと

---

[14] これを「フィッシャー対ネイマン＝ピアソン論争」という．
[15] これを「統計的決定理論」という．
[16] 佐伯胖，松原望著『実践としての統計学』，東京大学出版会．

る（$A<B$ の場合も同様）ことは，A, B に間にある方向性（向き）を認めていることになり，あらかじめそれなりの理論があるべきであろう（さもなくば，対立仮説を $A \neq B$ ととる他ない）．

以下に '仮説 H_0：○○を対立仮説 H_1：△△に対して検定する'[17] というように対立仮説のとり方は仮説そのものの検定のしかたを変えるので，特定の対立仮説のとり方に応じた検定法を逐一知っておくことが，応用の上で必要である（逆に，それさえ知っていれば当面は済むという点が，仮説検定論の形式主義と指摘される理由である）．ここまでで一般論は終わりにして，2種類の t 検定で具体的に考え方を説明しよう．のみならず，この t 検定こそ最もよく応用される統計的方法である．

7.3.3　t 検定の方式

1 サンプルと 2 サンプルの場合があり，後者が圧倒的に多く用いられる．ふつう「t 検定」といえばこれである．前者は観察データとしてはあまり見られない[18] が，t 分布それ自体の用い方の説明例としても，また，対立仮説の説明例としても適切である．

＜例[19]＞

ある自動車ボディーメーカーにおいて組み立てられている車体部品 1 個当たりの所要時間は平均 13.8 分であるとされていた．作業能率を向上されるため，組立方法を変えて作業を実施し，作業が定常状態に入った所で組立時間を測定したところ次のデータ（サンプル）を得た．

| 12.9 | 13.0 | 13.2 | 11.8 | 12.8 | 12.4 | 13.6 | 14.0 |
| 13.2 | 12.3 | 13.8 | 14.2 | （単位：分） | | | |

母集団（作業時間）の分布は正規分布として，その平均（母平均）を μ と

---

17) H は仮説（Hypothesis），0, 1 は仮説，対立仮説の区別である．この他，H, H' あるいは H, K 等の表し方がある．
18) 今日 Excel には用意されているが，著名な生物統計学のテキストの『統計的方法』(G. スネデカーおよび W. コクラン) にはこの項が見られない．
19) 国澤清典（編）『確率統計演習 2：統計』, 培風館．

しよう．分散（母分散）σ^2 はわからないままでよい．そこで，仮説

$$H_0: \mu = 13.8$$

を対立仮説

$$H_1: \mu < 13.8$$

に対して検定する．それぞれ，改善はない，あるを表している．

データより，$n=12, \bar{x}=13.10, \sigma^2=0.478$ で，σ^2 は s^2 で代用すればスチューデントの t 統計量は

$$t = \frac{13.10-13.8}{\sqrt{0.478/12}} = -3.51$$

となる[20]．

$\bar{x}=13.10$ は従来の 13.8 を下回っていて（$t<0$ となっている），H_1 の成立を示しているようであるが，この − の差は十分に —— 有意に —— 大きい差と判断してよいだろうか．つまり，$t=-3.51$ は有意であろうか．もし仮説が正しければ，仮説から大きくずれることは確率が小さいから，有意水準として確率 $\alpha = 0.05$ を t 分布の − 側の左端にとろう（図）．その範囲は n が小さいときは n によって異なり（小標本理論），t 分布表で自由度[21]を $n-1$ として（自由度 = 11）読む．ただし，t 分布表は + の部分しか表示されていないので，− に読み替える．

自由度 11 の t 分布の 5% 点は $t_{0.05}(11) = 1.796$ で $t=-3.51 < -1.796$ から，有意水準 5% で，H_0 は棄却され[22]，H_1 が採択される．なお，有意水準を 1% としても，$t_{0.01}(11) = 2.718$ からやはり $t<-2.718$ であり，H_1 は採択される．いずれにしても，統計的に作業時間の改善は有意であって作業能率の向上が合ったと判断される．

---

20) 次の段落は理解のための解説であり，手続きだけを知りたい読者はとばしてよい．
21) t 分布の自由度はそれを構成している χ^2 分布から定められ，この場合は $n-1$ である．一般に自由度の概念は数学的に高度であるから，読者は統計分布表のどの欄を見るか，という理解で済ませて構わない．
22) 'H_0 は棄却され' は省略してもよい．

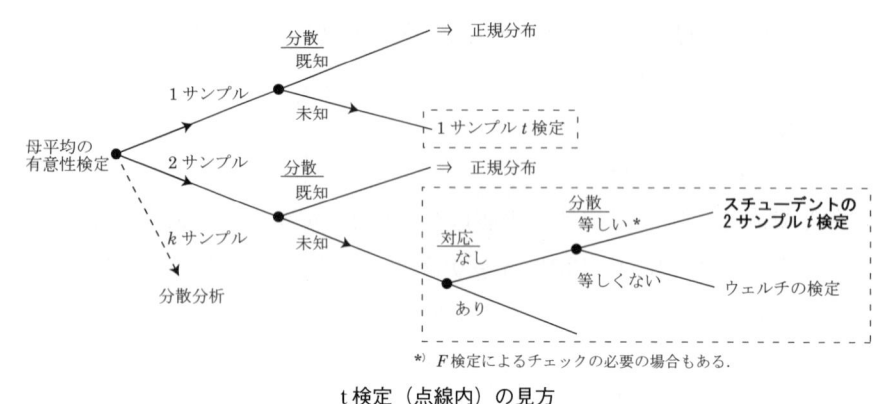

```
                          分散
                          既知  ⇒ 正規分布
              1サンプル
                          未知  → 1サンプルt検定
母平均の
有意性検定     2サンプル    分散
                          既知  ⇒ 正規分布
                                                  分散
              k サンプル   分散        対応         等しい*    スチューデントの
                          未知        なし                   2サンプルt検定
              分散分析                              等しくない ウェルチの検定
                                      あり
```

*) F検定によるチェックの必要の場合もある．

t検定（点線内）の見方

＜棄却域のとり方＞ t検定はこれ自体有用であるのみならず，すべての統計的検定の考え方の入門的基礎であり，十分に理解しておくべきことが今後のためにも欠かせない．解説事項は意外と多い．

まず，H_0を棄却（H_1を採択）すべきtの領域を「棄却域」という．棄却域という考え方は，すでにフィッシャーの有意性検定で表れているが，ネイマン＝ピアソン理論に至って，対立仮説のタイプに応じてさまざまな棄却域が考えられるようになった．対立仮説のタイプが特に

　　左片側 [23)] 対立仮定　　$\mu < *$に対しては左端に棄却域　（左片側検定）
　　右片側 [20)] 対立仮定　　$\mu > *$に対しては右端に棄却域　（右片側検定）

そのいずれでもない．というよりは，上記の2ケースを合併した

　　両側 [24)] 対立仮定　　$\mu \neq *$に対しては両端に棄却域　（両側検定）

を指定する．それに伴って，有意水準α（たとえば5％）の確率を片側の検定の場合はその側に，両側検定の場合は二つの側に$\alpha/2$（たとえば2.5％）ずつ分割する．このことの理解はExcelの結果を読むときにも必要となり，欠かせない．

t検定のポイントを思い切って要約すれば，t検定とは，tが大きく－になっ

---

23)　それぞれ left one-sided, right one-sided.
24)　two-sided.

たとき（左片側対立仮説のケース），大きく+になったとき（右片側対立仮説のケース），以上二つのどちらかのとき（両側対立仮説のケース），仮説 H_0 を棄却して H_1 を採択すること，そして（各ケースにおいて）然らざるときは H_0 を採択すること，と想定される．ここで'採択'という積極的用語が用いられることにも注意しておこう．

< FAQ > 以下，実践上の注意をあげて，よくある疑問に答えておこう．

ⅰ）一標本 t 検定それ自体の応用例は少ないが，すべての t 検定はこの t 検定の仕組みに必要な変更を加えた展開であって，基本概念，用語はそのまま維持される．たとえば，二標本 t 検定†，分散分析（ANOVA）検定†，偏回帰係数の検定（t 値）†，相関係数の検定，スチューデント化範囲†，多重比較，多変量 t 検定（ホテリング T^2 統計量），ベイズ統計学†などである（†は本書で扱う）．

ⅱ）n が大きくなると（大標本理論），t 分布標本は正規分布 $N(0, 1)$ に近づく（大むね n が 100 を超す）ので，その表を使う．（「t 検定」という言い方は維持してもよい）．

ⅲ）Excel によるカバレッジは，多少の問題[25]はあるものの理論の大要を押さえておかなければ基礎的な方法についてはほぼ対応可能で，異論もあるが基礎学者には好適と思われている（後述）．

ⅳ）「仮説」を「帰無仮説」（null hypothesis）とよぶことは多いが，これはフィッシャー以来（1935）であり，'null'は「無効」を意味する．仮説は積極的に証明したり打ち立てるものではなく，むしろ反対証明（不成立）だけができるもので，証明ができないという意味程度には支持される．統計的な証明がこのようなものであることは納得できるが，それがなぜ'帰無'になるのかは完全にははっきりしない．むしろ，ネイマン＝ピアソン

---

25) 訳語の不適，解説（ヘルプ）の不備，未熟，訳者の不慣れなど（もとより Excel 自体統計専門のソフトウェアではない）．読者が基礎理論を知っていればこれを補うことは可能であって，事実上のフリーウェアの利便性を補うものではない．

理論に至って，2種の仮説が並立するため，区別としてこの用語が定着した．後述する2標本t検定では，文字通り差がない（0である）かを問題として明確に定義する．

v) tの値に，*，**，***を付けることが多い，それぞれ有意水準5%，1%，0.1%で有意を示す．tの値が大きく+（プラス），あるいは大きく−（マイナス）になるほど*の数が増え，有意性が顕著になる．1%，0.1%を'高度に有意' highly significant などということが多い．

vi) v)の発展として，有意水準をあらかじめ定めず，逆にtの値に対応して決まる有意水準αを「有意確率」significance probability といい，p, P, p値などと表す．最近は一般的であり，コンピュータによる統計分析の普及により統計的方法全体に，急速に広まっている．

p値が小さいほど有意性が顕著である，テキストに十分な説明がないので，もともとの「有意水準」の理解が望まれる．

vii) 帰無仮説は母数の単位一の値（単純仮説）だが，対立仮説はそうではない（複合仮説）．したがって，これが採択されても'集合として'採択されただけで，一つに定まるわけではない．

viii) t検定の例にとって，対立仮説，片（両）側検定，p値などを説明，解説したが，今日それ以外の一般的な多くの検定がこれらの基本概念によって展開されるので，本節の理解は特に重要である．

以上の考え方の仕組みを解説したので，t検定の'定番'である「2標本t検定」，ついでさらによく用いられているいくつかの統計的検定に移ろう．基本は済んでいるので，手続のエッセンスを中心に簡潔な解説とする．

§7.4 おもな仮説検定の方法

7.4.1 スチューデントの2標本検定

＜母集団の比較＞ 特別に統計理論を知らない人でもよく用いる'定番'の統計的検定で，平均に関して2集団の比較をサンプル・データに基づいて行

う．サンプル・データは2通りあるので，一般に「2標本検定」two-sample test と言うが[26]，文字通り2集団からのサンプルであって，3集団以上は第11章の「分散分析」で扱う．なお前後比較などから出た対応のある2標本は別の検定になる（→対標本）のであらかじめ注意しておこう．

2つの母集団1, 2があり，それはいずれも母平均だけで異なり，母分散は同一と仮定できる正規分布に従っているとする（母集団において明らかにばらつきが同じでないときは適用できない）．そこからのサンプルがあって，

$$N(\mu_1, \sigma^2) \quad : \quad x_1, x_2, \cdots, x_n$$
$$N(\mu_2, \sigma^2) \quad : \quad y_1, y_2, \cdots, y_m$$

となっている．$n \neq m$ でもよい．これらに基づき帰無仮説

$$H_0 : \mu_1 = \mu_2$$

を対立仮説に対して検定する．対立仮説をどうとるかは，研究者により，

$$H_1 : \mu_1 \neq \mu_2 \quad （両側対立仮説）$$

の場合もあれば，あるいは

$$H_1' : \mu_1 > \mu_2 \quad （右片側対立仮説）$$

さらに

$$H_1'' : \mu_1 < \mu_2 \quad （左片側対立仮説）$$

のこともある．どれかが対立仮説としておかれるが，それが最後の棄却域のとり方にかかわってくることは以前述べたことと同様である．

検定の統計量 t は一通りのサンプルの場合からの類推で理解できる．t は分数で，分子は此度は二つの平均の差 $\bar{x} - \bar{y}$，分母はサンプル分散 s^2 の定義が今度は変わってくる．標準誤差 $\sqrt{s^2/n}$ の中が二通りの和

$$\frac{s^2}{n} + \frac{s^2}{m} = \left(\frac{1}{n} + \frac{1}{m}\right) s^2$$

となっていて――母分散は同一なので，ここの s^2 も一通りでよい――したがって，

---

[26] 'サンプル'の訳語を用いるなら「2サンプル検定」となるが，慣用に従う．

$$t = \frac{\bar{x} - \bar{y}}{\sqrt{\left(\frac{1}{n} + \frac{1}{m}\right)s^2}}$$

としてよい．問題は s^2 の定義で一通りのサンプルでは $\Sigma(x_1-\bar{x})^2/(n-1)$ であったが，今度は二通りのサンプルかつ和が作られ，自由度 $n-1$, $m-1$ も和となる．よって，

$$s^2 = \frac{\sum_{i=1}^{n}(x_i-\bar{x})^2 + \sum_{j=1}^{m}(y_j-\bar{y})^2}{(n-1)+(m-1)}$$

で，これで終わりである．念のため t に代入しておくと，

$$t = \frac{\bar{x} - \bar{y}}{\sqrt{\left(\frac{1}{n} + \frac{1}{m}\right) \cdot \frac{\sum_{i=1}^{n}(x_i-\bar{x})^2 + \sum_{j=1}^{m}(y_j-\bar{y})^2}{n+m-2}}}$$

となる．初学者が初出で本式に出会うとあるいは当惑するから，ついで s^2 の定義と二段に分けた方がよい[27]．この s^2 の式を二通りのサンプルの '併合分散' 'プールした分散' という[28]．

　t を算出した後，有意水準を α として次の判定方式に従う．どの対立仮説をおいたかによるが，それぞれ

・両側対立仮説 H_1　　$t > t_{\alpha/2}(n+m-2)$, $t < -t_{\alpha/2}(n+m-2)$
・右片側対立仮説 H_1'　　$t > t_{\alpha}(n+m-2)$
・左片側対立仮説 H_1''　　$t < -t_{\alpha/2}(n+m-2)$

のとき，有意水準 α で H_0 を棄却，対立仮説――H_1, H_1', H_1'' のうちすでに設定してあるもの――を採択し，しからざるとき H_0 を採択する．ここで，$t_{\alpha}(n+m-2)$ などは，t 分布表より読みとった自由度 $n+m-2$ の t 分布の上側 α（％では 100α ％）点である．この統計分析の結果を総合的に判断し，最終結論を出すことになる．

---

27)　松原望『わかりやすい統計学 第2版』丸善.
28)　プール（pool）するとは '一つにまとめる' の意.

なお，第2のケースで $t<0$，第3のケースで $t>0$ となるとき，t の値いかんにかかわらず，H_0 が採択される．これらの対立仮説のとり方からすれば予想外の例外事態であるが（なぜか？）対立仮説を再考すべきであろう．

7.4.2　シミュレーションによる理解

以上の判断の手続きに慣れるため[29]，シミュレーション実験を行う．次の上，下段は正規分布 $N(1,\ 0.25^2)$ および $N(2,\ 0.25^2)$ に従う母集団からのサンプルである．ここまでの説明では $\mu_1=1$，$\mu_2=3$ で，$n=10$，$m=15$ となっている．なお，$\sigma^2=0.0625$（$\sigma=0.25$）は，シミュレーションだけの仮定にすぎず，実際データではわからない値である．以下有意水準は5％（0.05）とする．

サンプル1
0.925　0.681　1.061　1.319　1.300　1.433　0.454　0.941　1.274　0.728
サンプル2
2.312　1.280　2.222　1.865　2.088　1.730　2.268　1.669　2.017　1.926
1.690　1.816　2.380　1.813　2.166

これから[30]，t の計算に必要な諸統計量（「要約」summary といわれる）が
$$\bar{x}=1.012,\quad \bar{y}=1.950,\quad s_1^2=0.104,\quad s_2^2=0.090,\quad s^2=0.095\quad（併合分散）$$
と計算され，スチューデントの $t=-7.447$（自由度（d.f.）$=23$）である．

有意水準＝5％だから，t 分布表（あるいは Excel 出力）から，
$$t_{0.05}(23)=1.714,\ t_{0.025}(23)=2.069$$
であって，t は高度に有意である．すなわち

・両側対立仮説 $H_1(\mu_1\neq\mu_2)$ のケースでは，$-2.447<-2.069$ から，H_0 を棄却，H_1 を採択．

・左片側対立仮説 $H_1''(\mu_1<\mu_2)$ のケースでは，$-7.447<-1.714$ から，H_0 を棄却，H_1 を採択

---

[29] および Excel の表示形式に慣れるため．
[30] Excel では「等分散を仮定した2標本による検定」を選び，差 $\mu_1-\mu_2=0$ と指定する．

となる.なお,シミュレーションの設定では,右片側対立仮説（$\mu_1 > \mu_2$）を想定する余地はない.

最近の進め方では,同じことだが有意確率を通じて,棄却・採択を（自ら）判断する[31].すなわち

・両側対立仮説のケースでは,$p = 1.43 \times 10^{-7}$（下記の2倍）
・左片側対立仮説のケースでは,$p = 7.17 \times 10^{-8}$

であって,p はきわめて小さい.$p = 0.000$ などと表示されるが文字通りの0ではなく,'表示しきれないくらい小さい'の意である.有意水準5%ではもちろん,1%でも0.1%でも有意である.<u>このように有意確率が設定した有意水準より小さければ,t は有意である.</u>

＜注意＞ 注意すべき2点を挙げておこう.

2つの母集団の分散（母分散）は等しいとの前提が確認されなければならない.これは本来あらかじめ確認すべき事項であるが,実際には事後的にサンプルからサンプルの分散 s_1^2, s_2^2 で追認してもかまわない.ここで扱っているケースでもこの仮定はおおむね成立している.一般にこれを検定すべき必要があれば,後述する F 検定により分散を比較する.もし,この等分散の検定が棄却されれば「ウェルチの検定[32]」（略）を用いなければならない.このシミュレーションでは s_1^2, s_2^2 とも $\sigma^2 = 0.0625$ に極めて近いとも見えず小さく出ているが,必要ならば,これも後述の母分散の検定をすればよい.ただし,次項の議論には間接的関わりがある.

$\mu_1 = 1$, $\mu_2 = 2$ と設定したシミュレーションであるから,帰無仮説 $\mu_1 = \mu_2$ がこのサンプルでは棄却されるのはさし当たり当然である.実際,それぞれのサンプルの平均 1.012, 1.950 から計算した $t = -7.447$ は（マイナスで）大きなへだたりを示している.ただし,シミュレーションを何回もくり返すと,

---

[31] 一般的に,統計ソフトは最終判断を出力せず,その判断材料を提供するのみであり,そこが判断者の知識が要求されるところである.
[32] 東京大学教養部統計学教室編『統計学入門』東京大学出版会.

t の値が有意とならない程度に（マイナスで）小さくなりうる．この場合は，$\mu_1 \neq \mu_2$ なのに $\mu_1 = \mu_2$ としてしまう誤りで，データにより検定を行う以上必ずつきまとうリスクである．これを'第2種のリスク'というが，これは後に扱う．

以上，2標本 t 検定の考え方の要点を解説し，さらに統計的検定の基本の論理と'ことば使い'に慣れるための手始めとした．t 検定は今後回帰分析を始め統計理論のさまざまなキー・ポイントに現れる．ことに，2標本 t 検定は分散分析検定へ一般化される．

7.4.3 相関係数の検定

＜t分布の有用性＞ 2標本 t 検定は t 分布がいかに統計学の現実のデータ分析への応用に有用であるかを示しているが，この t 分布で相関係数の有意性検定——相関関係がない（無相関）が否か——もできる[33]．これについて簡単に紹介しておこう．

サンプルデータ $(x_1, y_1), (x_2, y_2), \cdots, (x_n, y_n)$ の相関係数は，統計量

$$r_{xy} = \frac{\sum(x_i - \bar{x})(y_i - \bar{y})}{\sqrt{\sum(x_i - \bar{x})^2}\sqrt{\sum(y_i - \bar{y})^2}}$$

であるが，この $r(x, y$ は略す）が母集団の相関関係を示すのか（$\rho \neq 0$）無相関（$\rho = 0$）を示すのかが問題である．実際，統計学の歴史では，たとえば身長と座高の関係などが著名な統計学者の関心を引いてきたし（ゴルトン），今日においても出生率と就学率の関連などは社会的，経済的な課題のほんの一例である．

結論からいうと，サンプルの大きさ n が判断に強く効く．実際，(x, y) の2次元母集団で x, y がそれぞれ正規分布に従っているとして，その相関係数——母相関係数——を ρ（ロー）とするとき，帰無仮説 $H_0: \rho = 0$ の判断の行方は次表のごとくさまざまである．ことに (2), (3) の逆転が関心を引くが，一般に n が大きいと棄却傾向となる．

---

[33] フィッシャー (1915).

	n	自由度$(n-2)$	r	H_0
(1)	20	18	0.60	1%で棄却
(2)	100	98	0.21	5%で棄却
(3)	10	8	0.60	棄却せず
(4)	15	13	−0.50	棄却せず
(5)	500	498	−0.15	1%で棄却(Snedecor)

実際，$H_0: \rho = 0$ の有意性検定は，r から計算した統計量

$$t = \frac{r}{\sqrt{\dfrac{1-r^2}{n-2}}}$$

が，$\rho = 0$ のとき，自由度 $n-2$ の t 分布に従うことにより行うことができる．

t 分布に従う理由[34]は，くわしくは相関係数は回帰係数と関連することから（後述 8.2.1 項）回帰分析（第 10 章）で説明できるが，要は分子の r の大きさは x, y の関係の強さを表し，分母の $1-r^2$（実際はその$\sqrt{}$）は関係以外の，すなわち関係にとっては'誤差'に当たる要因の強さを表す．自由度は今度は $n-2$ で，したがって全体として分母は r の標準誤差になっている．

7.4.4 シミュレーション

2 次元母集団（相関係数 $\rho = 0$）のメカニズムを設定し，それからサンプリングすることを考えよう．ボックス＝ミュラー法[35]によると，u, v が独立に一様分布に従うとき，

$$x = \sqrt{-2\log u} \cdot \cos(2\pi v), \quad y = \sqrt{-2\log u} \cdot \sin(2\pi v)$$

はそれぞれ標準正規分布 $N(0, 1)$ に従い，かつ独立（よって，無相関）となる――このメカニズム自体を（無限）母集団と考え，それから $n = 15$ のサンプルをとる（下表）．

---

34) この段落は読まなくても差し支えない．
35) 一様分布に従う確率変数から標準ガウス分布に従う確率変数を生成させる方法．

一様乱数	u	0.0112	0.1250	0.5776	0.9965	0.2686	0.7903	0.974	0.9830
		0.5617	0.9244	0.6579	0.2204	0.5778	0.2505	0.6178	
	v	0.7917	0.9969	0.3102	0.8614	0.2225	0.4287	0.0125	0.9844
		0.6257	0.4211	0.5496	0.2148	0.8500	0.9966	0.5676	
サンプル ($n=15$)	x	0.5114	1.3437	-0.2549	0.0356	0.1837	-0.4075	1.4178	0.1214
		-0.4984	-0.2298	-0.5740	0.2513	0.4057	1.0963	-0.5893	
	y	-1.9079	-0.0260	0.6417	-0.0423	1.0527	0.1959	0.1117	-0.0119
		-0.5025	0.1242	-0.1848	1.1183	-0.5584	-0.0231	-0.2666	

サンプルからの標本相関係数は $r=-0.051$ で，母相関係数 $\rho=0$ そのものにはならないが，十分近い．実際，これから t は

$$t=\frac{-0.051\times\sqrt{13}}{\sqrt{1-(-0.051)^2}}=-0.183$$

で，相関の有無だから対立仮説は両側として，$t_{0.025}(13)=2.160$ からたしかに帰無仮説 $H_0：\rho=0$ は有意水準5%で棄却されない．

Excelには相関係数の統計関係はあるが（CORREL），検定の関数 t はないので，このように自ら計算する必要がある．

§ 7.5　分散の検定

7.5.1　サンプルの分散

母集団の分散（母分散）の検定は母平均の t 検定に比べれば副次的であるが，それをキメ細かくしたり正確を期するために必要であったり，あるいはいくつかの母平均の検定をしたいときには欠くことができない．実際にも，分散は'ちらばり'の尺度であるので，測り方の精確さ（精度）に関係していたり，ちらばりの原因を示唆したりあるいは社会経済的に格差の大きさとして関心を引くものである．

ちらばりをサンプル $x_1, x_2, \cdots, x_n$ から知るには，サンプルの分散

$$s^2=\frac{\sum(x_i-\bar{x})^2}{n-1} \quad (\text{自由度}=n-1)$$

を用いることはすでに述べたが，s^2 の値に対して種々の判断を下すのが，分

散の有意性検定がある．ここでは $x_1, x_2, \cdots, x_n$ は正規分布 $N(\mu, \sigma^2)$ をもつ母集団からのサンプルとしておこう．

7.5.2 s^2 の分布と自由度

s^2 の分布を知るためには，二乗の和 Σ の所が課題だが，s^2 の定義に目的でもある σ^2 も入れて

$$\frac{(n-1)s^2}{\sigma^2} = \sum_{i=1}^{n}\left(\frac{x_i - \bar{x}}{\sigma}\right)^2$$

と変形しよう．仮に $\bar{x}$ を μ に変えてみると，

$$(x_1 - \mu)/\sigma, (x_2 - \mu)/\sigma, \cdots, (x_n - \mu)/\sigma$$

が標準正規分布に従うことから，右辺は自由度 n の χ^2 分布に従う．これで近くなった．ただし，$x_i - \mu$ は $x_i - \bar{x}$ なので

$$(x_1 - \bar{x}) + (x_2 - \bar{x}) + \cdots + (x_n - \bar{x}) \equiv 0$$

であることに注意することはすでに述べた（第5章）．よって，$n-1$ 個の変数を構成でき[36]，自由度は $n-1$ となる．ちなみに $n=2$ で見よう．簡単のため，$\sigma=1$ のケースで扱う．$\bar{x} = (x_1 + x_2)/2$ を代入すると

$$(x_1 - \bar{x})^2 + (x_2 - \bar{x})^2 = \left(\frac{x_1 - x_2}{\sqrt{2}}\right)^2$$

だが，$x_1 - x_2$ は正規分布に従い，かつ $E(x_1 - x_2) = E(x_1) - E(x_2) = 0$, $V(x_1 - x_2) = V(x_1) + V(x_2) = 2$ である．したがって $(x_1 - x_2)/\sqrt{2}$ は標準正規分布，よって，右辺は自由度1の χ^2 分布に従う[37]．

――結局，次の定理を使うことができる．

$x_1, x_2, \cdots, x_n$ が正規分布 $N(\mu, \sigma^2)$ からのサンプルのとき

$$x^2 = \frac{(n-1)s^2}{\sigma^2}$$

---

[36] 「ヘルメルト変換」(1876) という．単に代入したのではうまくいかず，技巧を要する．Cramér, Wilks にあるが竹村 (1991) にもある．
[37] さらに云えば，もともとはニュートン力学に由来する概念であろう．

は，自由度 $(n-1)$ の χ^2 分布 $\chi^2(n-1)$ に従う[38]．――

これによって，σ^2 に関する有意性検定ができる．と同時に「自由度」という概念が χ^2 分布に入ってくる由来も明らかになった．これから t 分布の自由度，また後述する分散分析に表れる F 分布の自由度が自然に入ってくることになり，統計学の理論が一般と体系化される．自由度の考え方は数学的必然からもたらされるものであるが，これを統計理論で明確にしたのはフィッシャーである．

7.5.3 母分散の有意性検定

s^2 の分布を用いて σ^2 の有意性検定を行おう．シミュレーション・データに対し，帰無仮説

$$H_0 : \sigma^2 = 0.25$$

を両側対立仮説

$$H_1 : \sigma^2 \neq 0.25$$

に対し，有意水準 5% で検定する．

$$\frac{(20-1) \cdot 0.223}{0.25} = 16.948$$

であるが，対立仮説は両側だから検定も両側検定で，χ^2 分布表の $\chi^2_{0.025}(19) = 32.852$，$\chi^2_{0.975}(19) = 8.9065$ と比べると，$8.9065 < 16.948 < 32.852$ から有意水準 5% で帰無仮説は棄却されない．

具体的応用は母平均の場合を違ってそれほど多くはないが，データのちらばりが問われている場合（工学，心理，教育学）では珍しくない．

---

[38] χ^2 分布に従う量自体を χ^2 と表す習慣がある．

§7.6 分割表[39]の独立性のχ^2検定

7.6.1 χ^2分布を用いる検定

χ^2分布は正規分布に次いで統計学理論には欠かせない確率分布であり，その発見も古い．t分布もF分布（後述）もこのχ^2検定から派生したものであって，このことからもt分布同様，統計学のすみずみまで有用である．しかし，単に「χ^2検定」といえば，χ^2分布を利用した「（理論確率への）適合度のχ^2検定」と「要因の独立性のχ^2検定」の2つを指す．前者が歴史的に重要な意義を持つことはすでに解説したとおりだが，後者の一般的普及の度合は圧倒的で，多少なりともこれについて知っている人，利用している人はかなり多いだろう．とはいえ，初学者にはこのχ^2分布理解は単なる型通りの証明では済まない部分がある[40]．

7.6.2 独立性とは

要因の「独立性」とはなんであろうか．実質は'無関連性'のことである．もともとは'確率論的独立性'であるので，その用語で説明しよう．とはいえ，'確率'といっても左図a, b, c, dよりも右図の％割合と考えて差し支えない．

確率で

I\II	C	D	周辺
A	ac	ad	a
B	bc	bd	b
	c	d	

$a+b=1, \ c+d=1$

独立のケース　割合（％）で

I\II	C	D	周辺
A	63	7	70
B	27	3	30
	90	10	100

70％×90％＝63％など

独立性の定義（第4章）によれば，

---

[39] 表示形式はクロス表だから，表れる数字は，偶然性，ばらつきをおび，偶然性（contingency）を含んでいる．邦訳の「分割表」は体を現していない．

[40] 初学者にとっての困難は，i）独立の意味，ii）それに基づく仮定計算，iii）χ^2統計量の意味と計算，iv）有意性の理解など，ハードルが多重になっている．

(A, C) の確率[41] $= A$ の確率 $\times C$ の確率

のはずである。これをなぜ'独立'というのだろうか。ここで

A における C 対 D の確率： $ac : ad = c : d$,

B における C 対 D の確率： $bc : bd = c : d$

であるから，C 対 D の割合は A か B の影響を受けていない。つまり，Ⅰの要因はⅡの要因から影響されない独立であるといえるのである。ついでながら，$c : d$ は C 対 D の実数比にもなっている。

このことは独立ケースの計算に次のように用いられ，A における $C : D$，B における $C : D$ は $A(70)$，$B(70)$ を $C(10)$ 対 $D(10)$ の比に

A において $\quad 70 \times \left(\dfrac{90}{90+10}\right) = 63, \ 70 \times \left(\dfrac{90}{90+10}\right) = 7$

B において $\quad 30 \times \left(\dfrac{90}{90+10}\right) = 27, \ 30 \times \left(\dfrac{90}{90+10}\right) = 3$

のように比例分配したものになっている。このことは今後用いられる。

以上は割合（ただし％）で表現したが，実数のデータであっても，同様に独立の計算を行う。

＜2要因の独立性の検定＞

そこでいよいよ「独立性の検定」（独立性の有意性の検定）を扱う。「二つの質的要因が独立か」これはきわめてしばしば問われる課題である。たとえば，性別（男，女）と居住地域（都市中心部，郊外）の関連性などである。独立であれば ── 独立という仮説の下では ── サンプルのデータはこの確率に従いながら出現するはずであり，ここに有意性検定の考え方が適用できるはずである。すなわち，独立性からの差をもとに適合度検定で測ればよい。ここで用いる計算法 ── 原データ，独立性を仮定した計算法 ── こそが上述の比例配分である。

次表で試してみよう。

---

[41] $A \cap C$ を AC と書く。

I \ II	C	D	
A	60	30	90
B	20	10	30
	80	40	120

n が大きいとき,適合度の検定の原理を用いれば,「独立性の χ^2 検定」χ^2 test for independence の基準

$$\chi^2 = \sum_i \sum_j \frac{(f_{ij} - f_{i.}f_{.j}/n)^2}{f_{i.}f_{.j}/n}$$

$$= \sum_i \sum_j \frac{(nf_{ij} - f_{i.}f_{.j})^2}{nf_{i.}f_{.j}}$$

を得る. χ^2 分布の自由度は,$(r-1)(c-1)$ となる.

上式の自由度について考えてみよう.たとえば周辺度数が固定されているのだから

$$f_{11} + f_{12} + \cdots + f_{1n} \equiv f_{1.}$$

において,右辺は定数であり,左辺から,自由な変数は1つ少なくなる.他の行についても,あるいは列でも同じである.

§ 7.7 検定の検出力

7.7.1 検出力とは

検定の検出力は検定に対する評価として重要課題とされている.そもそも,「検出力」power は帰無仮説 (H_0) 対対立仮説 (H_1) で考えるネイマン=ピアソン流の固有の理論であって[42]ではここまで考えない.検定 T が有意水準 $\alpha = 0.05$ としよう.これは H_0 のときの分布——たとえば t 分布——において,H_0 の棄却が確率 = 0.05 となるように定めたのだから,したがって,

  有意水準 F ＝第1種の誤りの確率 $N.P.$

という二面性がある.つまり,ネイマン=ピアソン流の云い方では,

---

[42] よって,フィッシャーの有意性の検定だけなら以下の検出力の説明は読まなくてよい.

H_0 が成立しているのに H_1 を採択する誤りの確率 = 0.05

でもある．このようにして定めたとして，ちょうど反対の

H_1 が成立しているのに H_0 を採択する確率（β）

は十分に小さいか，あるいは同じことだが，H_1 を正しく ―― 鋭く ―― 検出すること，つまり

H_1 が成立しているときに H_1 を採択する確率（$1-\beta$）

が十分大きいか．

これをチェックしておく必要がある．そこで，

$\pi_T = 1-\beta$　　の確率

を検定 T の検出力という．以下，α，β をそれぞれ「第 1, 2 種の誤り」の確率といおう．

検出力は第 1 種の誤りの確率（有意水準）を小さくすることだけではコントロールできない第 2 種の誤りをコントロールする ―― どのようにかは別として ―― ための基準であり，いずれにせよ検出力の高い検定がよい検定であることはいうまでもない．実際，いま一つの検定 T' があって，これが T と下表のように比較されるなら，T が T' より'検出力が高い' more powerful よい検定であることを見ておこう．ここで T，T' ともに有意水準は揃えてあることに注意する．

行動　　　場合	H_0採択　H_1棄却	H_0棄却　H_1採択	場合	H_0採択　H_1棄却	H_0棄却　H_1採択
H_0	0.95	$\alpha = 0.05$	H_0成立	0.95	$\alpha = 0.05$
H_1	$\beta = 0.3$	$\pi = 0.7$	H_1成立	$\beta = 0.4$	$\pi = 0.6$

　　　　検定 T　　　　　　　　　　　　検定 T'

α：有意水準（第 1 種の誤りの確率），β：第 2 種の誤り，π = 検出力

すなわち，一般には，次のようにかかわることを確認しておこう．H_0, H_1 のときの確率を $P(\cdot \mid H_0)$, $P(\cdot \mid H_1)$，H_0 の有意性検定の棄却域を $R\pm$ で

§7.6　独立性の χ^2 検定　　145

表すと，$\overline{}$は否定として，

行動\場合	H_0採択 H_1棄却	H_0棄却 H_1採択
H_0	$1-\alpha$	$\alpha = P(R\|H_0)$
H_1	$\beta = P(\overline{R}\|H_0)$	$\pi = 1-\beta$

したがって，この表から次の2点が重要である．

i) α, βはそれぞれR, $\overline{R}$の確率で（ただし，条件H_0, H_1の違いがあることに注意）．

　　Rが広くなればαは大，βは小，狭くなればαは小，βは大となって，α, βを同時にともに小さくすることは本来できない．一方を小さくしても，他方が大となって，他方を考慮せず一方を小さくすることは問題である．

ii) 実際に仮説検定論においては，有意性検定を引き継いで第1種の誤りの確率（有意水準）をα——たとえば0.05——に抑えておき，第2種の誤りの確率βがいかに小さいか，検出力$\pi = 1-\beta$がどの程度大きい（高い）かをチェックする[43]．

7.7.2　検出力の計算

したがって，検出力の計算は重要となる．誤った決定のリスクが大きい．iii) 検出力の低い検定方式は放棄される（たとえば，医薬統計学）．実は検出力$\pi = 1-\beta$が算出できる場合は多くなく，その場合でも検出力は「検出力関数」として算出される．なぜなら，対立仮説は多くの値を含む（帰無仮説は単一の値を特定する「単純仮説」だが，対立仮説は'それ以外'の値のどれかで，集合としては単一ではなく，「複合仮説」といわれる）ので，その値ごとの

---

[43] すなわちαとβは扱いが異なり役割を入れ替えられず，したがって，帰無仮説と対立仮説を入れ替えることは理論上はできない．

π が算出されるにすぎない.

ここでは基本的ケースを中心として扱い,検出力関数を求めて,その用い方を解説しよう.

正規分布を持つ $N(\mu, 1)$ 母集団からのサンプル

$$x_1, x_2, \cdots, x_{50} \quad (\text{サンプル・サイズ}=50)$$

に基づいて帰無仮説 H_0: $\mu=1$ を対立仮説 H_1: $\mu>1$ に対して有意水準 $\alpha=0.05$ で検定する.

$\sigma^2=1$ とわかっているので,t 分布は使わず正規分布を用いる.$z_{0.05}=1.65$ であることから,$\bar{x}$ を計算して

$$R: \frac{\bar{x}-1}{1/\sqrt{50}} \geq 1.65$$

のとき,H_0 を棄却する(R は棄却,あるいはその条件,集合を表す).検出力としては R の確率を H_1 のときに対して,計算すればよい.その計算法だが,H_1 は H_0 と異なり多くの μ の値(ただし,$\mu>1$)を含んでいるので,'H_1 のとき'は μ ごとに計算する.

すなわち,$\bar{x}$ はもはや1を中心(期待値)としては分布せず,この各1より大きい μ を中心として $N(\mu, 1/50)$ に従って分布する.念のため,$N(1, 1/50)$ ではないことに注意する.したがって,今度は

$$\frac{\bar{x}-\mu}{1/\sqrt{50}}$$

が標準正規分布に従う.以下これによって計算する.R の表現を,同じだが,形を変えて

$$\frac{\bar{x}-\mu}{1/\sqrt{50}} \geq 1.65 - \frac{\mu-1}{1/\sqrt{50}}$$

したがって,標準正規分布で右辺の値より大きくなる確率を μ ごとに($\mu>1$)数表から読めばよい.記号があって,標準正規分布で μ より,小さい確率を $\Phi(\mu)$ と記す約束があるので,これで表せる.すなわち,検出力は

$$\pi(\mu) = 1 - \Phi(1.65 - \sqrt{50}(\mu-1))$$

と求められた．これを計算すると下表となる．

μ	(1)	1.05	1.1	1.15	1.2	1.25	1.3	1.4	1.5	1.6
$\pi(\mu)$	(0.05)	0.097	0.17	0.27	0.41	0.55	0.68	0.88	0.97	0.995

注：( ) は帰無仮説．対立仮説に対する検出力（サンプル・サイズ $n=50$）

このことから，$\mu=1$，1.5 の 0.5 の違いは，$n=50$ のとき，確率 0.95 よりほぼ正しく検出されることがわかる．当然 $\mu=1$ からの差が小さくなればなるほど正しい検出は難しくなり，$\mu=1$ と判断される誤りの確率は高まる．ことに，検出力関数は帰無仮説に近づくにつれ有意水準 α（今の場合 0.05）に近づくことに注意しよう．すなわち，帰無仮説と対立仮説がきわめて接近すると，どちらかであるかを正しく判定するかは極端に難しくなるどころか，誤ることが確実（$\pi \fallingdotseq 0.05$ だから $\beta = 0.95$）となる．それは当然のことである．とともに，有意水準が重要な意味を持ってくるのである．

なお，一般のサンプル・サイズ n に対しては
$$\pi(\mu) = 1 - \Phi(1.65 - \sqrt{n}\,(\mu-1))$$
であって，n についての増加関数になっている．したがって，単純に n を増やせば検出力は上がる．

このように検出力はその仮説検定がどの程度正しい決定であるかを示すリスク指標であり，医学統計学，薬学統計学では大切なものであるが，批判がある．検出力は μ の関数であり，μ はわかっていないのだから，実際にはどの程度のリスク（第 2 種の誤り）が冒されているかは結局わからない[44]．

これに対し，だからこそ μ 全体として関数として表しているとの反批判もあるが，これは批判に対する答とはなっていない．いずれにせよ，一定の有効性があることは事実であるので，その効用は広く認められている．

---

[44] 林知己夫ら．

§7.8　高い検定力の検定[45]

< N.P. の補題 >　言うまでもなく，検出力はその仮説検定の検出力であるから，検出力が低い場合にはその仮説検定は採用できない．サンプルを用いるより高い検出力を持つ（*more* powerful）仮説検定を求めねばならない．サンプル・サイズを増やすことは根本的解決にならない）．仮説検定論の大きな課題はこれである．そうである以上簡単ではないが，そのヒントになる重要な一般的結果が知られている．それが「ネイマン＝ピアソンの補題」(1933) である[46]．以下の議論は正規分布に限らない．

一般に2つの仮説を

$$H_0 : f_0(x), \quad H_1 : f_1(x)$$

としておこう．サンプル $x_1, x_2, \cdots, x_n$ の出方は，それぞれのもとで，

$$f_0(x_1) f_0(x_2) \cdots f_0(x_n), \quad f_1(x_1) f_1(x_2) \cdots f_1(x_n)$$

となる．

補題は有意水準を α と指定した上で，これら二つの大きさの比 f_1/f_0 で比べ，f_1 が f_0 の'何倍も'—— C 倍としよう——大きければ H_1，そうでなければ H_0 と決するのが最も検出力が高い（the *most* powerful）検定である．

ただし，適切に

C は有意水準 $= \alpha$ となるよう定める．

という内容で，具体的には比 f_1/f_0 を実際に書き下すことで C を定める．

ポイントを一言でいうと，f_0 対 f_1 の仮説検定は，サンプルでの比 f_0/f_1 で最も鋭く実行される，ということである（鋭くとは，f_0 のときは f_0，f_1 のときは f_1 と正しく，の意）．

---

[45] ここまで仮説検定論のミニマム基礎は完成するが，さし当たりそこまで望まない読者には割愛可能である．

[46] '基本' を加えて，Neyman-Peason's *fundamental* lemma とすることもある．「補題」とは '補助定理' を意味するが，実際には重要である．

この証明は,「ショッピング原理[47]」ともいうべき考え方で証明できるが,それは後にし,実例で示す. もとは正規分布とし, H_0 は正規分布 $N(1, 1^2)$, H_1 は $N(2, 1^2)$ とすると, $x_1, x_2, \cdots, x_n$ は, H_0 のもとでは

$$\frac{1}{\sqrt{2\pi}}e^{-(x_1-1)^2/2} \times \cdots \times \frac{1}{\sqrt{2\pi}}e^{-(x_n-1)^2/2} = \left(\frac{1}{\sqrt{2\pi}}\right)^n e^{-\Sigma(x_i-1)^2/2} \quad \cdots (7.1)$$

に従い, H_1 のもとでは,同じく

$$\left(\frac{1}{\sqrt{2\pi}}\right)^n e^{-\Sigma(x_i-2)^2/2} \quad \cdots (7.2)$$

に従って出る. (7.2) を (7.1) で割って比を作ると, $(x_i-2)^2 - (x_i-1)^2 = 2x_i + 3$ から

$$\lambda = \frac{f_1}{f_0}$$
$$= e^{n(2\bar{x}+3)}$$

となり[48], 見てのとおり $\bar{x}$ が大きい(小さい)とき比 λ ――「尤度比」likelihood ratio, LR という――は大きい(小さい). したがって,補題から最も検出力の高い仮説検定は'$\bar{x}$ の大小に基づいて行え'と判断する.

'基づいて'(based on)とは'それの入った不等式で'という意味(不等号の向きは維持)で,この条件 $\bar{x}$ を標準化して,かつ有意水準 = α として

$$\frac{\bar{x}-1}{1/\sqrt{n}} \leq 1.65 \text{ のとき, } H_0$$

が補題から求められる.

補題によれば,この検定が帰無仮説 $H_0: \mu=1$ を対立仮説 $H_1: \mu=2$ に対して,有意水準 0.05 で検定する最も検出力の高い検定――「最強力検定」the most powerful test――である.

<理想的な検定>

以上を一般的に云うと,正規分布 $N(\mu, \sigma^2)$ を仮定したとき,仮説

---

[47] 本書(著者)のみの呼称だが,もとはレーマン(E. Lehmann)による.
[48] サンプルの出方の確率の比(後で「尤度比」という)はラムダ λ で表す習慣がある.

$$H_0 : \mu = \mu_0, \quad H_1 : \mu = \mu_1 \quad (ただし,\ \mu_1 > \mu_0)$$

の有意水準 a の最強力検定は,Z_a を標準正規分布 $N(0,\ 1)$ の上側 $100a\%$ 点として,

$$\frac{\bar{x} - \mu_0}{\sigma\sqrt{n}} \leq Z_a \text{のとき } H_0$$

で与えられ,その検出力は,先に見た結果から

$$\pi = 1 - \Phi\left(Z_a - \left(\frac{\sqrt{n}(\mu_1 - \mu_0)}{\sigma}\right)\right)$$

であることは想像できよう.この検定をよく見るとμ_0 は入っているが$\dot{\mu}_1$ は($\mu_1 > \mu_0$ である限り)$\dot{入}\dot{っ}\dot{て}\dot{い}\dot{な}\dot{い}$.したがって,$\mu_1\mu_0$ を広げて仮説

$$H_0 : \mu = \mu_0, \quad H_1 : \mu > \mu_0 \quad (片側対立仮説)$$

に対しても,この検定は μ のいかんにかかわらず(ただし,$\mu > \mu_0$)最強力検定——「一様最強力検定」the *uniformly* most powerful test, UMP ——であり,その検出力関数は,$\Delta = \mu - \mu_0$ とおいて

$$\pi(\mu) = 1 - \Phi\left(z_a - \frac{\sqrt{n}\Delta}{\sigma}\right), \quad \Delta = \mu - \mu_0 > 0 \quad \cdots (7.3)$$

で与えられる.

尤度比による検定——尤度比検定の方式——は仮説検定を精密に行うには欠かせない一般原理だが,正規分布と仮定して,σ がわかっているとしていることなど,ここでは理想的な場合である.実際には t 検定を使う[49].その場合でも,代替案として f_1 のかわりに最大の尤度になるように σ^2 を最尤推定した $\max f_1$ を用いて

$$\lambda = \max f_1 / f_0$$

による尤度比検定を用いた[50].

以上は正規分布のケースで説明したが,尤度比検定の考え方は広く行きわたっている.ことに計算の上から,log λ ——'log LR' と表す——を算出

---

49) t 検定の検出力は「非心 t 分布」という特別な確率分布を用いる.
50) Wilks はこの逆比も同時に採用している.

するのが常である．

＜サンプル・サイズでの決定＞　「ネイマン＝ピアソンの補題」や「最強力検定」はネイマン＝ピアソン理論の一到達点であるが，その一応用として，n をいくつに決めるかという課題がある．現に薬効検定では，検出力から治験データのための必要サンプル・サイズを定めており，以上の議論はその範型として有用であろう．もっとも，フィッシャーは n が決定を左右することは事実としても，それを統計理論的に決定することには反対した．では，次の課題を示そう．

正規分布を仮定する $\sigma^2 = 25$（$\sigma = 5$）であるとき，帰無仮説を $H_0 : \mu = 10$，対立仮説を右片側で $H_1 : \mu > 10$ として，μ の差 $\Delta = 2$（すなわち，$\mu = 12$）が確率 0.9 で正しく検出されるよう保証したい．有意水準は $\alpha = 0.05$ として，最強力検定のサンプル・サイズ n を求める．

$\pi(\mu)$ で，$\alpha = 0.05$，$\Delta = 2$，$\sigma = 5$ として，
$$\pi(\mu) = 1 - \Phi(1.96 - \sqrt{n} \cdot 2/5) = 0.9$$
つまり，
$$\Phi(1.96 - 0.4\sqrt{n}) = 0.1$$
を解く[51]．n の見当をつけて試行すると，左辺[52]は $n = 60, 65, 70$ で，それぞれ 0.127，0.103，0.08 となり，サンプル・サイズは $n = 65$ と決定する．なお，ここでは $\mu = 12$ に対して保証したのは現実に $\mu = 12$ であると想定したのでなく，'$\mu = 12$ の場合に対して'という意味である．

---

51)　Δ の関数として，n ごとに $\pi(\ )$ のチャートを作って，目視で決めるのが，早道である．オペレーションズ・リサーチでは，「作用特性曲線」Operating Characteristic Curve と呼ばれた関数も同旨である．

52)　Excel で NO P.M.S.DIST（・,TPUE）と指定．あるいは標準正規分布表で 0.1 を逆読みしてもよい．

第 8 章

最小二乗法と回帰分析

　推定と検定の 2 本柱が終わり，登山でいえばようやく中腹に達して見通しはよくなる．そこで回帰分析の前身である最小二乗法を確認して，後続の 2 章に備える．最小二乗法は実質的に史上初の（概ね 19 世紀前半）数理的根拠のある統計分析法で，徐々に緻密な論に入ってゆくが，さしあたりはごく初歩の数学で済む．

§8.1　回帰分析とは

　回帰分析 Regression analysis——より具体的には「重回帰分析」——は，χ^2独立性検定と並んで，最もよく用いられる統計的方法で，この両方とも用いたことなしに'私は統計学を知っている'などとは云えないであろう．とはいえ，今日，回帰分析とは何かをきちんと定義するのは範囲が広すぎて難しく，この用い方'取説'的注意点など派生課題が多い．大まかには次のように述べられよう[1]．回帰帰分析の通常のアプローチは，まずデータをとり，最小二乗法によりモデルをあてはめ，t, FそしてR^2などの統計量，さらにはそれからもとめられる種々多様な指標を用いてそのあてはめを評価することである．しかし，より広くは，回帰分析は与えられた変数のセットの間での相関関係を定めるさまざまなデータ分析法と考えてよいであろう．

　'モデルをあてはめる'とは[2]，統計的方法の中で現実の現象，あるいはデータをある数式（interrelationship）によって大まかに表す仮定のことをいう．分散分析の一元配置，二元配置などは，モデルであるといってもよい．回帰分析では，1次式（線形式）のモデル——典型例は$y = \beta x + \alpha$など——を仮定することが多い．したがって，'あてはめる'ことは第11章で扱うこれらモデルの定数（'constant' といわずに 'parameter'（パラメータ），あるいは母集団の「母数」[3] という）の値をデータから指定することを目的とする．そういうと，回帰分析全体が推定論と大きく重なるけれども，モデルが成立するか否かの最終判断は仮説検定による．なお，最近はこの線形モデルの仮定を少し外した非線形モデル non-linear model（ノンリニアー）も適用されることが多く，ロジスティック・モデル，プロビット・モデルはその好例である．

---

1) S.Chattejee, A.Hadi, B.Price 'Regression Analysis by Example' 3rd.ed
2) モデルを作ること自体を「モデリング」という云い方をすることもあるが'モデルをあてはめる'で一語である．
3) 「母数」ということばは最近はあまり使われず，他分野への応用も考えて「パラメータ」がよく用いられる．

広い回帰分析の課題領域

- 単（線形）回帰
- 重（線形）回帰
- 回帰診断——モデル反則の検出
- 予測変数
- データ（変数）変換
- 重み付き最小二乗法
- 誤差の相関
- 共線性データの分析
- 偏りのある回帰係数推定
- 変数選択
- ロジスティック回帰

なお，'回帰'の語義は元来は'退化[4]'であり，$K.$ ピアソンの友人で統計学揺らん期の先駆者であった $F.$ ゴルトン (Francis Galton, 1822-1911) が，人の身長の遺伝研究で子の身長は親の身長に戻って——凡庸な方向に退化して——行くことを今日回帰分析とよばれるデータ式で示した[5]ことに起源を持つ．この事例も他の多くの事例同様，統計学が'具体的現象から理論へ'と進化したことのよい一例であり，統計学のスピリットをあらためて思い起こさせるものであろう．

§8.2 最小二乗法

回帰分析は古典的な線形最小二乗法が展開した理論であり，言い換えると「最小二乗法」は回帰分析の素朴な'芯'に当たる部分で，かつては近代統計学成立以前の歴史に属するものであった．何らかの数理的'法則'あるいは'法則らしきもの'に従う現象は，それほど多くあるわけではなかった．

---

[4] 原語は regress. これに対して'前進''進歩'が progress.
[5] stigler, 山本周行. ゴルトンについては松原望『ベルヌーイ家の人々』，技術評論社．

その最たるものは，天文現象，それにかかわる地学，そしてようやく人々の関心を引きつけつつあった，人口，人の体格，生物の計測などである．

これに注目したのは，ガウス，ケトレー，ラプラスなどの物理学者，数学者，天文学者である[6]．これらの人々がデータから法則を引き起こすのに考慮したのが最小二乗法である．今日でも，大学の実習・実験で結果要約のために実験手引書に載っている，そのようなわけで，最小二乗法という'前史'はガウスによるとされている（Stiglerによると，数学者ルジャンドルLegendreとする説もある）．

これらの事情を考えると，多少，繁雑だが，その跡をふり返り，これがどのように形式整備されて今日に到ったか，その始まりをフォローしておくことは第一段階としては有益であろう．

8.2.1 基礎

もともと，「最小二乗法」principle of the least square とは，二つの量 x, y の n 通りの観測値の組

x_1	x_2	$\cdots$	x_n
y_1	y_2	$\cdots$	y_n

があるとき，これに基づき関数関係 $y=f(x)$ を

$$L = \sum (x_i - f(x_i))^2$$

が最小になるように決めるという原理であって，x から y が決まる関係式の最良の選択と考えられている．'最良'の基準として（　　）^{2}でなく絶対値｜　｜もありうるが，二乗が演算性に優れているのみならず，数々の有用で強力な結集が知られていて，歴史的にも方法の優越性が動かない．圧倒的に多くの場合，傾き b，切片 a の1次式 $y=bx+a$ と想定され，最小二乗法とは，

$$L = \sum_i \{y_i - (bx_i + a)\}^2$$

を最小化する b, a を求めることである．2次関数であるが b, a の2変数な

---

[6] ケトレーの人体計測は有名だが天文学者でもあり，天文台長を務めた．

ので，偏微分によるほうがスッキリする．

その結果，b, a の 2 元連立 1 次方程式

$$\begin{cases} n \cdot a \sum x_i \cdot b = \sum y_i & (8.1) \\ \sum x_i \cdot a + \sum x_i^2 \cdot b = \sum x_i y_i & (8.2) \end{cases}$$

に導かれ，問題は線形代数に帰着する．b が求まれば a も出るが，その b は[7] (8.1) から $\bar{y} = b\bar{x} + a$ で，そこで，

$$b = \frac{\sum x_i y_i - n\bar{x}\bar{y}}{\sum x_i^2 - n\bar{x}^2} = \frac{\sum (x_i - \bar{x})(y_i - \bar{y})}{\sum (x_i - x)^2}$$

となる．最後の表式はよく知られた等式[8]

$$\sum (x_i - \bar{x})^2 = \sum x_i^2 - n\bar{x}^2, \quad \sum (x_i - \bar{x})(y_i - \bar{y}) = \sum x_i y_i - n\bar{x}\bar{y}$$

による．また分子，分母を n で割ったとき，分子の $\sum (x_i - \bar{x})(y_i - \bar{y})/n$ は共分散として知られ，また分母は x の分散 S_x^2 である．さらに，b は相関係数

$$r = \frac{\sum (x_i - \bar{x})(y_i - \bar{y})/n}{s_x s_y}$$

と

$$r = b \cdot \frac{s_x}{s_y} \quad \text{あるいは} \quad b = r \cdot \frac{s_y}{s_x}$$

なる関係を持つ．s_y^2 は y の分散である．最後に切片 a は，b が求められたあと

$$a = \bar{y} - b\bar{x}$$

となる．これで，b, a が求められたが，この $y = bx + a$ が最小二乗法のあてはめ式である．ちなみに，a を代入すると

$$y - \bar{y} = b(x - \bar{x})$$

だから，あてはめ式は両平均を通ること，さらに b と r の関係式を用いてデータを標準化したあてはめ式

---

[7] クラメールの公式を用いてもよい．
[8] かつては計算の効率化のためによく使われた式で，今日は注目度は低い．しかし，必須の結果である．

$$\frac{y-\bar{y}}{s_y} = r\frac{x-\bar{x}}{s_x}$$

では傾き＝相関係数となること，などに注意する．

以上が最小二乗法のミニマムだが，これが回帰分析に発展するとき，b は「回帰係数」とよばれる．

💻シミュレーションを2通り[9]してみよう．$\hat{y}$ は最小二乗法のあてはめ値である．簡単のために x は等間隔としておく．

x	1	2	3	4	5
y	1.78	5.29	7.72	8.83	9.33
$\hat{y}$	2.86	4.73	6.60	8.46	10.32

相関係数　$r = 0.95$
b, a のあてはめ値 $b = 1.87$, $a = 1.00$
あてはめ式　$y = 1.87x + 1.00$
y と $\hat{y}$ の相関係数　$R = 0.95$

最小二乗法のポイントは連立方程式を解くことだが，これは「正規方程式」とよばれる．上記のシミュレーション（第1）では，必要な計算は

$n = 5$, $\sum x_i = 15$, $\sum y_i = 32.96$, $\sum x_i^2 = 55$, $\sum x_i y_i = 117.53$

であるが[10]，今後の展開の準備として，正規方程式を行列で表示すると

$$\begin{pmatrix} n & \sum x_i \\ \sum x_i & \sum x_i^2 \end{pmatrix} \begin{pmatrix} a \\ b \end{pmatrix} = \begin{pmatrix} \sum y_i \\ \sum x_i y_i \end{pmatrix}$$

で，ここの例では

$$\begin{pmatrix} 5 & 15 \\ 15 & 55 \end{pmatrix} \begin{pmatrix} a \\ b \end{pmatrix} = \begin{pmatrix} 32.96 \\ 117.53 \end{pmatrix}$$

となる．最小二乗法の数学的本質は方程式を解くことであるが，それはとり

---

[9] 関係式に $y = 2x + 1$ に正規分布 $N(0, 1.5^2)$ の誤差を加えた．正規分布については，第3，4章参照．
[10] ここでは，$\sum y_i^2$ は必要でない．

も直さず行列の逆転(逆行列)に帰することがわかる．やってみると [11]

$$\begin{pmatrix} a \\ b \end{pmatrix} = \begin{pmatrix} 5 & 15 \\ 15 & 55 \end{pmatrix}^{-1} \begin{pmatrix} 32.96 \\ 117.53 \end{pmatrix} = \begin{pmatrix} 1.1 & -0.3 \\ -0.3 & 0.1 \end{pmatrix} \begin{pmatrix} 32.96 \\ 117.53 \end{pmatrix} = \begin{pmatrix} 1.00 \\ 1.87 \end{pmatrix}$$

となっていて，これは全て得られている結果に一致する．この行列による扱いは，内容が高度，複雑になるにつれ，計算上でほぼ不可避となる．

8.2.2 回帰分析を始める

回帰分析は最小二乗法の発展したものである．なぜ「回帰分析」というかは歴史的理由以上のものではない．統計理論の先駆者 F. ゴルトンが遺伝学データにおいて，身長の後退現象(regression リグレッション)に適用して以来，現象名がそのまま方法名に拡大して定着した．ここまでは $y = bx + a$ と x ——「独立変数」independent variables といわれる——が一通りであったが，今後はこれを一般化して

$$y = b_1 x_1 + b_2 x_2 + b_0$$

のように独立変数を二通り考える2変数の最小二乗法を解説する [12]．ただし，y ——「従属変数」dependent variable といわれる——は依然一通りである．

最小二乗法から回帰分析への発展は次の2点である．以下，わかり易さを考えて，$p = 2$ のような2変数——3以上でもよい——で説明しよう．一般には p 通り考えて，これを特に「重回帰分析」multiple regression analysis という．
＜誤差項の導入＞　最小二乗法でも誤差は暗黙に考慮していたが——直線の式からデータは外れている——回帰分析では，外れの部分も表して，これも算入した上で両辺は等しいとする：

$$y_1 = \beta_1 x_{11} + \beta_2 x_{21} + \beta_0 + \varepsilon_1$$
$$y_2 = \beta_1 x_{12} + \beta_2 x_{22} + \beta_0 + \varepsilon_2$$
$$\cdots\cdots (n \text{ 通り})$$

---

11) Excelで逆行列(MINVERSE)，行列の積(MMULT)を求められる．
12) 一通りの場合は「単回帰」といわれる．なお，今後は x_1, x_2 は変数名である．ここまでの個々のデータ，$x_1, x_2, \cdots$ とは混同しないこと．

ここで，ε_1，ε_2，$\cdots$，ε_n は確率的誤差を表すそれぞれ独立な確率変数で，0 を中心に一定の分散を持っていて，

　　　ⅰ）$E(\varepsilon_i) = 0$,　　$V(\varepsilon_i) = \sigma^2$　　　$(i = 1, 2, \cdots, n)$

とし，有意性検定まで行いたければ，さらに

　　　ⅱ）正規分布 $N(0, \sigma^2)$　に従う．

と仮定する．しばらくの間はⅰ）の条件下で話を進める．

　念のため注意しておくと，x_1，x_2 の値 x_{11}，x_{12}，$\cdots$ および x_{21}，x_{22}，$\cdots$ はすでに測定した値として固定されたものであるが[13]，y_1，y_2，$\cdots$ は ε_1，ε_2，$\cdots$ を含んでいるので，確率変数である．したがって，従属変数 y と独立変数 x では，数学的扱いが異なる[14]（このことは分析の上で気にする必要はない）．

<パラメータ表示>　分散分析における α_i，β_j，$\cdots$ のごとく'母集団では…'という意味でパラメータは，のように β_0，β_1，β_2，$\cdots$ のように区別し，サンプルから推定された推定値とは ^ と用いて $\hat{\beta}_0$，$\hat{\beta}_1$，$\hat{\beta}_2$，$\cdots$ と表す（これを b_0，b_1，b_2，$\cdots$ とするテキストもある）．これら β を「偏回帰係数」――それぞれ'母''標本'を付して――という．なぜ「偏」というかは本質的なので，ここではレベルが高く述べない（第 10 章で扱う）．

　以上の想定は後のシミュレーションで具体的によりよく理解される．

<行列，ベクトルで表示>　それで，以上を次のように表示しよう．y_i，x_{1i}，x_{2i}，ε_i，$(i = 1, 2, \cdots, n)$ をベクトル，あるいは行列で，そして求める β_0，β_1，β_2 も行列で表すと，重回帰分析は

$$\begin{pmatrix} y_1 \\ y_2 \\ \vdots \\ y_n \end{pmatrix} = \begin{pmatrix} 1 & x_{11} & x_{21} \\ 1 & x_{12} & x_{21} \\ \vdots & \vdots & \vdots \\ 1 & x_{1n} & x_{2n} \end{pmatrix} \begin{pmatrix} \beta_0 \\ \beta_1 \\ \beta_2 \end{pmatrix} + \begin{pmatrix} \varepsilon_1 \\ \varepsilon_2 \\ \varepsilon_3 \\ \vdots \\ \varepsilon_n \end{pmatrix}$$

---

13) これも確率的に動いているとする厳密なアプローチもある．
14) よって，本来 y_1，y_2，$\cdots$ は，大文字 Y_1，Y_2，$\cdots$ と記すべきであるが，それに留意しておけばこの区別はほとんど不要である．

となり，これらを簡潔に

$$Y = X\beta + \varepsilon$$

と一挙に示すことができよう．ただし，ここではここまでとし，この表式で次章以降を展開する．

8.2.3 重回帰分析のパラメータ推定

この場合も最小二乗法が用いられる．よって計算としてはとにかくも，原理的には問題は変わらない．実際，誤差 ε_1, ε_2, $\cdots$, ε_n は'小さい'と本来想定されているからこのことを数学的に実行すると，その2乗和[15]

$$\varepsilon_1^2 + \varepsilon_2^2 + \cdots + \varepsilon_n^2 = \Sigma_i \{y_i - (\beta_1 x_{1i} + \beta_2 x_{2i} + \beta_0)\}^2$$

の最小値から，最小二乗法には前項の一般化として，

$$(n)$$
$$\Sigma x_{1i}, \ \Sigma x_{2i} \ ; \ \Sigma y_i$$
$$\Sigma x_{1i}^2, \ \Sigma x_{2i}^2,$$
$$\Sigma x_{1i} x_{2i} \ ; \ \Sigma x_{1i} y_i, \ \Sigma x_{2i} y_i$$

の8通りの計算値が必要で，かつそれで足りる．式中の；より前は正規方程式の左辺，後は右辺に入ることに注意する．

8通りの和は大変なようだが，次章で後述するように原理的には一挙に計算できる方法がある．

x–変数の場合に準じて考えると，これらによって β_0, β_1, β_2 の連立方程式を行列の形で，

$$\begin{pmatrix} n & \Sigma x_{1i} & \Sigma x_{2i} \\ \Sigma x_{1i} & \Sigma x_{1i}^2 & \Sigma x_{1i} x_{2i} \\ \Sigma x_{2i} & \Sigma x_{2i} x_{1i} & \Sigma x_{2i}^2 \end{pmatrix} \begin{pmatrix} \beta_0 \\ \beta_1 \\ \beta_2 \end{pmatrix} = \begin{pmatrix} \Sigma y_i \\ \Sigma x_{1i} y_i \\ \Sigma x_{2i} y_i \end{pmatrix}$$

として解けば，母偏回帰係数 β_0, β_1, β_2 の推定された値 $\hat{\beta}_0$, $\hat{\beta}_1$, $\hat{\beta}_2$（標準

---

15) ε の和は正負を打ち消し合うため，ε_i^2 の和を用いる．

偏回帰係数)が首尾よく求められる[16]. なぜなら,これは行列ベクトルで$X'X$, β, $X'y$になっており, 行列で表した連立方程式

$$(X'X)\beta = X'y$$

となっているからである.

💻シミュレーションを行ってみよう. ここでは, $n=5$とし, パラメータをあらかじめ$\beta_0=3$, $\beta_1=1$, $\beta_2=3$と設定し, 表のx_1, x_2の値に対する5通りのx_1+2x_2+3の値に正規分布$N(0, 1.5^2)$の誤差を加えてこれをy_iとする. 分析の結果回帰方程式によってx_1, x_2から予測されるyのあてはめ値(回帰値)もあらかじめ$\hat{y}$として示す.

x_{1i}	1	3	2	5	4
x_{2i}	-2	1	6	2	3
y_i	-0.45	6.08	17.37	13.91	14.80
$\hat{y}_i$	-1.26	8.22	17.28	13.45	14.02

8通りのΣはもちろん直接に求めてもよいが, 行列の算法によれば, まずデータをそのまま行列でX, yとして読み込み, かつXには1の列を付け加えて, Excelによる次の行列演算でただちに得られる(右辺).

---

[16] 事実上, この方法が唯一である. いいかえれば, 手計算でこの正規方程式を3元連立1次方程式として解くことは手間, 時間, 労力がかかり, 現実的ではない.

コラム❶ Excel でできる重回帰分析の原理 I [17]

$$(\#1) \quad \begin{pmatrix} 1 & 1 & 1 & 1 & 1 \\ 1 & 3 & 2 & 5 & 4 \\ -2 & 1 & 6 & 3 & 2 \end{pmatrix} \begin{pmatrix} 1 & 1 & -2 \\ 1 & 3 & 1 \\ 1 & 2 & 6 \\ 1 & 5 & 2 \\ 1 & 4 & 3 \end{pmatrix} = \begin{pmatrix} 5 & 15 & 10 \\ 15 & 55 & 35 \\ 10 & 35 & 54 \end{pmatrix} \quad (X'X)$$

$$(\#2) \quad \begin{pmatrix} 1 & 1 & 1 & 1 & 1 \\ 1 & 3 & 2 & 5 & 4 \\ -2 & 1 & 6 & 3 & 2 \end{pmatrix} \begin{pmatrix} -0.45 \\ 6.08 \\ 17.37 \\ 13.91 \\ 14.80 \end{pmatrix} = \begin{pmatrix} 51.71 \\ 181.30 \\ 183.40 \end{pmatrix} \quad (X'y)$$

これらが正規方程式の左辺，右辺となる：

$$\begin{pmatrix} 5 & 15 & 10 \\ 15 & 55 & 35 \\ 10 & 35 & 54 \end{pmatrix} \begin{pmatrix} \beta_2 \\ \beta_1 \\ \beta_2 \end{pmatrix} = \begin{pmatrix} 51.71 \\ 181.30 \\ 183.40 \end{pmatrix}$$

よって，偏回帰係数の推定は $\hat{\beta}_0, \hat{\beta}_1, \hat{\beta}_2$ は（♯1），（♯2）を用いて

$$\begin{pmatrix} \beta_0 \\ \beta_1 \\ \beta_2 \end{pmatrix} = \begin{pmatrix} 5 & 15 & 10 \\ 15 & 55 & 35 \\ 10 & 35 & 54 \end{pmatrix}^{-1} \begin{pmatrix} 51.71 \\ 181.30 \\ 183.40 \end{pmatrix}$$

$$= \begin{pmatrix} 1.11 & -0.29 & -0.02 \\ -0.29 & 0.11 & -0.02 \\ -0.02 & -0.02 & 0.03 \end{pmatrix} \begin{pmatrix} 51.71 \\ 181.30 \\ 183.40 \end{pmatrix} = \begin{pmatrix} 1.43 \\ 1.55 \\ 2.12 \end{pmatrix} \quad ((XX)^{-1} \cdot X'y)$$

で得られ，回帰方程式は

$$y = 1.43 + 1.55x_1 + 2.12x_2$$

とわかる．これらをあてはめた y の値は [17]

$$\begin{pmatrix} 1 & 1 & -2 \\ 1 & 3 & 1 \\ 1 & 2 & 6 \\ 1 & 5 & 2 \\ 1 & 4 & 3 \end{pmatrix} \begin{pmatrix} 1.43 \\ 1.55 \\ 2.12 \end{pmatrix} = \begin{pmatrix} -1.26 \\ 8.22 \\ 17.28 \\ 13.45 \\ 14.02 \end{pmatrix} \quad (X \cdot (XX)^{-1} \cdot X'y)$$

---

[17] ′ は行列の転置．データの読み込みでは 1 を付加する（定数の対応）．

§ 8.3 回帰分析のパフォーマンス

8.3.1 回帰分析の読み方 I

単回帰分析は比較的よく知られているが，重回帰分析には固有の結果の読み方がある（特殊ケースとして単回帰分析にも使える）．回帰分析は回帰方程式を求めることで終わるものではない．道具を使ってみることと，それで目的が達せられることとは別である．この回帰方程式が'うまく（yの）予測に使えるか'，'現実に役立つか'はあらためてチェックしなければならない，というよりは，それも含めて回帰分析の理論であって，回帰法的式を求める地点はまだ半分と少しという所であろう．仮説検定の理論がある統計量を計算してそれを見て一応は終わりとなるのとは異なり，奥は深い．回帰方程式がよくデータにフィットしていればそれは良い回帰方程式であり，今後に向かって'使える'式である．

よくフィットするかどうかは2通りの見方がある．結局，同一の見方なのだが，さし当たり別々の解説をしよう（初学者は定義と図だけでよい）．

<決定係数 R^2> 当然のことながらあてはめ自体の誤差が小さいこと，つまり回帰方程式の全体的フィットの良さの指標である．

もとより，小ささの絶対的基準があるわけではない．もともと y が持っていたばらつき（誤差）が回帰によってどれだけ大きく改善され小さくなったか，その相対的割合（%）で表す．そのためには，ばらつきを変動（計算上は「平方和」ともいう）で見るとして，

　　　　もともとの平方和　　$SS_T = \Sigma(y_i - \bar{y})^2$

　　　　回帰後に残る平方和 [18] $SS_E = \Sigma(y_i - \hat{y})^2$，ただし $\hat{y}_i = \hat{\beta}_0 + \hat{\beta}_0 x_{1i} + \hat{\beta}_0 x_{2i}$

の（改善の）前後差，つまり回帰による減少分 $SS_R = SS_T - SS_E$ の割合がそれである．

---

[18] 回帰残差の変動ともいわれる．

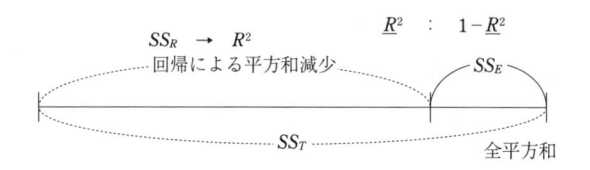

```
              SS_R  →  R²              R² : 1−R²
              ⌢回帰による平方和減少⌢      ⌢SS_E⌢
              ⌣━━━━━━━━ SS_T ━━━━━━━━⌣   全平方和
```

これをはっきりするために，分解
$$y_i - \bar{y} = (y_i - \hat{y}_i) + (\hat{y}_i - \bar{y})$$
を平方し，和 Σ_i をとると
$$\Sigma(y_i - \bar{y})^2 = \Sigma(y_i - \hat{y}_i)^2 + \Sigma(\hat{y}_i - \bar{y})^2$$
が成立することがわかる．$\Sigma(y_i - \hat{y}_i)\Sigma(\hat{y}_i - \bar{y}) = 0$ に注意する．したがって，これが効いて $SS_R = \Sigma(y_i - \hat{y}_i)^2$ も計算され，上式は回帰分析の平方和の――2つの部分への――分解
$$SS_T = SS_R + SS_E$$
となる．回帰による平方和（減少分）SS_R の割合が大きいことが x_1, x_2 から y を予測するためには望ましく，これを
$$R^2 = \frac{SS_R}{SS_T} = \frac{\Sigma(\hat{y}_i - \bar{y})^2}{\Sigma(y_i - \bar{y})^2}$$
と表して「決定係数[19]」coefficient of determination という．部分の全体に対する割合だから $0 \leq R^2 \leq 1$ であり，R^2 が大きいことが回帰方程式が‘使える’条件である．回帰方程式には信頼性として R^2 を付するルールがあり，R^2 が低い回帰方程式は結果に掲げることさえ望ましくない．

<重相関係数 R> 決定係数を R^2 と2乗で表した理由がここにある．実際この平方根 R は $\hat{y}_i$ と y_i の相関係数に等しい．

実際，定義から
$$R_{y\hat{y}} = \frac{\Sigma(y_i - \bar{y})(\hat{y}_i - \bar{\hat{y}})}{\sqrt{\Sigma(y_i - \bar{y})^2}\sqrt{\Sigma(\hat{y}_i - \bar{\hat{y}})^2}}$$
であるが，まず，$\bar{\hat{y}} = \bar{y}$ であることに注意して置き換え，分子に変形

---

19) むしろ‘予測係数’という云い方もあるであろう．

$$y_i - \bar{y} = (y_i - \hat{y}_i) + (\hat{y}_i - \bar{y})$$

を入れて計算すると,第1項は落ち,結局

$$\Sigma \text{ を分子} = SS_R, \quad \text{分母} = \sqrt{RR_T} \cdot \sqrt{RR_S}$$

したがって

$$R_{y\hat{y}} = \frac{\sqrt{SS_R}}{\sqrt{SS_T}} = \sqrt{\frac{SS_R}{SS_T}} = \sqrt{R^2} = R$$

として結論を得る.これには二つの意義がある.

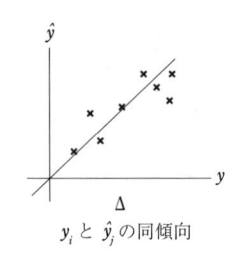

y_i と $\hat{y}_j$ の同傾向

まず,$\hat{y}$ は y を予測するためであるから,$\hat{y}$ は y に近く,似た傾向を持たねばならない.すなわち,R^2 と同様予測の良さを相関係数で測った指標である.次に,$\hat{y}$ は (x_1, x_2) から生成されているから,y と $\hat{y}$ が近いことはとりも直さず y と (x_1, x_2) が関係が深いことの指標,すなわちいわば y と (x_1, x_2) の'相関係数'——一方は1変数,他方は2変数[20]——と解される.だから,R は「重相関係数」といわれ,しばしば $R_{y\cdot12}$ と表記される.

また,次のこともよく知られる.単回帰のとき,$R_{y\hat{y}}$ の式で,

$$\hat{y}_i - \bar{\hat{y}} = b(x_i - \bar{x}) \quad (\text{ただし, } \bar{\hat{y}} = \bar{y})$$

を代入すると,$\sqrt{b^2} = \pm b$ を考え

$$R_{y\hat{y}} = |r|$$

を得る.すなわち,単回帰のケースでは,重相関係数は相関係数 r に符号を除いて等しい.

■ 変数毎のチェック

重回帰分析の R^2, R は,回帰方程式は'使えるか'の第一関門である.

---

20) 双方とも多変数の場合,「正準相関係数」といわれる(柳井).

💻 多少式が続いたので，シミュレーションでデータ感覚を養おう[21] シミュレーション・データから

    重相関係数：$R = 0.99$

    変動（平方和）：$SS_T = 216.57$, $SS_R = 210.53$, $SS_E = 6.042$

で平方和の分解

    $216.57 = 210.53 + 6.042$

が成立している．

    決定係数：$R^2 = 210.53/216.57 = 0.972$

8.3.2 回帰分析の読み方 II

＜標準誤差＞ 次は重回帰分析を'読む'第二チェックで，そのためには正規分布の仮定を置く（8.2.1 の ii）の仮定）．その仮定のもとで，最終的に回帰係数[22]の推定された値，$\hat{\beta}_0, \hat{\beta}_1, \hat{\beta}_2$ を用いて母（集団）回帰係数の有意性検定を行う，あるいはその予測範囲を決める――「信頼区間」という――などの段階である．いわば本番であるが，引き続き理論上の解説があるものの，手続きは形式化され一般に利用しやすくなっている．ここまでが重回帰分析のスタンダードである．次の準備段階に進めよう．

 回帰分析はあてはめの問題なので，回帰分析に関わる全ての統計的方法――回帰係数の有意性検定など――は，大まかな決定係数のみならず，あてはめの誤差幅を推定することを基礎とする．それはあきらかに，それぞれのあてはめの誤差 $e_i = y_i - \hat{y}_i$ を元にする．まず

    $SS_E = \Sigma e_i^2 = \Sigma (y_i - \hat{y}_i)^2$

が，確率的誤差 ε の分散 σ^2 を

    $\hat{\sigma}^2 = SS_E/(n - p - 1)$,   （$p$：独立変数の個数）

のように推定して，今後に用いられるほか，すぐに役立つ．

---

[21] 重相関係数は y と $\hat{y}$ から演算し，SS, R_2 は Excel の分析ツール（分散分析表および要約）によった．ただし，シミュレーションの反復ならば演算によるほうがよい．
[22] さしあたり，必要ある時まで'偏'は省略する．（第 10 章参照）

$$s.e. = \sqrt{SS_E/(n-p-1)}$$

は，(y の)「推定値（予測値）の標準誤差」standard error of estimate といわれる．統計学には'標準誤差'が何回か出現するが[23]，回帰分析にも2通りの標準誤差がある（後に説明する）．ここの $s.e.$ は y_i の通常の起きる範囲の基準に用いられ，$2 \times s.e.$ を用いて，大むね $\hat{y}_i - 2s.e.$ 〜 $\hat{y}_i + 2s.e.$ とされている．したがって，現実の問題で，この範囲から外れたケースはいろいろな意味で注目される．

＜自由度＞ なお，n に対し $n-p-1$ は誤差平方和（変動）SS_E の自由度であり[24]，最も単純なケース $p=1$ では，$y = \beta_1 x_1 + \beta_0$ の自由度 $= n-2$ である．実際，特に $n=2$ で図のように平面上の2点のあてはめなら，これら2点を通る直線が完全フィットなので，'あてはめ誤差'はない．したがって2を超えた正味の個数分 $n-2$ が'自由の量'である．$y_1 = \beta_1 x_1 + \beta_2 x_2 + \beta_0$ のケースでは自由度 $= n-3$ で，$n=3$ の空間の3点の場合，3点を通る平面の方程式が完全フィットでやはりあてはめの誤差はない．したがって $n-3$ が自由度となる．なお，$p+1$ とする理由は定数項 β_0 も特殊な変数とみなすことをカウントしている（したがって，定数項なしの回帰分析[25]では自由度 $= n-p$ である）．

自由度は0や負はありえないから，必ず $n > p+1$ でなければならない．$n = p+1, n < p+1$ は n が極端に小さいとき起こりうるエラーであって，もちろん β は求まらない．ケース数 n が小さいのに多くの変数を用いる初歩的ミスである．ただし，p が大きい比が避け難いときには，誤りとはいえないだろう．

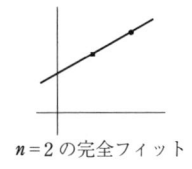

$n=2$ の完全フィット

---

23) スチューデントの t 検定にも出てくる．
24) '自由度とは $n-1$ のことである'式の初歩的誤解がある．統計理論にはそれに応じた自由度がある．
25) 統計ソフトでは必ず定数項が入っているので，応用上注意すること．エラーの可能性がある．

＜回帰方程式のフィットの安定性＞ 決定係数は回帰分析の'遠景'で，詳細な描写には推定された各は $\hat{\beta}_0$, $\hat{\beta}_1$, $\hat{\beta}_2$ の検討が必要である．そもそも元来のデータに誤差項 ε が入っているのだからあてはめの誤差は多少なりとも避けられず，これら $\hat{\beta}$ の値も'これしかあり得ない'という数字ではない．（背後に）ばらつきを含んだ値であり，したがって，これらの分散を考慮した上で β に対する有意性検定をはじめとする判断が下される．以下順を追って見てゆこう．

1変数の回帰分析 $y_i = \beta_1 x_i + \beta_0 + \varepsilon_i$ に対する β_1 の最小二乗法推定は，すでに述べた所により，よく知られた

$$\hat{\beta}_1 = \frac{\sum (x_i - \bar{x})(y_i - \bar{y})}{\sum (x_i - \bar{x})^2}$$

であるが，その分散は多少のややこしい計算の後，意外に単純で

$$V(\hat{\beta}_1) = \frac{\sigma^2}{\sum (x_i - \bar{x})^2}$$

と知られている．計算は割愛したが，この式の意味する所は明らかで，

i) σ^2 が大きく，もともとのデータのばらつきが小さければ，$\hat{\beta}_1$ のばらつきも大きい．回帰直線の傾きは不安的になる．

ii) 広い範囲の x によって引かれた回帰直線は，狭い範囲の場合より当然安定であり，それが分母の意味である．

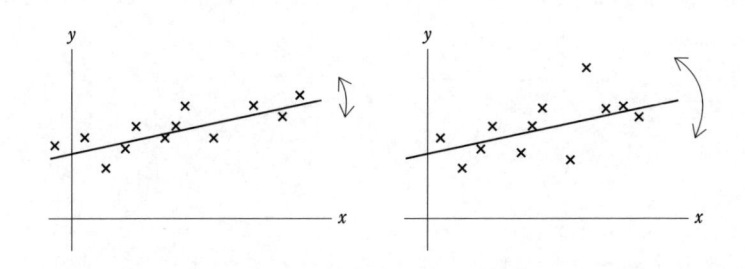

切片（定数）についても同様のことが云えて，
$$V(\hat{\beta}_0) = \frac{\sum x_i^2}{\sum (x_i - \bar{x})^2} \cdot \sigma^2$$
となっている．やはり，分母の $\sum(x_i-\bar{x})^2$ は一貫して入っている一方，従属変数 y が入っていないことも重要である．

第 9 章

一般線形モデル

　「一般線形モデル」とは，回帰分析を線形代数と見て'かっこう良く'整備し，多少の発展応用に効く形に仕立てたものである．計算も簡易化することで回帰分析全体の見通しは良くなり，いわゆる多重共線の問題にも手際よく対応できる．固有値問題もあらわれるが，数学的に別領域の課題でほんとうは奥が深い．ここは単発として読んでも有益である．

§9.1 行列表示

第8章で最小二乗法を基礎としてスタートし,重回帰分析の手続きを正規分布の仮定なしに説明してきた.その内容はいわば最低限であって,これから先の発展は,独立変数の個数が3以上のケース,さらに,最終的に回帰係数の仮説検定および推定(信頼区間)の課題にある.そのためには,計算の効率化として,重回帰分析の仮定を数学的に表現し,積極的に行列計算を採用することにする.そこで,行列表示

$$Y = X\beta + \varepsilon$$

に前章のεの仮定 i),あるいは ii),さらに$n>p+1$を与えたモデルを「一般線形モデル」(General linear model, GLM) という.

9.1.1 行列で計算

仮にxが2変数以上の重回帰の場合も,計算はこみ入るが[1],行列で正規方程式を

$$(X'X) = \beta = X'Y$$

と表せばむしろとスッキリして同様のことがいえる.

回帰係数は,行列で方程式を除いて

$$\hat{\beta} = (X'X)^{-1}Xy$$

で求められるが,そのばらつきに対してもこの$(X'X)^{-1}$がキーとなって

$$V(\beta) = \sigma^2 (X'X)^{-1}$$

となる.ここでは,Vは$\hat{\beta}_0, \hat{\beta}_1, \hat{\beta}_2$の分散3通りのほかこれらの共分散3通りを一括して表す行列(マトリックス)で,正式にはβの「分散・共分散行列」variance-covariance matirix といわれる[2].

また,σ^2があらかじめ値がわかっていなければ——ほとんどがこのケー

---

[1] 松原望『入門統計解析』,東京図書.
[2] 多変数(量)のときは,分散と並んで共分散も同格に考えられ,これから相関係数も計算される.したがってこの行列は総括として重要である.

スで——σ^2 の 167 ページの式でサンプルから推定されるから，格別の問題は生じない．

📓 もう一段の説明で有意検定に到るが，ここまでのあてはめの誤差の総括のシミュレーションをしておこう．回帰分析の総括表を十分に理解するにはこれに目を通しておくことが望ましい．

まず，$p=1$ のケースとして，すでに 8.2.1 項で扱ったデータでは

$\bar{x}=3, \bar{y}=6.59$

$\Sigma(x_i-\bar{x})^2=10, \Sigma(x_i-\bar{x})(y_i-\bar{y})=18.6541$

で，$\hat{\beta}_1=18.65/10=1.865, \hat{\beta}_0=\bar{y}-\hat{\beta}_1\bar{x}=0.996$ となる．回帰方程式は $y=1.865x+0.996$ であり，これに対する各 $\hat{y}$ は下表のごとくである．ここまではむしろよく知られている知識である．

x	1	2	3	4	5
y	1.78	5.29	7.72	8.83	9.33
$\hat{y}$	2.86	4.73	6.59	8.46	10.32

これより，さらに $SS_R=\Sigma(\hat{y}_i-\bar{y})^2=3.88$ であり，よって，σ^2 の推定値は $\hat{\sigma}^2=SS_E/3=1.295$，したがって，推定値の標準誤差は $s.e.=\sqrt{1.29}=1.14$ となる．$\hat{\beta}_1$ の分散は

$V(\hat{\beta}_1)$ の推定値 $=\hat{\sigma}^2/\Sigma(x_i-\bar{x})^2=1.29/10=0.13$

と算出される[3]．以上の手順は式に合わせたもので，多少こみ入っているが，問題はないであろう．

以上の手順は，行列算法では，ストレートに

---

[3] σ^2 に推定値 $\hat{\sigma}^2$ を用いているので，V も推定値 $\hat{V}$ としてと書くべきだが，そのまま通した．

① $X = \begin{pmatrix} 1 & 1 \\ 1 & 2 \\ 1 & 3 \\ 1 & 4 \\ 1 & 5 \end{pmatrix}$,

$X'y = \begin{pmatrix} 32.96 \\ 117.53 \end{pmatrix}$, $(X'X)^{-1} = \begin{pmatrix} 1.1 & -0.3 \\ -0.3 & 0.1 \end{pmatrix}$

分散は，(2, 2) 要素をとって

$$V(\hat{\beta}_1) = 1.295 \cdot 0.1 = 0.13$$

となるが，このほうが見通しがよい．この手順をマスターしよう．

9.1.2 重回帰の計算

$p=2$ では，計算の手間から行列による手順が事実上唯一のもので，先の 8.2.3 項のデータ例では，まずデータ x, y は行列 X, ベクトル y で，次に回帰係数 $\hat{\beta}$, 対応する $\hat{y}$ はこれから

$$X = \begin{pmatrix} 1 & -2 \\ 3 & 1 \\ 2 & 6 \\ 5 & 2 \\ 4 & 3 \end{pmatrix}, \; y = \begin{pmatrix} -0.45035 \\ 6.083475 \\ 17.36639 \\ 13.91471 \\ 14.79753 \end{pmatrix}, \; X'X = \begin{pmatrix} 5 & 15 & 10 \\ 15 & 55 & 35 \\ 10 & 35 & 54 \end{pmatrix},$$

$$(X'X)^{-1} = \begin{pmatrix} 1.107937 & -0.29206 & -0.01587 \\ -0.29206 & 0.107937 & -0.01587 \\ -0.01587 & -0.01587 & 0.031746 \end{pmatrix}$$

$$\hat{\beta} = (X'X)^{-1}X'y = \begin{pmatrix} 1.432062 \\ 1.554215 \\ 2.123821 \end{pmatrix}, \; \hat{y} = X\hat{\beta} = \begin{pmatrix} -1.26136 \\ 8.218529 \\ 17.28342 \\ 13.45078 \\ 14.02039 \end{pmatrix}$$

と表される[4]．つまり，回帰方程式は
$$y = 1.554215 x_1 + 2.123821 x_2 + 1.432062$$
となっていて，$\hat{y}$ はあてはめられた推定値である．σ^2 の推定および推定値を標準誤差 $s.e.$ は推定値と原データの差をとり，かつ，$n=5$，$p=2$ だから
$$SS_E = \Sigma (\hat{y}_i - y_i)^2 = (\hat{y} - y)^1 (\hat{y} - y) = 6.042261$$
$$\hat{\sigma}^2 = SS_E / 2 = 3.021131, \quad s.e. = \sqrt{3.021131} = 1.73814$$
と手順よく計算される．したがって，$(XX)^{-1}$ から，結局
$$V(\hat{\beta}_0) = 3.021131 \cdot 1.107937 = 3.34722104 (推定値)$$
$$V(\hat{\beta}_1) = 3.021131 \cdot 0.107937 = 0.32609 (推定値)$$
$$V(\hat{\beta}_2) = 3.021131 \cdot 0.031746 = 0.095909 (推定値)$$
として，求められた．

ここまでは誤差項とは $E(\varepsilon) = 0$，$V(\varepsilon) = \sigma^2$ とだけ仮定している．

§9.2 回帰係数の有意性検定

9.2.1 回帰係数の標準偏差と t 値

今後は，誤差項に正規分布 $N(0, \sigma^2)$ を仮定し，各回帰係数の有意性検定を行う．$p=2$ の場合，帰無仮説は2通りあり[5]，それぞれ
$$H_1 : \beta_1 = 0, \qquad H_2 : \beta_2 = 0$$
である．いいかえれば，独立変数 x_1 あるいは x_2 が従属変数 y に効いているかの決定であり，対立仮説は別段の事情がなければ両側である．用いられる検定は t 検定であり，よって分子は，$\hat{\beta}_1 - 0$，$\hat{\beta}_2 - 0$，分母はそれぞれ，$\hat{\beta}_1$，$\hat{\beta}_2$ の標準誤差で
$$s.e.(\hat{\beta}_1) = \sqrt{V(\hat{\beta}_1)}, \quad s.e.(\hat{\beta}_2) = \sqrt{V(\hat{\beta}_2)}$$
（ただし，σ^2 を $\hat{\sigma}^2$ でおきかえる）．数値は
$$s.e.(\hat{\beta}_1) = 0.57$$
$$s.e.(\hat{\beta}_2) = 0.31$$

---

[4] 一部は既述と重複している．
[5] $H_1: \beta_1 = 0$，$\beta_2 = 0$ は別の仮説検定（F検定）となる．

よって，検定統計量はそれぞれ

$$t_1 = \frac{\hat{\beta}_1}{s.e.(\hat{\beta}_1)}, \quad t_2 = \frac{\hat{\beta}_2}{s.e.(\hat{\beta}_2)}$$

で，これらを $\hat{\beta}_1$, $\hat{\beta}_2$ の「t 値」t-ratio という[6]．なお，回帰係数の標準誤差 $s.e.(\hat{\beta}_1)$, $s.e.(\hat{\beta}_2)$ には，推定値の標準誤差 $s.e.$ が $\hat{\sigma}^2$ を経由して入っていることに注意する．2つの t 値 t_1, t_2 はそれぞれ自由度 $n-p-1$ の t 分布 $t(n-p-1)$ に従って分布する．

9.2.2 回帰係数の信頼区間

有意性検定から信頼区間が構成できるのは今回も同様で

$$\hat{\beta}_2 \pm t_{\alpha/2}(n-p-1).s.e.(\hat{\beta}_i)$$

が信頼係数 $1-\alpha$ の信頼区間となる．これは Excel も出力する．

💻 シミュレーションデータでは，

$t_1 = 1.55/0.57 = 2.72$ （$d.f. = 2$），

$t_2 = 2.12/0.31 = 6.86$ （$d.f. = 2$），

で有意確率はそれぞれ 0.11, 0.02 である．

以上でさし当たりは終わりである．ただし，β_0, β_1, β_2 の信頼区間を求めることが残るが，それは推定論で扱おう．重回帰分析の計算ソフトは，

R^2, R, $s.e.$; SS_T, SS_R, SS_E ; $\hat{\beta}_1$, $s.e.(\hat{\beta}_1)$, t_i, p_i

のみを出力し，$X'X$, $(X'X)^{-1}$, $X'y$ などの計算過程は一切出力しないため，出力結果だけでは重回帰理論はほんの表面的にしか理解できない．それでは，踏み込んだ進んだ応用研究はムリである．ここまでの9段階をレビューして追って見ることが大切である．それを次図にまとめた．

---

[6] 直訳は 't 比' である．単に「t 統計量」とすることもある．

■回帰分析の手順の流れ（有意性検定の t 値まで）

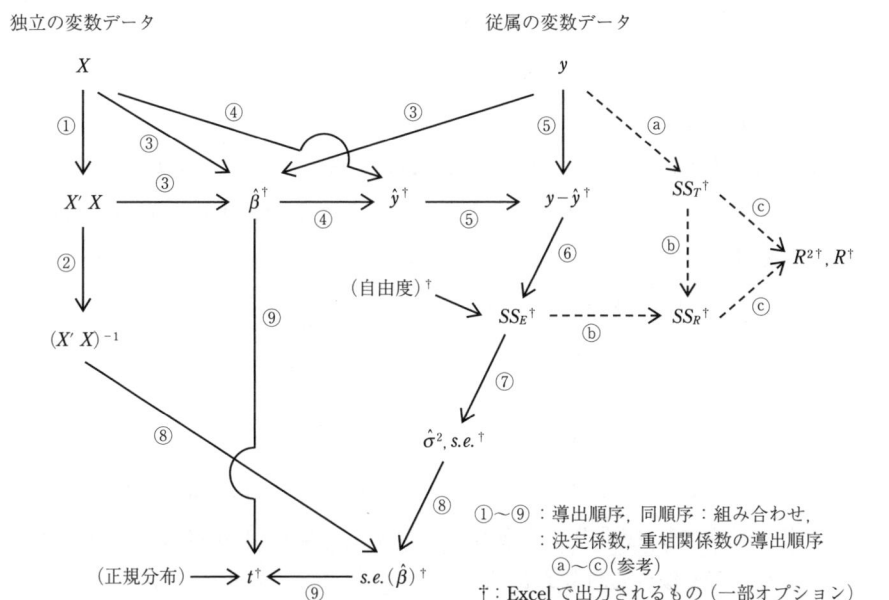

独立の変数データ　　　　　　　　　従属の変数データ

[図：X から $X'X$、$(X'X)^{-1}$、$\hat{\beta}^\dagger$、$\hat{y}^\dagger$、$y-\hat{y}^\dagger$、$SS_T^\dagger$、$SS_E^\dagger$、$SS_R^\dagger$、$R^{2\dagger}, R^\dagger$、$\hat{\sigma}^2, s.e.^\dagger$、$t^\dagger$、$s.e.(\hat{\beta})^\dagger$ への導出フロー図。番号①〜⑨が導出順序を示す。]

①〜⑨：導出順序，同順序：組み合わせ，
　　　：決定係数，重相関係数の導出順序
ⓐ〜ⓒ（参考）
†：Excelで出力されるもの（一部オプション）

§9.3　多重共線のトラブル

9.3.1　行列の $X'X$ の変調

　回帰分析には独立変数のデータから作られた－ただし，1 もデータとみなす－マトリックス X が $X'X$ として中核的役割を果たす．具体的にはすでに解説済みも入れて

(a) 正規方程式　　$X'X\hat{\beta}=x'y$

(b) $\sigma^2(X'X)^{-1}$ は β の分散・共分散行列

(c) データによっては，$(X'X)^{-1}$ が存在しない場合[7]，あるいはそれにきわめて近い場合がしばしば生じ得て，「多重共線性」[8]といわれるデータ・トラブルを引き起こす．

---

7) 厳密には，この場合は現実には生じることはない．
8) いわゆる'マルチコ'である．経済学者フリッシュによる命名．

(d) c. の場合, $X'X$ の固有値 λ（複数個ある）を求め, $\lambda \doteqdot 0$ の固有値を除く主成分を採用して多重共線性を解決する.

9.3.2 完全な相関

具体的に $p=2$ の場合, 二つの独立変数の $(n \times 1)$ ベクトル x_1, x_2 があり, 1 を並べた $(n \times 1)$ のベクトルを 1 として, $X=(1, x_1, x_2)$ と表示される.

たとえば,

$$X = \begin{pmatrix} 1 & 3 & 11 \\ 1 & 1 & 5 \\ 1 & 2 & 8 \\ 1 & 4 & 14 \end{pmatrix}, \quad X'X = \begin{pmatrix} 4 & 10 & 38 \\ 10 & 30 & 110 \\ 38 & 110 & 446 \end{pmatrix}$$

では, X の第 2, 3 列が x_1, x_2 となっている. なお, 10, 38, 110 は 2 ヵ所対応する位置にあり, これを '対称' という. つまり, $X'X$ は対称行列であって, いろいろと優れた性質がある.

さて, まずここから先が「多重共線性」multicolinearity の本筋である. このデータ・ベクトル x_1, x_2 の成分は

x_1: 3, 1, 2, 4
x_2: 11, 5, 8, 14

であるが, この相関係数は完全に $r=1$ で, 図示すると, 4 点のデータは一つの共同の直線上にある[9]. すなわち, ピタリ下段＝上段×3＋2 として決定されている. これより

$|X'X| = 0$ （非正則）

となって, 線形代数学の基礎知識によれば, このとき $(X'X)^{-1}$ は存在せずしたがって重回帰分析の手続きはここで停止してしまう. これが, '型どおり' の多重共線性である.

---

[9] 平面幾何学では「共線」colinear といわれる. ちなみに, 一つの円上にあると「共円」cocircular という. 'co' はともに〜の意.

9.3.3 多変共線とは

このように2変数が完全に相関している[10]──ベクトルとして共線である場合,実質的に同一変数が重複して入ったことになり,その時は$|X'X|=0$で$X'X$に逆行列が存在せず(これを非正則という),回帰分析は成り立たない.'余計な'ことをしてかえってトラブルとなる.これを'完全な多重共線性' perfect multicolinearity という[11].

現実のデータでは非常に高い相関はあっても完全な相関はなく微妙で,厳密には$|X'X| \neq 0$だが,$|X'X| \fallingdotseq 0$の場合,$(X'X)^{-1}$は一般にきわめて大きくかつ不安定になる[12].これは不完全な多重共線性だが,このほうが扱いにくく,また検出しにくく見直しやすいため,かえって問題が大きい.また,モデルのトラブルでなくデータ・トラブル(しかも独立変数の)だから,対応は可能であるもののリサーチ・デザインに与える影響は小さくない.ことに一つの現象の説明に用いられる多くの変数間に相関があってもおかしくなく,ことにその個数が多くなると'こみ合い'が起こりやすくなり,多重共線性は程度は別としてめずらしくない.

多重共線性の様相は,しばしば指摘されるように

ⅰ) $s.e.(\hat{\beta})$ が異常に大きくなってt値が著しく低下し,したがってその変数が回帰分析から外されやすくなる.

ⅱ) $X'X$の一要素のごく小さな差異が$(X'X)^{-1}$では偶然に大きく作用し,$\hat{\beta}$の予想される符号と反対方向にオーバー・シュートする.

ⅲ) ただし,R^2, Rは必ずしも異常を示さず,また$\hat{\beta}$も符号は別として'おとなしい'値である.このR^2が高いことが,多重共線性の判断の前提である.すなわち,R^2が低ければ,この時点で判断停止となる.

---

10) $r=-1$も含む.
11) 多重の意味は,3変数以上の共線性をさすものと解される.
12) $\varepsilon = \pm 0.0001$とすると,逆数は$1/\varepsilon = \pm 10,000$となるのと並行している.

💻 多重共線性をシミュレートした例を紹介する[13]．

多重共線性は2独立変数以上のとき，$|X'X| = 0$（$X'X$ が非正則）あるいは $|X'X| \fallingdotseq 0$ のとき[14]起こる現象である．ここでは次のデータのシミュレーションで見ていこう．従属変数 y は関係しないことに注意する．

x_1	1	2	4	5	6	9
x_2	0.20	0.42	0.80	1.00	1.20	1.80

ここでよく上下の関係を見ると，0.2倍の関係を除いてほぼ '同じ' 変数である．このような，'余計な' 変数[15]を入れると多重共線が起こる．さて，手順によると，

$$X = \begin{pmatrix} 1 & 1 & 0.20 \\ 1 & 2 & 0.42 \\ 1 & 4 & 0.80 \\ 1 & 5 & 1.00 \\ 1 & 6 & 1.20 \\ 1 & 9 & 1.80 \end{pmatrix}, X'X = \begin{pmatrix} 6.00 & 27.00 & 5.42 \\ 27.00 & 163.00 & 32.64 \\ 5.42 & 32.64 & 6.54 \end{pmatrix}, (X'X)^{-1} = \begin{pmatrix} 0.94 & 6.26 & -32.06 \\ 6.26 & 144.74 & -727.94 \\ -32.06 & -727.94 & 3661.96 \end{pmatrix}$$

$|X'X| \fallingdotseq 0.068$．

実際，$(X'X)^{-1}$ に異常に大きい要素が出ていて多重共線が起こっている．その原因は，x_1，x_2 の相関係数も $r_{12} = 0.99992$ と異常に高く，事実上両者は情報として実質同一であって，同じ変数を二度入れているからである．

ただし，多重共線性は回帰係数 $\hat{\beta}$ の解釈（有意性, 符号など）の問題であって $\hat{\beta}$ の算出に問題はなく，また決定係数，重相関係数も特に難点はないことが多い．この例でも下記の如くである．

多重共線性の診断にはいくつかあるが，その対処法として '活療' にもいろいろな方向も併せて多くある[16]．変数そのものを処理するアプローチもあ

---

13) 松原望『入門統計解析』，東京図書．
14) ただし，$\fallingdotseq 0$ は必ずしも絶対的に小さいことではなく，データの（大まかな）大きさに比しての判断である．
15) この理由は後述．
16) 「条件数」という．

るが，ここでは回帰分析の理論に添った2つの方法，すなわち「リッジ回帰」および「主成分分析法」を紹介して，回帰分析の理解をそう深めることとしよう[17]．

§9.4 対処法 (1)—リッジ回帰

この方法は多重共線性を解決するもう一つの有力な方法である．ただし，この場合の重回帰分析は x, y を標準化した形

$$\frac{y_1-\bar{y}}{s_y} = \frac{x_{1i}-\bar{x}_1}{s_1} + b_2\frac{x_{2i}-\bar{x}_2}{s_2} + \cdots + b_p\frac{x_{pi}-\bar{x}_p}{s_p} + e_i$$

$(i = 1, 2, \cdots, n)$

を扱う．このとき，正規方程式，$(X'X)\beta = X'Y$ は $X'X$ に定数列がなく

$$R\beta = r_y$$

となる．すなわち，$X'X$, $X'y$ はそれぞれ

$$R = \begin{pmatrix} 1 & r_{12} & \cdots & r_{1p} \\ r_{21} & \ddots & & \vdots \\ \vdots & & & \vdots \\ r_{p1} & \cdots & \cdots & 1 \end{pmatrix}, \quad r_y = \begin{pmatrix} r_1 \\ \vdots \\ \vdots \\ r_p \end{pmatrix}$$

となる．ここで，R は $x_1, \cdots, x_p$ の相関行列，r_y は各 x_i と y の相関係数のベクトルである．ここで，多重共線が起こることは，R が正則でないつまり，R^{-1} が存在しないこと（いいかえると $|R|=0$）にきわめて近いことを意味している．たとえば，独立変数 x_1, x_2 で $r_{12}=0.99$ なら不都合にも，

$$\begin{vmatrix} 1 & 0.99 \\ 0.99 & 1 \end{vmatrix} = 1 - (0.99)^2 = 0.0199$$

であるごとくである．しかし，ここで対角項に小さな数 0.1 を加えて

$$\begin{vmatrix} 1.1 & 0.99 \\ 0.99 & 1.1 \end{vmatrix} = (1.1)^2 - (0.99)^2 = 0.23$$

とすると，事態は10倍以上改善される．ただし，この人為的操作は当然な

---

[17] リッジ回帰には見かけ上若干の不自然さがあるが，それはベイズ統計学的に解消する（第14章）．

がら，一見分析を歪める ―― 結果はバイアス（偏り）を与える ―― ことになるが，結果的にはかえって好ましい．対角項に k を加え，R を

$$\begin{pmatrix} 1+k & r_{12} & & r_{1p} \\ r_{21} & 1+k & & \\ & & \ddots & \\ r_{p1} & & & 1+k \end{pmatrix} \quad (p \times p)$$

と変形しよう．行列式の計算法によれば，k がきわめて大きければ $(1+k)^p$ が効いてこの行列式の値は 0 から大きく遠ざかる（正則性）．ただし，むやみに大きくすると問題を変えることになるから，最適な k をふつうは $0 \leq k \leq 1$ で見出す．この方法を「リッジ回帰」[18] Ridge regression という．リッジ回帰は推定にわずかに 0 へ向っての偏りをもたらすが，多変共線性から脱出できて残差はかなり減少する．したがって，適切な k を探すための試行が必要で「リッジ・トレース」（ここでは，図は省略する）はそれである．

§9.5 対処法 (2) ―主成分回帰

9.5.1 固有値問題による変数を再構成

主成分分析による方法で，多変量解析の一つである．多くの変数の一部に相関があることかつ，その一部の原因を除き ―― ただし，その変数は情報として維持する ―― 健全な部分を再構成して用いる．この再構成には多少の智恵が必要で，線形代数にいう「固有値問題」を利用する方法である．固有値問題は多変量解析でも頻用されるが，数学的には親しみにくく，初学者には敷居が高い．したがって，この機会を利用して固有値問題それ自体につきごく初歩的な導入解説をすることに意義がある．

---

[18] ridge は '山並み' の意．対角線に k 以上の数が一列に並んでいる形を形容している．

コラム❶ 固有値早わかり

まず，マトリクス（行列）は多くの数のある集まりであり，単一の数――スカラーという――とは異なり，多くの働きや性質を持つ．たとえば，二つの書き方

$$\begin{cases} u = 2x + y \\ v = x + 2y \end{cases}, \quad \begin{pmatrix} u \\ v \end{pmatrix} = \begin{pmatrix} 2 & 1 \\ 1 & 2 \end{pmatrix} \begin{pmatrix} x \\ y \end{pmatrix}$$

は同じ内容だが，右の行列は一つの働き－「作用素」「演算子」operator（オペレーター）――であることを簡潔に強調している．ところで，この行列――Aとしておこう――が，ちょうど

$$\begin{pmatrix} 2 & 1 \\ 1 & 2 \end{pmatrix} \begin{pmatrix} 1 \\ 1 \end{pmatrix} = 3 \begin{pmatrix} 1 \\ 1 \end{pmatrix}, \quad \begin{pmatrix} 2 & 1 \\ 1 & 2 \end{pmatrix} \begin{pmatrix} 1 \\ -1 \end{pmatrix} = 1 \begin{pmatrix} 1 \\ -1 \end{pmatrix}$$

を満たすところを見ると，ある特別の場合だが，Aが'3'あるいは'1'の働きを持っていることがわかる．つまり，やや乱暴な云い方だが，'$A = 3, 1$'という二つの特別な値を――外からわからないが――持っている，と云ってよい[19]．この'特別な値'をAの「固有値」eigenvalue[20]この特別の場合（ベクトル）を「固有ベクトル」eigenvectorという．

この 3, 1, あるいはベクトル (1, 1), (1, −1) をどのようにして知るのだろうか．それが固有値問題である．固有値，固有ベクトルは，難しい印象を与えているものの，行列に含まれているさまざまな重要かつ有用な本質を表していて，行列を用いる限りにおいてあらゆる分野で重要な役割を果たし，統計分析もその例外ではない．

統計分析に出て来る固有値問題は幸いにもスジの良いもので，対称で（すでに触れた）かつ正値（線形代数のテキスト参照）の行列に限られるがこれ以上気にしなくてよい．その求め方は簡単にいうと，正値対称行列Aに対し，まず

　　　行列の対角項の和（トレース）：$\mathrm{tr}(A)$

　　　行列の行列式：$|A|$

として，2次方程式[21]

---

[19] 実際，物理学においては，'物理量'は演算子（作用素）で表されるとされている．
[20] eigen はもとは英語でなくドイツ語であり，二カ国語の構成である．Wert（値）を用いて Eigenwert とするのが原語である．
[21] 容易にかわるように，対称行列に対しては必ず実根となる．

$$\lambda^2 - \mathrm{tr}(A)\cdot\lambda + |A| = 0 \qquad (固有方程式)$$

の 2 根 λ_1, λ_2 が固有値となる[22]．次にこの λ（$=\lambda_1$, λ_2）に対して，先に見た関係式の内容を連立方程式として解くと，固有ベクトル x（要素 $=x$, y）が得られる．ただし，$x:y$ の比だけが決まるだけなので，その限りで x, y を適宜決めればよい．

ここの例では，

$$A = \begin{pmatrix} 2 & 1 \\ 1 & 2 \end{pmatrix}$$

に対し，$\mathrm{tr}(A) = 4$, $|A| = 3$ から

$$\lambda^2 - 4\lambda + 3 = 0 \quad \therefore \quad \lambda = 3,\ 1$$

であり，固有値は 3, 1 である．まず，$\lambda = 3$ に対しては，

$$\begin{cases} 2x + y = 3x \\ x + 2y = 3y \end{cases}$$

を解くと $x = y$，つまり $x:y = 1:1$ だから，キリよく $x = 1$, $y = 1$ と選ぶ．

また $\lambda = 1$ とすると

$$\begin{cases} 2x + y = x \\ x + 2y = y \end{cases}$$

から $y = -x$ つまり $x:y = 1:(-1)$ で，$x = 1$, $y = -1$ と選ぶ．

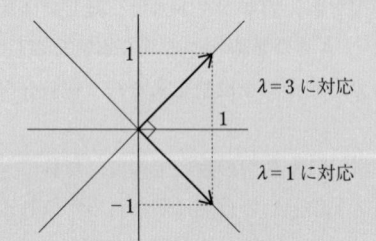

固有値 $\lambda = 3$, 1 に対する固有ベクトル

ここで見るように，正値対称行列 A に対しては[23]

 i) 固有値 λ_1, λ_2 はすべて実数かつ正
 ii) 異なった固有値に対する固有ベクトルは直交
 iii) 固有値の積，積には根と係数の関係からそれぞれ
$$\lambda_1 + \lambda_2 = \mathrm{tr}(A), \quad \lambda_1 \lambda_2 = |A|$$

---

22) 線形代数の説明は最小限とするので，これらの導出は必要に応じて後述とする．
23) この性質は多変量解析で用いられる重要性質であるが，必要なとき用いればよい．

が成立している．

　今一つ，下記の A に対しても，固有値 λ，固有ベクトル x（要素は x, y）をいっそうの理解のため示しておこう．ただちに，ⅰ），ⅱ），ⅲ）の成立が確認される．

$$A = \begin{pmatrix} 3 & 2 \\ 2 & 6 \end{pmatrix}; \lambda = 7, 2,$$

$\lambda = 7$ に対して，$(x, y) = (2, -1)$，$\lambda = 2$ に対して，$(x, y) = (1, 2)$

9.5.2 統計学でも固有値

重回帰分析では独立変数(および定数1)の行列 X から始まり,$X'X$ ついで $(X'X)^{-1}$ と進めるので,多重共線性が起こるとすればこれらの行列の中にその原因がある.それを固有値問題で探ることができる.ここではそのヒントとして単回帰で説明しよう[24)].まず,データ x はほとんど変わらない.すなわち定数項とその点できわめて似ている[25)] 変数としよう.

x	10.1	10	10	10	10
y	–	–	–	–	–

x がほぼ定数である変数であるデータ(y は無関係)

したがって,手順に従って

$$X = \begin{pmatrix} 1 & 10.1 \\ 1 & 10 \\ 1 & 10 \\ 1 & 10 \\ 1 & 10 \end{pmatrix}, \quad X'X = \begin{pmatrix} 5 & 50.1 \\ 50.1 & 502.01 \end{pmatrix}, \quad (X'X)^{-1} = \begin{pmatrix} 1024.69 & -102.24 \\ -102.24 & 502.01 \end{pmatrix}$$

なる結果を得る[26)] が,見ての通り $(X'X)^{-1}$ が異様である.これを用いると(y の桁数にも依るが)得られる $\hat{\beta}_1, \hat{\beta}_2$ が数万,数十万,数百万と元のデータから想像もできないおよそ似つかわしくない'爆発的'結集となるであろう.当然符号も信頼できない.これこそ多重共線性の感覚でもある.ただし,これは正式には「多重共線」とはいわない.

ちなみに,固有値を求めると,$\mathrm{tr}(X'X) = 507.1$ はいいとして,

$$|X'X| = 0.49 \fallingdotseq 0, \text{ これから,} \lambda_1 = 507.099034, \lambda_2 = 0.00096628$$

この現象は,数学的には,$|X'X|$ がほぼ 0 のときに起こり,したがって,固有値の中に —— 最小固有値として —— 極端に小さい事実上の 0 がある.
多重共線性は独立変数間の間だけで起こるものである.独立変数だけを考

---

24) 本来的に独立変数が二つ以上のときに多重共線性が起こるとされるが,単回帰でも本質的に同じ現象が起こる.ここではもっぱら理解のために単回帰で説明する.
25) 一方が定数であるときは'相関係数'という言葉は使わない.
26) Excel の MINVERSE による.以下の行列式も MDETERM を用いよ.

え，定数項をアプリオリに $\hat{\beta}_0 \equiv 0$ をしてもかまわないモデルを考える．1変数で知っているように平均 $\bar{x}$, $\bar{y}$, 標準偏差 s_x, s_y を用いると回帰方程式は

$$\frac{y-\bar{y}}{s_y} = r \frac{x-\bar{x}}{s_y}$$

となるから，新しい変数 $y' = (y-\bar{y})/s_y$, $x' = (x-\bar{x})/s_x$ を用いると，定数項は消える．かつその平均は $\bar{x}'=0$, $\bar{y}'=0$，その分散は $s_{x'}^2=1$, $s_{y'}^2=1$ となるので，「標準化変数」といわれる（標準化変数では単位が消え，無名数となっているので，その名称のごとく共通に演算でき，後のために都合がよい）．

標準化して x_1', x_2' を考えるが両者の2通りの相関係数[27]は

$$r(x_1', x_2') = r(x_1, x_2)$$

のように変わらず，関係はそのまま持ち越される．なお，以降 x' のみを考えることとして，'は記法上省略する．

9.3.3項のデータをシミュレーションしよう．標準化すると，

| x_1 | -1.330821 | -0.950586 | -0.190117 | 0.190117 | 0.570352 | 1.711055 |
| x_2 | -1.345150 | -0.924392 | -0.197629 | 0.184878 | 0.567386 | 1.714907 |

となり，2変数が事実上同一であることが目で見てわかる．これに対して回帰分析（定数はない）を強行すると，

$$X'X = \begin{pmatrix} 6.000000 & 5.999501 \\ 5.999501 & 6.000000 \end{pmatrix}, \quad (X'X)^{-1} = \begin{pmatrix} 1001.085784 & -1001.002448 \\ -1001.002448 & 1001.085784 \end{pmatrix}$$

で，$(X'X)^{-1}$ は異常を示している．実際，

$$|X'X| = 0.005993, \quad r(x_1, x_2) = 0.999917$$

から，極端な多重線形性が起こっている．そこで，$X'X$ の固有値，固有ベク

---

[27] ここに限って相関係数は $r(\ ,\ )$ と記する．

トル[28]を調べるとそれぞれ

$$\lambda_1 = 11.999501, \begin{pmatrix} 1 \\ 1 \end{pmatrix} ; \lambda_2 = 0.000499, \begin{pmatrix} 1 \\ -1 \end{pmatrix}$$

で,たしかに $\lambda_2 \fallingdotseq 0$ が多重共線の'犯人'である.($\lambda_1 \lambda_2 = |X'X| \fallingdotseq 0$ だから,λ に $\fallingdotseq 0$ が含まれるはずである).固有ベクトルは互いに直交している.

9.5.3 主成分の構成

この固有ベクトルを利用して,変数 x_1, x_2 を組み替えて新変数

$$z_1 = x_1 + x_2 \quad , \quad z_2 = x_1 - x_2$$

を作ってみよう[29].

$$\begin{pmatrix} -1.892197 \\ -1.325810 \\ -0.274178 \\ 0.265162 \\ 0.804502 \\ 2.422521 \end{pmatrix} \text{すなわち,} \begin{pmatrix} 0.010132 \\ -0.018522 \\ 0.005311 \\ 0.003704 \\ 0.002097 \\ -0.002724 \end{pmatrix}$$

後の便宜のため $\sqrt{2}$ で割ってある

で,これが「主成分」principal component といわれる量である.

この性質を調べるために n 通りの z_1, z_2 の値

$$z_{1i} = x_{1i} + x_{2i}, \quad z_{2i} = x_{1i} - x_{2i}, \quad (i = 1, 2, \cdots, n)$$

を縦 2 列に並べて Z,固有ベクトルを並べて U とすると,Z と X の関係は

$$Z = XU$$

となる.以後,進行をスッキリ統一的に見るために行列演算に従う.

まず,z_1, z_2 の分散,共分散を調べるために,$\Sigma z_{1i}^2/n$, $\Sigma z_{2i}^2/n$, $\Sigma z_{1i} z_{2i}^2/n$ を作るが,これらの平方和,積和の部分は

$$Z'Z = U'X'XU$$

から計算できる.この両辺を n で割り,$X'X/n$ が標準化変数の分散・共分散,

---

[28] 固有ベクトルの長さは任意であるが,式を見やすくするためしばらくはこのままとする.後述参照.
[29] 初学者はここを飛ばしてシミュレーションに行ってもよい.

したがって元変数の相関係数行列であること，およびその固有値，固有ベクトルの関係から

$$(X'X)/n \cdot \begin{pmatrix} 1 \\ 1 \end{pmatrix} = \lambda_1 \begin{pmatrix} 1 \\ 1 \end{pmatrix}, \quad (X'X)/n \cdot \begin{pmatrix} 1 \\ 1 \end{pmatrix} = \lambda_2 \begin{pmatrix} 1 \\ -1 \end{pmatrix}$$

まとめて

$$(X'X)/n \cdot U = U \begin{pmatrix} \lambda_1 & 0 \\ 0 & \lambda_2 \end{pmatrix}$$

と表せる．ここに λ は X の相関係数の固有値である．よって，

$$Z'Z/n = U'U \cdot \Lambda, \quad \text{ただし} \begin{pmatrix} \lambda_1 & 0 \\ 0 & \lambda_2 \end{pmatrix}$$

右辺が複雑に見えるが，$U'U$ を見ると，$1 \cdot 1 + 1 \cdot 1 = 2, 1 \cdot 1 + 1 \cdot (-1) = 0$（直交関係）などから，すっきりと

$$U'U = \begin{pmatrix} 2 & 0 \\ 0 & 2 \end{pmatrix} \quad \therefore \quad Z'Z/n = 2\Lambda$$

ここで，2 が出るのは本質的ではない[30]．Z を $\sqrt{2}$ で割って，あらためて

$$z_1 = \frac{x_1 + x_2}{\sqrt{2}}, \quad z_2 = \frac{x_1 + x_2}{\sqrt{2}}$$

と定義しなおすと，この z に対しては，分散，共分散は最終的に

$$Z'Z/n = \Lambda$$

で与えられる．以上，主成分分析は K. ピアソンの創案による．

9.5.4 主成分で回帰

主成分 z_1, z_2 に対しては

（ⅰ）　z_1, z_2 間に相関はなく無相関（固有ベクトルが直交しているため）
（ⅱ）　z_1 の分散 $= \lambda_1, z_2$ の分散 $= \lambda_2$ （λ は x_1, x_2 の相関行列の固有値）

---

[30] これは固有ベクトルの長さをあらかじめ 1 に揃えれば出ない定数であるが（前述），ここで $\sqrt{2}$ で割ることにした．

（iii） $\lambda_1 + \lambda_2 = 2$，一方 x_1, x_2 の各分散 1 の和 = 2 で，x_1, x_2 の全データの中の分散が z_1, z_2 の分散に重なることなく割りふられている．

（iv） 各 z_1, z_2 に割りふられた部分の寄与は分散 λ_1, λ_2 の大小で決まり，$\lambda_1 > \lambda_2$ なら z_1 が z_2 よりもこの大きさに比例して効いている．

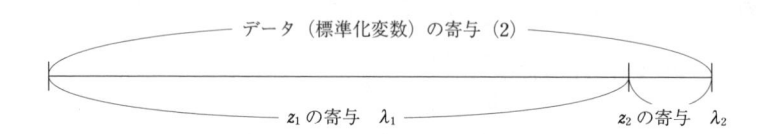

```
          ── データ（標準化変数）の寄与 (2) ──
    ├─────────────────────────────┼──────┤
       ── $z_1$ の寄与  $\lambda_1$ ──      $z_2$ の寄与  $\lambda_2$
```

結局，z_1, z_2 は，当初重なっていた x_1, x_2 を組み替えて互いに別々の（純粋な）部分に分散した二つの'成分'に相当し，その構成比は λ_1, λ_2 である．その'化学的分析'のイメージから z_1, z_2 をそれぞれ「第 1，第 2 主成分」the 1st, 2nd components という．この組み替えの意義は x_1, x_2 の全データの分散は維持しながらも，組み替え後の z_1, z_2 は文字通り完全に無相関になり，したがって重回帰分析の適用においても当初かなり重なっていた x_1, x_2 の多重共線性は完全に除去された．

以後，独立変数を x_1, x_2 から z_1, z_2 にとり換えて行う重回帰分析を「主成分回帰」principal component regression という．

💻 シミュレーションおよび実例

扱ってきた $p = 2$ のシミュレーションでは次の標準化された x, y に強い多重共線性が見られた（下表左）．これを元にした第 1，第 2 主成分が下表右である．かつ第 2 主成分は分散が $\lambda_2 = 0.000499$ ときわめて小さく，すべての主成分は平均 0 にセンタリングされ，ほぼ 0 となっている．

x_1	x_2	PC1	PC2
-1.330821	-1.345150	-1.892197	0.010132
-0.950586	-0.924392	-1.325810	-0.018522
-0.190117	-0.197629	-0.274178	0.005311
0.190117	0.184878	0.265162	0.003704
0.570352	0.567386	0.804502	0.002097
1.711055	1.714907	2.422521	-0.002724

　以上が主成分の最も重要な最終的結論であるが,教育目的の計算としては以上を確認するための,(ⅰ)相関行列の計算,(ⅱ)固有値,固有ベクトルの確認,(ⅲ)標準化変数値の算出,(ⅳ)各種成分値の算出,(ⅴ)その分散・共分散の計算である.

　主成分を新たな独立変数として行う重回帰分析が主成分回帰である.最後の主成分の分散は小さくほぼ定数で回帰分析に寄与しないことが期待される.ただし,この予想が成立することもある一方,必ずしもそうでなく,これを外すとき上位の主成分 t 値が影響を受けて落ちることもある.最後の主成分の回帰への寄与は小さいと速断できない[31].

---

31)　定数項のない回帰分析となる.

コラム❷ 計量経済学への応用

多重線形性はモデルの欠陥ではなく，データの問題であり，実例を挙げることで理解がすすむ．後述の例は計量統計学のデータでマランヴォー[32]により分析されたフランスのマクロ経済学のデータである．手短に紹介しよう．

   IMPORT＝輸入， DOPROD＝国内純生産，
   STOCK＝資産形成， CONSUM＝国内消費

INPORTを従属変数として重回帰分析を行う．R^2 は高く，残差パターンもほぼランダムで，その点はパスする．しかし，DOPROD の t 値が低くかつ符号が逆であり，典型的な多重線形性が生じている．実際独立変数[33]の相関行列は

$$\begin{array}{c|ccc} & \text{DOPROD} & \text{STOCK} & \text{CONSUM} \\ \hline \text{DOPROD} & 1.000 & 0.026 & 0.997 \\ \text{STOCK} & 0.026 & 1.000 & 0.036 \\ \text{CONSUM} & 0.997 & 0.036 & 1.000 \end{array}$$

であり，当然 DOPROD と CONSUM には強い相関がある．

主成分を計算するために，相関行列の固有値，固有ベクトルを求めよう．

$$\lambda_1=1.999 \quad \lambda_2=0.998 \quad \lambda_3=0.003$$
$$\begin{pmatrix} 0.706 \\ 0.044 \\ 0.707 \end{pmatrix} \quad \begin{pmatrix} -0.036 \\ 0.999 \\ -0.026 \end{pmatrix} \quad \begin{pmatrix} -0.707 \\ -0.007 \\ 0.707 \end{pmatrix}$$

たしかに $\lambda_3 \fallingdotseq 0$ であり，これが多重共線と符合している．なお，$\lambda_1+\lambda_2+\lambda_3=3$ に注意する[34]．したがって，3つの主成分は x_1, x_2, x_3 を標準化された DOPROD, STOCK, CONSUM として，

  PC1 $z_1=0.706x_1+0.044x_2+0.707x_3$
  PC2 $z_2=-0.036x_1+0.999x_2-0.026x_3$
  PC3 $z_3=-0.707x_1-0.007x_2+0.707x_3$

となり，この順に寄与がある．これら各主成分の値は次表のようになる．

---

[32] Malinvaud フランスの経済学者でノーベル経済学賞の初期設定時の受賞者である．
[33] 計量経済学では「説明変数」といわれている．
[34] このようなチェックは数理的理解を深める一助となる．また，$(0.706)^2+(0.044)^2+(0.707)^2=1$ などにも留意．

年	PC1	PC2	PC3
1949	−2.1258	0.6394	−0.0204
50	−1.6189	0.5561	−0.0709
51	−1.1153	−0.0726	−0.0216
52	−0.8944	−0.0821	0.0110
53	−0.6449	−1.3064	0.0727
54	−0.1907	−0.6591	0.0266
55	0.3593	−0.7438	0.0427
56	0.9726	1.3537	0.0627
57	1.5600	0.9635	0.0233
58	1.7677	1.0146	−0.0453
59	1.9304	−1.6633	−0.0809

異なった主成分は無相関であることの他,第3主成分はマランヴォーのフランス経済データの分散の寄与が$\lambda_3=0.003$と小さい.各主成分は平均=0のため,PC3は結局ほぼ定数0である.各主成分の分散・共分散は次の通り.

$$\begin{array}{c|ccc} & \text{PC1} & \text{PC2} & \text{PC3} \\ \hline \text{PC1} & 1.999 & 0 & 0 \\ \text{PC2} & 0 & 0.998 & 0 \\ \text{PC3} & 0 & 0 & 0.003 \end{array}$$

<元データ>

年	IMPORT	DOPROD	STOCK	CONSUM
49	15.9	149.3	4.2	108.1
50	16.4	161.2	4.1	114.8
51	19.0	171.5	3.1	123.2
52	19.1	175.5	3.1	126.9
53	18.8	180.8	1.1	132.1
54	20.4	190.7	2.2	137.7
55	22.7	202.1	2.1	146.0
56	26.5	212.4	5.6	154.1
57	28.1	226.1	5.0	162.3
58	27.6	231.9	5.1	164.3
59	26.3	239.0	0.7	167.6
60	31.1	258.0	5.6	176.8
61	33.3	269.8	3.9	186.6
62	37.0	288.4	3.1	199.7
63	43.3	304.5	4.6	213.9
64	49.0	323.4	7.0	223.8
65	50.3	336.8	1.2	232.0
66	56.6	353.9	4.5	242.9

§9.5 対処法(2)—主成分回帰

第 10 章

重回帰分析の実際と発展

　見かけの上で戻った感もあるが，分野によっては，一般線形モデルよりも変数間の相関関係から注意深く個別に見た方がよい（心理学，行動科学の分野など）．個別変数の意味，個別ケースの検討にも備えて，必要な展開を解説するが，式のフォローもこの程度なら努力の範囲であろう．これで回帰分析は閉じられ，初学者は 8 合目までえ到達したであろう．

§ 10.1 回帰分析の理解

10.1.1 回帰分析と相関関係

重回帰分析は有用であるが,現象は本来入り組んでいる.行列による表し方は統一的な見通しはよくなるが,初学者には必ずしも細部の理解の点で有益とは限らない.また,文系の読者にはハードである.多少こみ入っても,2独立変数のケースは相当の所まで初歩的に——'高校生にも計算できる'ように——書き下せる[1]).これによって,計算は細かく量は多いが,その途次で現象理解が実践的に進む.

まず,β_1,β_2の定め方として,

$$y_i = \beta_0 + \beta_1 x_{1i} + \beta_2 x_{2i} + \varepsilon_i \qquad (i = 1, \cdots, n)$$

から,直接に最小二乗法で,正規方程式

$$\begin{cases} n\beta_0 + \sum x_{1i}\beta_1 + \sum x_{2i}\beta_2 = \sum y_i \\ \beta_0 + \sum x_{1i}^2 \beta_1 + \sum x_{2i}\beta_2 = \sum x_{1i}y_i \\ \beta_0 + \sum x_{1i}x_{2i}\beta_1 + \sum x_{2i}^2 \beta_2 = \sum x_{2i}y_i \end{cases}$$

が得られる.

これを解くが,このままでは繁雑で,直接解くことは避けたい.それにはまず第1式から

$$\beta_0 + \bar{x}_1\beta_1 + \bar{x}_2\beta_2 = \bar{y} \quad \therefore \quad \beta_0 + \bar{y} - \bar{x}_1\beta_1 - \bar{x}_2\beta_2$$

よって,β_1,β_2の値,$\hat{\beta}_1$,$\hat{\beta}_2$が得られればよい.そこで,これをy_iの式に代入すると,第2,第3式で,x_{1i},x_{2i},y_iはすべて対応する偏差

$$X_{1i} = x_{1i} - \bar{x}_1, \ X_{2i} = x_{2i} - \bar{x}_2, \ Y = y - \bar{y}$$

に置き替わり,かつβ_0が消える.よって,正規方程式は2元に還元され,多少見通しがよくなる[2]).

$$\begin{cases} \sum x_{1i}^2 \beta_1 + \sum x_{1i}x_{2i}\beta_2 = \sum X_{1i}Y_i \\ \sum X_{1i}X_{2i}\beta_1 + \sum X_{2i}^2 \beta_2 = \sum X_{2i}Y_i \end{cases}$$

---

1) 林(周),柳井,高根など参照.ただし,以下の展開も行列でも,多少レベルは高いが,可能である.
2) Hoelは第1式から直接に第2,3式を導くアプローチをとっている.

これから，ただちに β_1, β_2 が次式のように得られるが，これは行列では直接見られなかった結果である．クラメールの公式から

$$\hat{\beta}_1 = (\sum X_{2i}^2 \cdot \sum X_{1i}Y_i - \sum X_{1i}X_{2i} \cdot \sum X_{2i}Y_i)/D$$

$$\hat{\beta}_2 = (\sum X_{1i}^2 \cdot \sum X_{2i}Y_i - \sum X_{1i}X_{2i} \cdot \sum X_{1i}Y_i)/D$$

ただし，ここで，D は係数の行列式で

$$D = \sum X_{1i}^2 \cdot X_{2i}^2 - (\sum X_{1i} \cdot X_{2i})^2$$

である．

さらに進めよう．X_{1i}, X_{2i}, Y_i が偏差であることを思い出せば，x_1, x_2 の各分散，および3通りの共分散[3]を，それぞれ，s_1^2, s_2^2, そして c_{12}, c_{1y}, c_{2y} として，ほぼ最終的に

$$\hat{\beta}_1 = \frac{s_2^2 c_{1y} - c_{12}c_{2y}}{s_1^2 \cdot s_2^2 - c_{12}^2}, \quad \hat{\beta}_2 = \frac{s_1^2 c_{2y} - c_{12}c_{1y}}{s_1^2 \cdot s_2^2 - c_{12}^2}$$

が得られる．これは x_1, x_2 の記述統計量だけから出る便利な式である[4]．

これには y の分散 s_y^2 が入っていないが，これを入れるなら，相関係数 r_{12}, r_{1y}, r_{2y} だけを使って，最終結果として

$$\hat{\beta}_1 = \frac{s_y}{s_1} \frac{r_{1y} - r_{12}r_{2y}}{1 - r_{12}^2}, \quad \hat{\beta}_2 = \frac{s_y}{s_2} \frac{r_{2y} - r_{12}r_{1y}}{1 - r_{12}^2}$$

に達する．これなら，3通りの標準偏差，3通りの相関行列よりストレートに計算できる．これはちょうど一変数のときの関係式

$$\hat{\beta} = \frac{s_y}{s} r$$

に対応している．これらの結果は，回帰分析が相関関係のある用い方であることを示している．ことに分母が印象的である．また，分子の−以下の調整にも注意．

これら $\hat{\beta}_1$, $\hat{\beta}_2$ を求めるシミュレーションとして，次のデータに対して

---

[3] n で割っても $n-1$ で割ってもかまわない．
[4] ただし，Excel には共分散を一挙に計算する関数式はない．

手際よく計算しよう.

x_1	1	3	2	5	4
x_2	-2	1	6	2	3
y	-0.450348239	6.083475248	17.36638596	13.91471031	14.79752533

y は $\beta_1 = 2.0$, $\beta_2 = 3.0$, $\sigma^2 = 1.5^2 = 2.25$ として正規乱数より作ってある.

これに対して,

$$s_1 = 1.58, \quad s_2 = 2.92, \quad s_y = 7.36$$

$$r_{12} = 0.271, \quad r_{1y} = 0.562, \quad r_{2y} = 0.932$$

と計算する(s^2 は不偏分散係数)と, ただちに

$$\hat{\beta}_1 = \frac{7.36}{1.58} \cdot \frac{0.562 - (0.271)(0.932)}{1 - (0.271)^2} = 1.55, \quad \hat{\beta}_2 = 2.12$$

$$\beta_0 \equiv 0 \quad \text{(偏差で)}$$

と求まり, 重回帰方程式は偏差で

$$Y = 1.55 X_1 + 2.12 X_2,$$

さらに $\bar{x}_1 = 3.0$, $\bar{x}_2 = 2.0$, $\bar{y} = 10.34$ と計算すると,

$$y = 1.43 + 1.55 x_1 + 2.12 x_2$$

と得られる. '手続だけ知りたい' 初学者には最短距離はこれである.

10.1.2 決定係数, 重相関係数を求めよう

ここまで, 得られれば, 決定係数, 重相関係数も相関係数から求めることは造作ない. まず, 回帰による変動は,

$$SS_R = \Sigma(\hat{\beta}_1 X_{1i} + \hat{\beta}_2 X_{2i})^2 = \hat{\beta}_1^2 (ns_1^2) + 2 \cdot \hat{\beta}_1 \hat{\beta}_2 (nc_{12}) + \hat{\beta}_2^2 (ns_2^2)$$

となる. $\hat{\beta}_1$, $\hat{\beta}_2$ を代入し多少の単純な計算をすると, $ns_y^2 (= SS_T)$ を除いて次式となり, したがって SS_T で割った

$$R^2_{y \cdot 12} = \frac{r_{1y}^2 + r_{2y}^2 - 2 r_{12} r_{1y} r_{2y}}{1 - r_{12}^2} \qquad (R^2_{y \cdot 12} = SS_R / SS_T)$$

が決定係数, 重相関係数は

$$R_{y \cdot 12} = \sqrt{\frac{r_{1y}^2 + r_{2y}^2 - 2r_{12}r_{1y}r_{2y}}{1 - r_{12}^2}}$$

となる．このように，回帰方程式を経ないで，3通りの相関係数から直接に求められる．相関係数は（もとの）相関係数だけから求められるのである．

また，ふたたび分母に注目しよう．

前シミュレーション例では，下記一連の相関係数からストレートに

$$R_{y \cdot 12}^2 = \frac{(0.562)^2 + (0.932)^2 - 2(0.271)(0.562)(0.932)}{1 - (0.271)^2} = 0.972$$

$$R_{y \cdot 12} = \sqrt{0.972} = 0.986$$

が得られる．

	x_1	x_2	y data
x_1	1		
x_2	0.271163072	1	
y data	0.562162252	0.932073974	1

また次のことは常識として確認しておこう．単回帰のときは以上の論で x_{1i}, X_{1i} だけであるので

$$R^2 = r^2, \quad R = |r|$$

であり，逆に R が相関係数の一般化であることがわかる．

10.1.3　t 値の計算

$\hat{\beta}_1$, $\hat{\beta}_2$ の帰無仮説 $H_1 : \beta_1 = 0$, $H_2 : \beta_2 = 0$ の有意性検定に必要な $\hat{\beta}_1$, $\hat{\beta}_2$ の分散 $V^2(\hat{\beta}_1)$, $V^2(\hat{\beta}_2)$ およびその推定値，さらに標準誤差そして t 値は次のように求められる．元のデータ（ただし，偏差データ）まで戻ると，

$$X = \begin{pmatrix} X_{11} & X_{21} \\ X_{12} & X_{22} \\ \vdots & \vdots \\ X_{1n} & X_{2n} \end{pmatrix}, \quad = \begin{pmatrix} Y_1 \\ Y_2 \\ \vdots \\ Y_n \end{pmatrix}$$

がスタートとなる．X には定数項に対応する1はない．しかして，

$$X'X = \begin{pmatrix} \sum X_{1i}^2 & \sum X_{1i}X_{2i} \\ \sum X_{1i}X_{2i} & \sum X_{2i}^2 \end{pmatrix}, \quad (X'X)^{-1} = \begin{pmatrix} \sum X_{2i}^2 & -\sum X_{1i}X_{2i} \\ -\sum X_{1i}X_{2i} & \sum X_{1i}^2 \end{pmatrix} \Big/ D$$

これから $\hat{\beta}_1$, $\hat{\beta}_2$ の分散は $\sigma^2(X'X)^{-1}$ によって与えられて,

$$V^2(\hat{\beta}_1) = \sigma^2 \frac{\sum X_{2i}^2}{\sum X_{1i}^2 X_{2i}^2 - (\sum X_{1i}X_{2i})^2}$$

$$= \sigma^2 \frac{(n-1)s_2^2}{(n-1)s_1^2 \cdot (n-1)s_2^2 - ((n-1)c_{12})^2}$$

$$= \frac{\sigma^2}{(n-1)s_1^2(1-r_{12}^2)},$$

$$V^2(\hat{\beta}_2) = \frac{\sigma^2}{(n-1)s_2^2(1-r_{12}^2)}$$

となる.r_{12} を通じて他変数の影響が及ぶ所が関心を引く.

ここまでくれば,あとは $\sqrt{\ }$ をとって,回帰係数 $\hat{\beta}_1$, $\hat{\beta}_2$ の標準誤差

$$s.e.(\hat{\beta}_1) = \sqrt{s^2(\hat{\beta}_1)}, \quad s.e.(\hat{\beta}_2) = \sqrt{s^2(\hat{\beta}_2)}$$

を求める.σ^2 には $\hat{\sigma}^2$ を代入する.$\hat{\beta}_1$, $\hat{\beta}_2$ の有意性をそれぞれの t 値

$$t_1 = \hat{\beta}_1/s.e.(\hat{\beta}_1), \quad t_2 = \hat{\beta}_2/s.e.(\hat{\beta}_2)$$

で測り,これが有意であるかを自由度 $n-3$ の t 分布 $t(n-3)$ でチェックすればよい.

$$\hat{\sigma}^2 = \frac{SS_E}{n-2} = \frac{SS_T(1-R_{y\cdot12}^2)}{n-2} = \frac{(n-1)s_y^2(1-R_{y\cdot12}^2)}{n-2}$$

💻回帰係数 $\hat{\beta}_1$, $\hat{\beta}_2$ の t 値を求め,検定を行うシミュレーションを続けよう.まず,s_y^2, $R_{y\cdot12}^2$ から

$$\hat{\sigma}^2 = \frac{4(7.36)^2(1-(0.972)^2)}{3} = 3.02$$

であり,次に,s_1, s_2, r_{12} を用いて,結果

$$V^2(\hat{\beta}_1) = \frac{3.02}{4(1.58)^2(1-(0.271)^2)} = 0.35, \quad V^2(\hat{\beta}_2) = 0.10 (推定値)$$

に行きつく．

あとは9.1.2項と同じである．要は$p=2$の場合は，計算の手間さえいとわなければ，各3通りの平均，標準偏差，相関係数で重回帰分析ができるわけである．

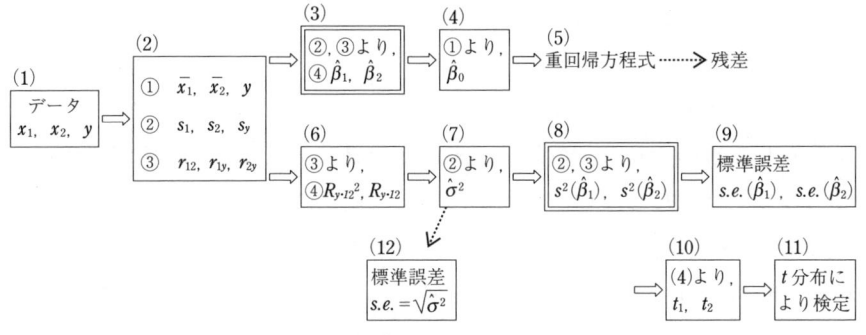

```
(1) データ              (2) ① $\bar{x}_1, \bar{x}_2, \bar{y}$      (3) ②,③より，    (4) ①より，    (5)
    $x_1, x_2, y$   →      ② $s_1, s_2, s_y$  →   ④ $\hat{\beta}_1, \hat{\beta}_2$   →   $\hat{\beta}_0$   →  重回帰方程式 ……→ 残差
                        ③ $r_{12}, r_{1y}, r_{2y}$   (6) ③より，    (7) ②より，   (8) ②,③より，   (9) 標準誤差
                                              ④ $R_{y·12}{}^2, R_{y·12}$   $\hat{\sigma}^2$   $s^2(\hat{\beta}_1), s^2(\hat{\beta}_2)$   $s.e.(\hat{\beta}_1), s.e.(\hat{\beta}_2)$

                                              (12) 標準誤差                         (10) (4)より，  (11) $t$分布に
                                                   $s.e.=\sqrt{\sigma^2}$                $t_1, t_2$       より検定
```

(1) 原データ　　　　　　(5) 重回帰方程式　　　　　　　　　(8) 回帰係数の分散
(2) 要約統計量　　　　　(6) 決定係数†，重相関係数†　　　(9) 同，標準誤差†
(3),(4) 標本回帰係数†　(7),(12) 誤差の推定値，推定値の標準誤差†　(10) t値†
　　　　　　　　　　　　　　　　　　　　　　　　　　　　　† Excelが出力する

重回帰分析理解のための重要統計量の計算（Excel）と検定の流れ：手引き

§10.2　重回帰分析を使いこなす[5]

回帰分析は，統計パッケージ（高度なものは別として）が，ふつうただ一枚の結果表を出力するだけで，初学者がこれを読み込むのは大変である．実際，回帰分析の奥は深い．回帰係数はなぜ正式には '偏回帰係数' といわれるのか，'偏' とは何を意味するのか，決定係数をどう読むのか，t値はいいとして，その標準誤差の判断そして，しばしば問題になる多重共線性，また時系列データに対しては誤差の非独立性（系列相関），誤差の不均一性（不揃い）などが，さし当たり知っておくべき課題ないし問題リストである．その他，いわゆる影響力データの検出などがある．多重共線性は既に済んだのでそれ以外の簡潔な解説を与えよう．

---

[5] 本節の各項は回帰分析のより深い理解，あるいは出力の読み方に関係し，それぞれ独立した内容を持つ．

10.2.1 「偏回帰係数」の意味

今まで省略してきた '偏' の意味は意外と大きい．重回帰方程式

$$y = \beta_0 + \beta_1 x_1 + \beta_2 x_2$$

の β_1 は x_2 を一定に固定した条件で，x_1 が 1 単位増減したときの y の値の変化を表すと表現されている[6]が，それは必ずしも正確ではない．他の変数が一定というなら

$$y = \beta_0' + \beta_1' x_1$$

を仮定して求めた β_0'，β_1' は $\beta_0' = \beta_0$，$\beta_1' = \beta_1$ とならなければならないが，もちろんそうはならない．なぜなら，x_1 の変化にはそれと関係している x_2 の変化による部分もあるはずで，純粋に x_1 の変化による部分を見るためには，x_1 から x_2 によって影響される部分を除かねばならない．したがって，（i）まず，x_1 を x_2 に回帰して x_1 を x_2 で表し，x_1 の回帰方程式を作って，（ii）その回帰方程式によって x_2 から定まる推定値を x_1 のデータから引いた残りの残差を「x_2 によって調整された」x_1 として $x_{1/2}$（x_1 adjusted for x_2）と書く．$x_{1/2} = x_1 - \hat{x}_1$ は x_1 のうち x_2 によって影響される部分を差し引いた残差で，いわば純粋の 'x_1 オンリー' の部分である．（iii）y をこの $x_{1/2}$ に回帰して

$$y = \beta_0'' + \beta_1'' x_{1/2}$$

とすると，たしかに $\beta_1'' = \beta_1$ となる．すなわち，x_1 を x_2（x_1 以外の変数）に対して調整して――制御（コントロール）して――変化させたときの y の変化の割合が β_1 である．いずれにせよ，x_1 だけを変化させているので，'偏' partial という形容詞が付いている．たった一字であるが，その意味する所は小さくない[7]．

💻 このような偏回帰係数の意味を学ぶために，次のシミュレーションを行おう．データは前節のものとし，すべての Excel の「回帰」による．

---

[6] Hoel 参照．ただし，その後に，ややわかりにくい解説が続く．Chatterjee et al，柳井・高根には解説がある．

[7] 微積分の偏微分よりは多くの注意が必要である．

x_1	1	2	4	5	6	9
x_2	2	4.2	8	10	12	18
y	8	4	1	2	-3	3
$\hat{x}_1$	0.962609226	2.069091648	3.980288559	4.98618167	5.992074782	9.009754115
$x_{1/2}$	0.037390774	-0.069091648	0.019711441	0.01381833	0.007925218	-0.009754115

注) $\hat{x}_1$ = 推定値

重回帰方程式は

$$y = 5.73 + 2.47x_1 - 1.58x_2$$

x_1 の x_2 へ回帰方程式は

$$x_1 = 0.502x_2 - 0.04$$

y の $x_{2/1}$ に対する回帰方程式は

$$y = 2.47x_{2/1} + 2.5$$

で，たしかに重回帰方程式の偏回帰係数に一致している．

以上の結果はいうまでもなく証明できるが，10.1.3 項の $V(\hat{\beta}_1)$ の式に見るように，r_{12} が ± 1 に近くなるに従い影響の大きいものとなる．この極限がこの例に見るように多重共線性である．すなわち，その程度はとにかくも，多重共線性は重回帰分析に内在的理解で決して異常なことではない．

10.2.2　偏相関係数

もう一ヵ所，「偏」がつく箇所がある．

二つの独立変数 x, y が本来は予想されない相関関係を持つことがある[8]．この相関関係が x, y の共通原因 z に起因するとき，これは「見かけ上の相関」spurious correlation といい，結果の読み方の上で，注意すべき点である．人の知的能力と体力には年月という共通原因があり，また理系の 2 科目の成績 x, y は数学の成績 z によって媒介される．もっとも何が'本来的'であるかは微妙な判断である．二つのマクロ経済量が時間的な経済発展の過程の中で高い相関を持っても'見かけ上'とはしないであろう．

---

[8] 本来あるべき相関関係がない場合，あるいは相関関係の符号が逆転する場合など多様であるが，比較的狭く考えられている．

一般に，2変数の相関関係を第3の変数 z の影響を除いて——'調整' と
いう——考えるとき，これを「偏相関係数」partial correlation coefficient と
いう．すなわち，まず z を仮に独立変数，x, y を従属変数として[9]，x, y そ
れぞれから，z による影響を除き，残差を

$$x_i' = x_i - (c_{xz}/s_z^2)z_i, \quad y_i' = y_i - (c_{yz}/s_z^2)z_i$$

とする．ここで，( ) は回帰係数，c は共分散である．この x', y' の相関係
数が偏相関係数である．実際，その共分散は

$$c_{xy} - c_{xz}c_{yz}/s_z^2 = s_x s_y (r_{xy} - r_{xz}r_{yz})$$

であり (x' は z による回帰残差なので，$\sum x_i' z_i = 0$ に注意)．また，いうまで
もなく残差 x', y' の分散は，決定係数 $1 - r_{xz}^2$, $1 - r_{yz}^2$ を用いれば

$$s_{x'}^2 = s_x^2(1 - r_{xz}^2), \quad s_{y'}^2 = s_y^2(1 - r_{yz}^2)$$

である．よって，偏相関係数は

$$r_{xy|z} = \frac{r_{xy} - r_{xz}r_{yz}}{\sqrt{1 - r_{xz}^2}\sqrt{1 - r_{yz}^2}}$$

と計算される．−（マイナス）以降が，調整効果を表している．
　ふたたび分母に注目しよう．

　💻見かけ上の相関の例は非常に多い[10]．ここではやや広く第3変数による
調整の例を挙げよう．
　x, y は競合する飲料2銘柄，z は人口である[11]．A, B, C は人口規模の小，
中，大の3分類（'属' という）として，データから[12]

$$r_{xy}^A = -0.883, \quad r_{xy}^B = -0.634, \quad r_{xy}^C = -0.230$$

であって，順当な結果ではあるが，3層を通算した相関係数は $r_{xy} = 0.487$ と
なっている．これは変ではない．なぜなら，人口で調整するために，

$$r_{xy} = 0.481, \quad r_{xz} = 0.966, \quad r_{yz} = 0.546$$

---

[9] x, y, z は平均を引いた残差としてあるが，結果は影響されない．
[10] 東京大学教養学部統計教室『統計学入門』，東京大学出版会．
[11] http://www.qmss.jp/databank
[12] 同上

を確認すると

$$r_{xy|z} = \frac{0.487 - (0.966)(0.546)}{\sqrt{1-(0.966)^2}\sqrt{1-(0.546)^2}} = -0.1862 \text{（ほぼ無相関）}$$

であって，人口に起因していることが明らかである．ただし，人口が多い所では飲料の需要が多いことはむしろ合理的であり，r_{xy}を'見かけ上'ということは適切でないであろう．

10.2.3　決定係数，F値で変数選択

決定係数 R^2――本来は $R^2_{y\cdot 12}$, $R^2_{y\cdot 123}$, …のように記すべきもの――は重回帰分析の総括のように考えられている．実際，R^2 が数値的に低ければ，その後に続く t 値の検討，多重共線性のチェックなどは意味をなさない．しかし，多くの独立変数 x_1, …, x_k のどれを重回帰分析に採用，投入するかでは，それごとのさまざまな R^2 が制御的な役割を果たす．もっとも，何を以て「高」「低」というかは基準がある訳ではない．分野の慣行，常識によるほかない．

3変数 x_1, x_2, x_3 を採用する方が x_1, x_2 を採用するよりも R^2 が数理的に高いことは容易に説明できる[13]が，ほぼ同等の説明なら簡潔な理論がより複雑な理論よりも望ましいとする．科学哲学上のことわざ「オッカムの剃刀[14]」からも，変数の個数が多いことが常に望ましいとは言い切れない．どのような追加変数も R^2 を高めるなら，実質を反映しない結果である．したがって，変数の個数（自由度）も勘案して R^2 を決めるべきという調整が説得的になる．

実際，$1-R^2 = SS_E/SS_T$ だが，右辺には自由度が入っていない．そこで自由度を入れて新たな $R^{2\prime}$ を

$$1-R^{2\prime} = \frac{SS_E/(n-p-1)}{SS_T/(n-p)}$$

で定義し，「自由度調整決定係数」といい，対応して「自由度調整重相関係数」という．$R^{2\prime} < R^2$ となり，独立変数の導入文の'税金'のように低下する．

---

13)　幾何学的にも示せるし，むしろこのほうがわかりやすい．
14)　'Occams razor' 別の言い方では「ケチの原理」principle of parsimony.

いずれにせよ，変数の個数，種類を問題にすることは多い．

独立変数 x_1, x_2, $\cdots$, x_p を用いて従属変数 y を決定し予測するとき，そのあてはまりの良さは

$$R^2 = \frac{SS_R}{SS_T} = \frac{SS_R}{SS_T + SS_E} = \frac{SS_R/SS_E}{1+(SS_R/SS_E)} \qquad （決定係数）$$

によるけれども，これは SS_R/SS_E が大きいほど大である．ここで，SS_R と SS_E を持ち出した理由は，正規分布を仮定するとき，これらが互いに独立になるからである[15]．

ここで，変数の個数をも問題にするなら平方和に自由度も入れて平均平方和とし，回帰の効果を誤差に対して測る統計量

$$F = \frac{SS_R/p}{SS_E/(n-p-1)}$$

で判断するとすれば，この「F 統計量」F-statistic が自由度 (p, $n-p-1$) の F 分布 $F(p, n-p-1)$ に従うことを利用して，まず，重回帰方程式自体の検定を帰無仮説

$$H_0: \beta_1 = \beta_2 = \cdots = \beta_p = 0$$

の有意性検定ができる．もちろん，この F の計算を，SS_R, SS_E の計算[16]を得ずに，従来通り R^2（あるいは重相関係数 R）をそのまま用いて

$$F = \frac{R^2/p}{(1-R^2)/(n-p-1)}$$

によってもよいし，その限りでは実際的かもしれない．

実際には，F 統計量の値によって，x_1, $\cdots$, x_p からの変数の取捨選択を行うことができる．まず，独立変数の番号 $\{1, 2, \cdots, p\}$ の部分セット K, K' があり，$K \supset K'$[17] したがって，その元の個数 k, k' は $k > k' \geqq 0$ とする．大きいセット K に属する独立変数を用いる回帰分析のほうが小さい k' のそ

---

[15] それぞれ $y_i - \hat{y}_i$, $y_i - \bar{y}$ にもとづくが，これらの積和 $=0$ で，したがって無相関となる．
[16] Excel の回帰分析は「分散分析」として出力する．
[17] 一方が他方を含むという比較しかできない．

れよりもフィットがよく，決定係数が大きいことはいうまでもないが，その程度につき2通りの決定係数の増加分（逆に見ると減少分）に関して統計量

$$F = \frac{(R^2_K - R^2_{K'})/(k-k')}{(1-R^2_K)/(n-k-1)}$$

はF分布$F(k-k',\ n-p-1)$に従うことがわかっている．

この結果にはいくつかの応用があるが，独立変数の選択の「変数増加法」forward selection procedare はそれである．まず，x_1, …, x_p から y と最大の相関係数の絶対値の最大$|r|$を持つx_iをスタートとする．それは，上で$k=1$, $k'=0$に相当し（単回帰なので，$R^2 = r^2$），

$$F = \frac{r^2}{(1-r^2)(n-2)}$$

を最大にしている．以下，$k=2, 3, \cdots$に従って，K は K' よりある1個（j）分大きくとるが（$k-k'=1$），番号jに従ってK'は上記Fが最大になるものとし，イメージを与えるために，データは略し結果例だけを与えると[18]，

$$\{1\} \subset \{1,\ 3\} \subset \{1,\ 3,\ 6\} \subset \{1,\ 3,\ 6,\ 2\}$$
$$\subset \{1,\ 3,\ 6,\ 2,\ 4\} \subset \{1,\ 3,\ 6,\ 2,\ 4,\ 5\}$$

のようであるが，この増加過程の停止規則は有意性によるほか，'$F \leq 2.0$ となれば停止'などが提案されている（Fの境界値$F_{in} = 2.0$）．

10.2.4　マローズのC_p基準

F統計量の値で判断するほかに，「マローズの基準」もしばしば使われる．いま，x_1, x_2, …, x_p をすべての独立変数の全リスト——'フル・セット' full set という——とし，これからk変数を選択するとする[19]．ただし，これには定数変数，すなわちβ_0に対応する変数も含むものとする．ゆえに，$k=1, 2, \cdots, p+1$ である．kが小さいときあてはまりが悪く，kがpに近づく

---

18) Chatterjee et al p.296 による．
19) p, k はさし当たりの従来のままの記号とするが，後で慣用に合わせ変更するものとする．

につれ相対的に改善されるであろう．これをフォローする[20]と，まず誤差（残差）平方和 $SS_{E,k}$ は期待値 $E(SS_{E,k}) = (n-k)\sigma^2$ を持つから

$$E(SS_{E,k}/\sigma^2) = n - k$$

であり，したがって

$$E\left(\frac{SS_{E,k}}{\sigma^2} - (n-2k)\right) = k$$

となる．そこで，σ^2 を従来のように全変数 $x_1, \cdots, x_p$ から $\hat{\sigma}^2$ で推定して

$$C_K = \frac{SS_{E,k}}{\hat{\sigma}^2} - (n-2k)$$

とおき，これを「マローズ基準」という．近似的に $E(C_K) = k$ であるが，C_K 自体には変動があり，k が小さいときは k 個の選び方によってはしばしば C_K は著しく k より大きいことが認められている．しかし，k が大きくなるにつれ，偏りは小さくなり，(k, C_K) のプロットで次第に $C_K = k$ の 45°線に近づいて $k = p+1$ でちょうどこの 45°線上に落ち着く．

なお，定義自体の当初の慣習により，もとの k を p とし，もとの p は特に明示せず，C_K を C_p と表すので，一般に「マローズの C_p 基準」といわれ，統計パッケージも大むねこの表示をとっている．各 p に対しさまざまな C_p を計算することはパッケージを用いなければ手に負えないので，データを省略し，イメージを持つために結果例を紹介する[21]．$E(C_p) = p$ からのずれの小さい変数選択を行った結果である．

p	2	3	4	5	6	7
選択	{1}	{1, 4}	{1, 4, 6}	{1, 3, 4, 5}	{1, 2, 3, 4, 5}	{1, 2, 3, 4, 5, 6}
C_p	1.41	3.19	4.70	5.09	6.48	7.00

注）p は独立変数を含んだ個数．$p=7$ はフルモデル

---

20) 以下の説明は主として Draper-Smith による．
21) Chatterjee et al.

10.2.5 分散拡大因子による警告

多重共線性も変数選択を決める.多重共線性の警告指標として知られる「分散拡大因子[22]」Variance Inflation factor, V.I.F はある独立変数の偏回帰係数の分散が他変数の介入により大きくなり,その値が一定程度不確実になる指標である.したがって,重回帰分析に内在的な概念であり,多重共線性に限ることではない.すでに $p=2$ のとき,簡単に

$$V(\hat{\beta}_1) = \frac{\sigma^2}{(n-1)s_1^2 \cdot (1-r_{12}^2)}, \quad V(\hat{\beta}_2) = \frac{\sigma^2}{(n-1)s_2^2 \cdot (1-r_{12}^2)}$$

であったが,計算によると,一般の p については

$$V(\hat{\beta}_i) = \frac{\sigma^2}{(n-1)s_i^2 \cdot (1-R_{(i)}^2)}$$

である.ここで $R_{(i)}$ は x_i を x_i 以外の独立変数に重回帰したときの重相関係数であり,この相関の程度が強い ―― $R_{(i)}$ が 1 に近い ―― ほど,分散 $V(\hat{\beta}_1)$ は拡大する.このときは,$s.e.(\hat{\beta}_1) = \sqrt{V(\hat{\beta}_1)}$(推定値)を増大し,$t$ 値はこの影響の理由だけで低下する.そこで,このことを指標として

$$VIF_i = \frac{1}{1-R_{(i)}^2}$$

を偏回帰係数の分散拡大因子という.

💻 *VIF* の算出は Excel でも容易である.シミュレーション・データ

x_1	2	6	8	5	2	1	4	3	8
x_2	1	4	5	2	1	0	2	1	4
x_3	5	7	4	9	2	6	8	3	1
y	17.4	33.6	37.4	26.6	9.8	5.9	22.7	12.4	35.2

は $\beta_0=1$, $\beta_1=2$, $\beta_2=3$, $\beta_3=1$, $\sigma=2$ ($\sigma^2=4$) として y を発生させたも

---

[22] factor は乗(除)法の要素を示し,加減の場合の項(term)に対応する.'因数分解' における因数のように用いられるから,「因数」との訳が正しいが慣用に従う.

のである．Excel によれば，およびその標準誤差（かっこ内）および

$$\hat{\beta}_0 = 1.206, \quad \hat{\beta}_1 = 2.385, \quad \hat{\beta}_2 = 3.178, \quad \hat{\beta}_3 = 0.743$$
$$t_0 = 0.43, \quad t_1 = 2.85, \quad t_2 = 1.63, \quad t_3 = 2.24$$

を得るが，分散拡大因子は，x_1, x_2, x_3 内で重回帰分析を行うことにより，

$$VIF_1 = 13.725, \quad VIF_2 = 13.672, \quad VIF_3 = 1.017$$

とわかる．ちなみに

$$r_{12} = 0.963, \quad r_{13} = -0.123, \quad r_{23} = -0.106$$

となっていて，はたして x_1, x_2 の関係が強い．

＜影響値，ハット行列，クックの距離で影響力チェック＞　クラスから成績の良い人が抜ければ平均点が下がり，悪い人が抜ければ平均点は上がる．それも良ければ良いほど，悪ければ悪いほどこの影響（influence）は大きい．これは平均値についてであるが，回帰分析においても顕著な観測値（外れ値）の存在はもともと大きな影響力を持ち，それが抜けると結果は大きく変わる．この'敏感さ'を「感度」sensitivity といい，各観測値の感度を定めるのが「感度分析」である．

そこで，回帰分析の感度分析を始めるに当たり，まず型通りデータ行列 X からの展開として[23]，

$$X = \begin{pmatrix} 1 & x_1 \\ 1 & x_2 \\ \vdots & \vdots \\ \vdots & \vdots \\ 1 & x_n \end{pmatrix}, \quad X' = \begin{pmatrix} 1 & 1 & \cdots & 1 \\ x_1 & x_2 & \cdots & x_n \end{pmatrix},$$

$$X'X = \begin{pmatrix} n & \sum x \\ \sum x & \sum x^2 \end{pmatrix}, \quad (X'X)^{-1} = \frac{1}{D}\begin{pmatrix} \sum x^2 & -\sum x \\ -\sum x & n \end{pmatrix}$$

ここで，

$$D = n\sum x^2 - (\sum x)^2 \, ; \, \sum x = \sum x_i, \, \sum x^2 = \sum x_i^2 \qquad \text{（添字の省略）}$$

---

[23] $x_1, x_2, \cdots, x_n$ は x の観測値であって変数名ではない．

よって,

$$(X'X)^{-1}X' = \frac{1}{D}\begin{pmatrix} \Sigma x^2 - x_1\Sigma x & \Sigma x^2 - x_2\Sigma x & \cdots & \Sigma x^2 - x_n\Sigma x \\ nx_1 - \Sigma x & nx_2 - \Sigma x & \cdots & nx_n - \Sigma x \end{pmatrix}$$

であるが,「ハット行列」hat matrix はこれから

$$H = X(X'X)^{-1}X' = (h_{ij}),$$

ただし

$$\begin{aligned}h_{ij} &= \left\{\Sigma x^2 - (x_i - x_j)\Sigma x + nx_i x_j\right\}/D \\ &= \frac{\Sigma x_i^2 - n\bar{x}^2 + n(x_i x_j - (x_i + x_j)\bar{x})}{n\Sigma x^2 - (\Sigma x)^2} \quad (\pm n\bar{x}^2 \text{を挿入}) \\ &= \frac{1}{n} + \frac{(x_i - \bar{x})(x_j - \bar{x})}{\Sigma(x - \bar{x})^2}\end{aligned}$$

で定義される. 特に, 対角要素は

$$h_{ii} = \frac{1}{n} + \frac{x_i - \bar{x}}{\Sigma(x - \bar{x})^2} \quad (\text{'てこ比' leverage})$$

となる[24]. $0 < h_{ij} < 1$ であるが, 式からあきらかなように, h_{ij} は x_i が $\bar{x}$ から遠ざかるにつれ大きい作用となり, $\bar{x}$ に近づくにつれ最小 $1/n$ になる. これが'てこ'と呼ばれる理由である.

この行列 H は

$$X(X'X)^{-1}X'y = \hat{y} \quad \text{つまり} \quad Hy = \hat{y}$$

から, 原データの y を元に推定値を算出する――つまり, ^(ハット[25]) をかぶせる――という作用を持ち, それがハット行列と呼ばれる理由である[26]. したがって,

$$\hat{y} = h_{i1}y_1 + h_{i2}y_2 + \cdots + h_{in}y_n$$

であり, h_{ij} は $\hat{y}_i$ に対する y_i の影響度を表す. ただし, h_{ij} 自体は y に依存せず, 独立変数の議論であることを確認しておこう.

---

[24] これら回帰方程式は $\hat{y}_i = \hat{\beta}_0 + \hat{\beta}_1 x_i$ からも容易に示せるが, 本節のほうが見通しがよい.
[25] 文字通り '帽子' に見立てている.
[26] 数学的には X の張る平面 $\mathcal{L}(X)$ への射影作用素である.

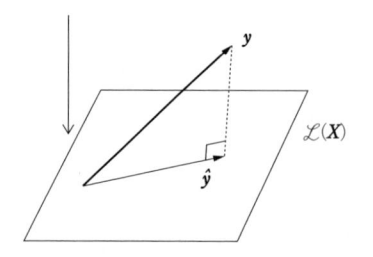

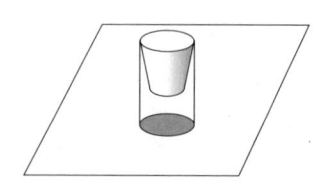

図：射影

　そこで x_i を除外した $\hat{y}_1, \hat{y}_2, \cdots, \hat{y}_n$ への影響を調べることで，x_i の影響力を見ていこう．いま，x_i を除外した $\hat{y}_j$ は，x_i を抜いた回帰係数[27] $\hat{\beta}_{0(i)}, \hat{\beta}_{1(i)}$ によって，

$$\hat{y}_{j(i)} = \hat{\beta}_{0(i)} + \hat{\beta}_{1(i)} x_j, \quad j=1, \cdots, n$$

で表されるがこれを元来の

$$\hat{y}_j = \hat{\beta}_0 + \hat{\beta}_1 x_j, \quad j=1, \cdots, n$$

と比べると，$\hat{y}_j$ に表れた x_i の影響が測れるだろう．そこで，$\hat{\sigma}^2$ は σ^2 の推定値として，各 $\hat{y}_j$ 表れた x_i の影響力を，平方距離

$$C_i = \sum_j (\hat{y}_j - \hat{y}_{j(i)})^2 / 2\hat{\sigma}^2$$

（p 変数の重回帰に対しては，2 を $p+1$ とする）

で測るものとし，これを「クックの距離」Cook's distance という．容易に想像できることであるが，sてこ比の大きい観測値はクックの距離も大きく，$h_{ii}/(1-h_{ii})$ に依存することがわかっている．

💻簡単なシミュレーションで理解を深めよう．まず，てこ比を計算する．

$$X = \begin{pmatrix} 1 & 1 \\ 1 & 2 \\ 1 & 3 \\ 1 & 4 \end{pmatrix}, \quad X'X = \begin{pmatrix} 4 & 10 \\ 10 & 30 \end{pmatrix}, \quad (X'X)^{-1} = \begin{pmatrix} 3/2 & 1/2 \\ 1/2 & 1/5 \end{pmatrix},$$

---

[27] 一般の p 変数の重回帰で説明してもよいが，添字の混乱を防ぐため，単回帰で説明する．

$$(X'X)^{-1}X' = \begin{pmatrix} 1 & 0.5 & 0 & -0.5 \\ -0.3 & -0.1 & 0.1 & 0.3 \end{pmatrix}$$

から,

$$H = X(X'X)^{-1}X' = \begin{pmatrix} 0.7 & 0.4 & 0.1 & -0.2 \\ 0.4 & 0.3 & 0.2 & 0.1 \\ 0.1 & 0.2 & 0.3 & 0.4 \\ -0.2 & 0.1 & 0.4 & 0.7 \end{pmatrix}$$

各 y_i に対するてこ比は

$h_{11} = 0.7$, $h_{22} = 0.3$, $h_{33} = 0.3$, $h_{44} = 0.7$

すなわち, $\bar{x} = 2.5$ から離れた二つの観測値 $x_1 = 1$, $x_4 = 4$ のてこ比が大きく, 影響力が大きい.

次に y も入れた影響力評価を調べよう. シミュレーションデータ

x	1	2	3	4
y	3.99	7.85	9.44	9.78

は x に対し, $\beta_0 = 2$, $\beta_1 = 3$ として正規乱数 $N(0, 1/4)$ を加えたが, y_4 は外れ値として, 例外的に 5 を引いてある. $\hat{\beta}$ は下記, C は読者に任せよう.

除外変数 x_1	$\hat{\beta}_{0(i)}$	$\hat{\beta}_{1(i)}$	C
なし	3.030	1.895	—
x_1	6.117	0.969	—
x_2	2.297	2.042	—
x_3	3.030	1.791	—
x_4	1.653	2.7202	—

注) 除外なしで, $\hat{\sigma}^2 = 1.56$, また表中の ( ) 内は除外を示す.

一般に C_i が 1 を超える, あるいは F 分布 $F(p+1, n-p+1)$ の 5% 点を超える C_i は影響力が大きいことを示す, とされている[28].

---

28) Chatterjee et al. これ以上の議論については Cook (1977), Cook−Weisberg (1982) などにくわしい.

影響度は重回帰のみならず,広く多変重解析でも興味ある課題だが,主成分分析で見るように,多くは固有値問題に帰着し[29],行列の固有値問題の感度分析となる.これは,古く天体力学——近くでは量子化学——の「摂動理論」perturbation theory として長い歴史[30]を持ち,数々の確立した古典的結果が知られている.多重共線性の精査もゼロ固有値の問題でもあるから,この'病理'の分析もこのアプローチで進めることも十分に可能であろう.

§ 10.3 ガウス=マルコフの定理[31]

重回帰分析はある記念碑的な重要事項で締めくくられる.すなわち,最小二乗法は,ただしく,かつ最善の結果をわれわれに与える.最小二乗法による偏回帰係数 β の推定量

$$\hat{\beta} = (X'X)^{-1}X'y$$

は

ⅰ) β に対して不偏,かつ

ⅱ) y によるすべての線形かつ不偏推定量 $b = Cy$ のうちで,すべての β に対し最小分散,すなわち「最良線形不偏推定量」(Best linear unbiased estimator, BLUE)である[32].

ただし,ベクトル推定量に対する最小分散とは,

$$\text{すべての}\alpha_0, \cdots, \alpha_p \text{に対し},\quad V(\Sigma \alpha_i \hat{\beta}_1) \leq V(\alpha_i b_i)$$

を意味する.

ⅰ)の証明から始めると,$y = X\beta + \varepsilon$ を代入して,ただちに

$$E((X'X)^{-1}X'y) = E((X'X)^{-1}X'(X\beta + \varepsilon))$$
$$= \beta \quad (\varepsilon \text{を2つに分配し,かつ} E(\varepsilon) = 0)$$

を得て,順当である.

---

[29] 主成分分析,因子分析,正規相関分析,数量化理論など.
[30] むしろ,固有値問題がこれより生じたとも考えられている(オイラー,ラグランジュ,ラプラス).
[31] 行列に慣れていない初学者は,多少繁雑なのでとばしてもよい.初歩的なものは,東京大学教養部統計学教室編『統計学入門』参照.統計経済学の Johnston はラグランジュ乗数 λ を用いる.
[32] 一切の分布形は仮定していない.

ⅱ）の証明は，β およびもう一つの両推定量の差をもたらす D を
$$C = ((X'X)^{-1}X' + D)$$
で定義し，これを y に適用すると，$b = Cy$ だからその期待値をとると
$$E(b) = E((X'X)^{-1}X'y) + E(Dy)$$
不偏性から，ⅰ）も併せて最初の2つの E は β を与えるから $E(Dy) = 0$ で，ここに再び $y = X\beta + \varepsilon$ を代入すると，すべての β に対し，$DX\beta = 0$ （$E(\varepsilon) = 0$）
$$\therefore \quad DX = 0$$
これが b が不偏ということの結果である．

次に，b も $\hat{\beta}$ も不偏なのだから分散を比較する $\alpha = (\alpha_0, \cdots, \alpha_p)$ として
$$V(\Sigma \alpha_i b_i) = \sum_i \sum_j \alpha_i \alpha_j \mathrm{Cov}(b_i, b_j) = \alpha V(b) \alpha',$$
$$V(\Sigma \alpha_i \beta_i) = \sum_i \sum_j \alpha_i \alpha_j \mathrm{Cov}(\hat{\beta}_i, \hat{\beta}_j) = \alpha V(\hat{\beta}) \alpha'$$
となる．ここで $V(\hat{\beta})$，$V(b)$ は分散・共分散行列で，これを比べればよい．まず前者は $\sigma^2 (X'X)^{-1}$ で問題ない．次に $\mathrm{Cov}(b_i, b_j)$ については
$$b = Cy = C(X\beta + \varepsilon) = CX\beta + C\varepsilon$$
で，第1項は定数だから共分散には寄与しない[33]．よって，$C = (c_{ij})$ として
$$\mathrm{Cov}(b_i, b_j) = \mathrm{Cov}(c_{i1}\varepsilon_1 + \cdots + c_{in}\varepsilon_n, \ c_{j1}\varepsilon_1 + \cdots + c_{jn}\varepsilon_n)$$
$$= \sigma^2 \cdot \sum_k c_{ik} c_{jk}$$
ここで $\mathrm{Cov}(\varepsilon_i, \varepsilon_j) = 0 \ (i \neq j)$，$V(\varepsilon_i) = \sigma^2$ である．ゆえに b の分散・共分散は
$$V(b) = \sigma^2 CC'$$
$$= \sigma^2 ((X'X)^{-1}X' + D)((X'X)^{-1}X' + D)'$$
$$= \sigma^2 ((X'X)^{-1} + DD')$$
ここで，$(X'X)^{-1}(X'X) = I$，さらに先に見た $DX = 0$，$X'D' = 0$ を用いた．これで $V(b)$ も揃った．

ゆえに
$$V(b) - V(\hat{\beta}) = DD'$$
よって，
$$V(\Sigma \alpha_i b_i) - V(\Sigma \alpha_i \hat{\beta}_i) = \alpha DD' \alpha' = \gamma \gamma' = \Sigma \gamma_i^2 \geq 0$$

---

[33] $\mathrm{Cov}(X + a, \ Y + a') = \mathrm{Cov}(X, \ Y)$.

ここで，$\gamma = \alpha D$ である．これで証明は終わる．

§ 10.4 ロジスティック回帰

10.4.1 ロジット

薬剤や毒性物質による生物の生死，強度試験による製品の破壊の有無，投薬量による効果の有無などは，それ自体は量ではなく，質（の有無）であって，ちなみに0，1で表される二種の反応である．この場合，一方の状態をとるとき（成功の場合）1，他方の状態をとるとき（失敗の場合）0の「ダミー変数」dummy variable Y_i を使って観測結果を表そう．このようなデータは「二値データ」binary data とよばれている．この場合，もちろん，回帰分析は使えないから，問題は薬剤量，荷重量などの入力量 x をこれにどのように結びつけるかである．

まず i 番目の個体につき，$Y_i = 1, 0$ を「成功」，「失敗」として，その起こりやすさの確率を

$$P(Y_i=1) = \theta, \quad P(Y_i=0) = 1-\theta \tag{7.26}$$

とおく．θ，$1-\theta$ は成功率，失敗率である．これによって，かりそめにも，質（Y_i）が量 θ に転化できた．ただし，起きる確率 θ そのものでなく，起こらない確率に対する倍数としてオッズ $\theta/(1-\theta)$ は 0 から ∞ まであって識別しやすい[34]．ふつうその対数

$$\log\{\theta/(1-\theta)\}$$

を起こりやすさの指標として用いる．実際，これは $-\infty$ から ∞ の値をとるので，あたかも回帰分析の従属変数のように扱えるからである．これを「ロジット」logit といい

$$\mathrm{logit}(\theta) = \log\left(\frac{\theta}{1-\theta}\right)$$

で表す．このように，量的変数を創って，質を量に変えることができた．

---

[34] $\theta=0.9$ と $\theta=0.99$ は 0.09 の差しかないが，$\theta/(1-\theta)$ は 9 と 99 の違いになり，後者が 10 倍以上 'はるかに' 確実である．

ロジット分析とは, $i = 1, 2, \cdots, n$ に対し

$$\mathrm{logit}(\theta_i) = \beta_0 + \beta_1 x_i$$

の関係式をあてはめるものである．これは，θ について解くと

$$\theta_i = \frac{e^{\beta_0 + \beta_1 x_i}}{1 + e^{\beta_0 + \beta_1 x_i}} = \frac{1}{1 + e^{-(\beta_0 + \beta_1 x_i)}} \tag{\#}$$

であることを意味する．ここで $\theta_i = E(Z_i/n_i)$ である．図7–3で見るとおり，

$$x_i \to \pm \infty \quad \text{に対して} \quad \theta_i \to 0, 1$$

であり，しかも x_i と θ_i の関係は「擬S型（シグモイド型）」sigmoid で単調増加である[35]．下のグラフが「擬S型」という名付けの由来となる形状を示している．関数(#)を「ロジスティック関数」logistic function といわれ，この分析名の由来である．

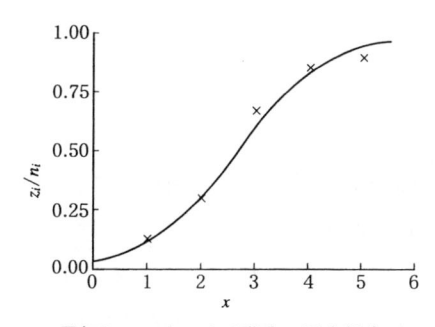

電気ショックによる乳牛の反応頻度

式を見ての通り，θ 自体は観測値ではないから，回帰分析は使えず，β_0, β_1 の推定は解析的には不可能であり，最終的には観測値 $Y_1, Y_2, \cdots, Y_n$ をもとにして，数値計算による最尤推定値が用いられる．

この β_1 の意味を実感したければ，$x = 0$ に対する $\theta(0)$ から $x = 1$ に対する $\theta(1)$ がどれほど異なるかを見ることになる．もともと

---

[35] シグマは（Σ）は，ローマ文字Sに対するギリシャ文字．'-oid' は「擬」の意．形状から「成長曲線」といわれることもしばしばである．

§10.4 ロジスティック回帰

$$\frac{\theta}{1-\theta} = e^{\beta_0+\beta_1 x}$$

であるから，x の $0 \to 1$ によるオッズの変化（オッズ比[36] Odds ratio）は

$$OR = \frac{\theta(1)}{1-\theta(1)} \bigg/ \frac{\theta(0)}{1-\theta(0)} = e^{\beta_1}$$

となり，この OR を以て独立変数の効果の強さを表すことにしている．したがって，OR が 1 に近ければ β_1 は有意ではない可能性がある．

ロジスティック回帰分析にも'あてはめ'の良さの指標があり

ⅰ）尤度比による逸脱度（デビアンス）

ⅱ）ウィルクス統計量

ⅲ）擬 R^2

などが考えられるが，ここでは扱わない．ロジスティック回帰の成書を参照のこと．

10.4.2 一般化線形モデル

ロジスティック回帰分析は以前よりも使われることが多くなっているが，それにつれて広く一般化され

- 2 値 0, 1 を 3 値 a_1, a_2, a_3 に一般化する「多項ロジスティック回帰分析」
- さらに，a_1, a_2, a_3 に，たとえば {賛成，中立，反対} のように，順序が付く「順序付き多項ロジスティック回帰分析」

などの一般化が用意されている．

また，θ を x のシグモイド型関数で表せばよいと考えるなら，アイデアとして標準正規分布の累積分布関数 $\Phi(z)$ を用いて

$$\theta_i = \phi(\beta_0 + \beta_1 x_i), \quad \text{つまり} \quad \Phi^{-1}(\theta) = \beta_0 + \beta_1 x_i$$

とするプロビット回帰分析も[37]，ロジスティック回帰分析ほどではないが，並んでよく知られている．$\Phi^{-1}(\cdot)$ は Φ の逆関数で，Φ の'逆引き'である．

---

[36] 一般に，2 つのオッズの比を「オッズ比」というが，ここでは特別な使い方をしている．

[37] 'probit' は確率 probability から派生．

これらは，統計学のあるもっとも一般的な考え方の一例である．いま
$$E(Y_0) = 1 \cdot \theta + 0 \cdot (1-\theta) = \theta$$
であるが，ロジスティック回帰，プロビット回帰はこの θ を logit，あるいは Φ^{-1} で変形した上で，x から線形に
$$\mathrm{logit}(\theta) = \beta_0 + \beta_1 x \quad \text{あるいは} \quad \Phi^{-1}(\theta) = \beta_0 + \beta_1 x$$
のように予測している．

これらの考え方に注目し，一般にある分布の期待値 μ を直接でなく，うまく関数で変換し，これを標的として線形に予測変換 x から予測するモデル
$$g(\mu) = \beta_0 + \beta_1 x$$
を「一般化線形モデル」Generalized linear model[38] といい，左辺の $g(\cdot)$ を「リンク関数」Link function という．正規分布に対して——この場合は $g(\mu) \equiv \mu$ そのもので回帰分析——だけでなく，二項分布の θ に対するロジスティック，あるいはプロビット回帰分析，ポアソン分布に対するポアソン回帰などを典型として，いろいろな幅広いモデルが用意されている．

---

[38] Nelder, Wedderburn. なお，元来の重回帰分析を「一般線型モデルといい，一字違いであり，しかも原英語名で同じく GLM（General Linear Model）と称されるので，混乱が生じている．ただし，'一般化' のパッケージは GLIM と称する．

第 11 章

分散分析

「分散分析」というものの実は平均の検定として t 検定の発展であるが,単純な発展ではない.歴史的には実験計画法の計算パートであって,進めばその本論にも入るがここでは入らず,今日共有知識化している「繰り返しのある2元配置」までをカバーする.平方和の分解と F 分布の理解,そして分散分析表が読めることを目標に置く.

§ 11.1 計画された実験のデータ

11.1.1 t 検定の発展

「分散分析」Analysis of variance, ANOVA は一定条件（要因）の元で測定——実験計画という——された複数（k）組のデータに対し, それらの分散を分析することによって, それらの k 個の母平均の大きさを見積もり——「推定」という——それらがすべて等しいか否かを決定する仮説検定を行う. したがって形式手続き的には, 2 標本 t 検定（スチューデント検定）の一般化と考えられる.「分散」と云っているが実際には母平均の仮説検定[1]である.

k が大きくても, t 検定を何回も繰り返せば比較できるではないかという考え方もあるが, すべての母平均が等しいという結論は予想しているよりは出にくくなる（後述する多重性）.

しかしながら, 分散分析の特色は, むしろ前段階よりキチンと計画されコントロールされたデータを対象にしている点であって, まさに実験科学——天文学では実験を含まないから, 正確には測定の科学——の精神があふれている方法である. この創始者 R. フィッシャーは経歴の前半において遺伝学者であるが[2], 経歴の後半では生物の（主として農作物）成育条件を巡る農業試験の研究に転じ, 実験計画, 分散分析 (1918, 1925, 1935), 最尤推定法をはじめ, 多くの重要な数理統計学の業績を挙げ, 今日その基礎を築いた.

分散分析のルーツは農業試験の実験計画なので——統計的方法ではよくあることだが——その用語[3]が方法の中に残っている. これを理解することが分散分析を理解することの始めである.

・要因（factor など） 通常の意味での「原因」と考えてよいが, 操作できるものを「因子」という. 要因はそれらの交互作用も含む.
・水準（levels） 要因の設定の仕方で, '高, 低'（2 水準）'大, 中, 小'（3

---

[1] 分散分析検定（ANOVA test）ともいう.
[2] このことは統計学者には意外と知られていない. 実際,「分散」「尤度」などはこの分析の研究から来ている.
[3] 程度の高い分析では用語が英語のままである統計パッケージがある.

水準）などを指すが，しばしば数量の値で表現される．
・因子数　一因子，二因子，……と「一元」(one-way)，「二元」(two-way) などと云い，多因子を「多元」(high-way) などという．
・配置（layout）　測定値データの並べ方，遡って測定の行い方を云う．二要因 A, B で各 m, n 水準なら，$m \times n$ 通りの条件で測定すべきである．
・変動原因（source of variation）　要因の水準の違いは測定値のばらつき（variation）をもたらすから，したがってばらつきが小さければ水準の違いは効かない——つまり，要因自体が効かない——と判断される．よって，要因あるいは複数要因の組み合わせ（交互作用）ごとにばらつきを計算する．変動原因を変動要因とする呼称もある．
・誤差（error），残差（residual）　現象のすべての要因の影響を尽くすことはできず，とり上げた要因以外の'残りのもろもろの影響'は詳細は無視して一括され，'その他''雑'とされる．「誤差」は決して'誤った'の意ではなく，測り切れなかった小さなズレ程度の意味である．
・自由度（d.f.）と F 比（分散比）　k 組の比較には $k=2$ なら差をとる t 検定があるが，$k>3$ の場合はその扱い方はきかない．しかし，分散 $=0$ なら，すべてが等しいし，$\fallingdotseq 0$ ならほぼ等しく違いは有意ではない．このことから，分散が主役となる．

以下，2，3 通りの分散分析の方法が段階的に考えられている．もちろんこれより複雑なバージョンもあるが，これらは「多元配置」あるいは「直交表」としてまとめられるが，ここでは解説しない．式展開が中心なので，骨子を集約し簡潔に述べることとしよう．

なお，今日医学，薬学，心理学の分野で「多重比較」multiple comparison の方法が重用され，これを分散分析と関係づけて論ずることも多いが，実際には通常の統計学の理論的範囲を超える扱い——有意水準を操作するなど——を含み実質的には別物と考える考え方もある．

§ 11.2 一元配置 (one-way layout)

11.2.1 因子A

<因子A>分散分析は,データが単にとられたというだけでなく,ある仕組み(構造)に従ってとられたことを仮定する.因子Aにk水準$A_1, A_2, \cdots,$ A_kあり,それぞれのもとで下表のようにデータがとられている.k通りの違いによってデータの出方は(行ごとに)異なるが,ただし全体に共通の部分も含むとしてもよい.その他に,それらの中に測定条件,測定装置,外的環境,測定者,個人差,測定の精粗などによる(それほど大きくない)ユレが誤差として含まれている(実際,それがなければ,各Aの中の測定値は行ごとに同じになるはずである).誤差の中に格別に取り上げる要素がまだあれば,これも要因となる.

Aの水準	サンプル	水準	サンプル	平均
A_1	3, 5, 4, 2, 1, 7	A_1	$x_{11}, x_{12}, \cdots, x_{1n}$	$\bar{x}_1$
A_2	5, 4, 4, 3, 1, 1, 2, 6	A_2	$x_{21}, x_{22}, \cdots, x_{2n}$	$\bar{x}_2$
A_3	6, 6, 3, 2, 1, 0, 8, 5, 7	$\cdots$	$\cdots\cdots$	
A_4	9, 0, 8, 8, 4, 3, 1	A_k	$x_{k1}, x_{k2}, \cdots, x_{kn}$	$\bar{x}_k$

以上から,第i水準A_iの第j番目の測定値は

$$x_{ij} = \mu + \alpha_i + \varepsilon_{ij}, \quad (i=1, \cdots, k, \ j=1, \cdots, n_i)$$

となっていると想定される[4].ここで,定数μは共通の効果で通常は平均の効果,定数α_iは水準A_iの固有の効果であって,したがってμに対して+になったり(μを上回る度合)あるいは-になったり(同じく下回る)する程度を表している.このことから,$A_1, A_2, \cdots, A_k$全体を通して,その和は$\Sigma \alpha_i$ $=0$と約束される[5].

最後にε_{ij}はx_{ij}に付いている確率的誤差で,確率変数であり,全てのε_{ij}は

---

[4] 表で見るように,Aごとに$n_1, n_2, \cdots, n_k$が異なっていてよい.
[5] この約束がないとμ, α_iは定まらない.

独立，しかも共通に正規分布 $N(0, \sigma^2)$ に従っている．σ^2 が小さければ（大きければ）測定は細かい（粗い）．以上の仮定によって結局，x_{ij} は正規分布

$$N(\mu + \alpha_i, \sigma^2), \quad (i=1, \cdots, k, \ j=1, \cdots, n_i)$$

に従うことになる．

なお，ここでは述べないが，これらの仮定は一般線形モデル（前章）で独立変数が 1，あるいは 0 のある原則的パターンとして考えられる．

また α を確率変数と考える変量効果モデルと定数と考える固定効果モデルがある．

💻データをシミュレーションで理解しよう．いま，A は 4 水準とし，

$$\mu = 10, \ \alpha_1 = -3, \ \alpha_2 = 0, \ \alpha_3 = 1, \ \alpha_4 = 2, \ ; \ \sigma^2 \equiv 1$$

とすると，A_1, A_2, A_3, A_4 において測定されるデータは正規分布

$$N(7, 1), \ N(10, 1), \ N(11, 1), \ N(12, 1)$$

に従って分布する．ここではそれぞれのサンプル・サイズを $n_1=4, n_2=5, n_3=6, n_4=5$ として正規乱数を発生させた（下表）．一見して 4 つの平均は異なることが予想される．これを 4 つの数の'ばらつき'で判断するのが「分散分析」の精神である．

A_1	A_2	A_3	A_4
6.18	9.77	10.39	12.76
8.07	8.91	11.26	13.00
7.83	9.31	13.30	10.90
8.58	10.78	12.03	13.10
	11.13	10.05	10.85
		9.76	

11.2.2　因子 A の検定

これで一元配置の仕組みが決まったが，後は多少理屈があるが，それほど難しくない．一元配置は分散分析全般の理解のもとになるので理解はたしかにしておく必要がある．分散分析の目的は A が効いているか否かの検定で，実際には各水準の効果 $\alpha_1, \alpha_2, \cdots, \alpha_k$ が等しく 0 であると帰無仮説

$$H_A: \alpha_1 = \alpha_2 = \cdots = \alpha_k = 0$$

の検定を行う．

そこで，この検定の統計量を作るために定数 μ，α_i および ε_{ij} の値をデータより定めなくてはならない．これは，真の μ, α_i とは完全には一致しないので，(実際，もう一回測定を繰り返すと，異なったデータから異なった μ，α_i が求められる)，データから定められる μ，α_i とは別に，$\hat{\mu}$，$\hat{\alpha}$ と ˆ (ハット) を付ける決まりがある．先の μ，α_i の意味をデータに適用すると

$$\hat{\mu} = \bar{x}, \qquad \hat{\alpha}_i = \bar{x}_i - \bar{x}, \qquad \hat{\varepsilon}_i = x_{ij} - \bar{x}$$

となる[6]．ここで $\bar{x}_i$, $\bar{x}$ はそれぞれ

$$\bar{x}_i = \sum_j x_{ij}/n_i \qquad (\text{第 } i \text{ 水準 } A_i \text{ にある測定値の平均}),$$

$$\bar{x} = \sum_i \sum_j x_{ij}/n \qquad (n = \text{で}, \sum n_i \text{ すべての } x \text{ の平均}^{7)})$$

を意味する．$\bar{x}_i$ 全部が A_i の効果なのではなく，全平均 $\bar{x}$ を差し引いた正味が A_i の効果で，それが $\hat{\alpha}_i$ である．このように定めた μ，α_i の値 $\hat{\mu}$，$\hat{\alpha}_i$ が適切であることは，データを

$$x_{ij} = \bar{x} + (\bar{x}_i - \bar{x}) + (x_{ij} - \bar{x}_i)$$

とうまく分解し，書き換えた式はちょうど

$$x_{ij} = \hat{\mu} + \hat{\alpha}_i + \hat{\varepsilon}_{ij}$$

となっていて，たしかに一元配置のしくみに従ってデータがあてはめられて復元されている．したがって，これらの $\hat{\alpha}_1$, $\hat{\alpha}_2$, $\cdots$, $\hat{\alpha}_k$ によって，$\alpha_1 = \alpha_2 = \cdots = \alpha_k = 0$ であるか否かの検定を行うことができる．

💻 シミュレーション・データで理解を確かめておこう．データから全平均および 4 通りの水準に対応する平均は

$$\sum\sum x_{ij} = 207.97, \quad \bar{x} = 10.40$$

$$\bar{x}_1 = 7.66, \quad \bar{x}_2 = 9.98, \quad \bar{x}_3 = 11.13, \quad \bar{x}_4 = 12.12$$

と計算され，これから各水準 A_1, A_2, A_3, A_4 の効果はそれぞれ

---

6) ε_{ij} は変数なので，ˆ を付けるのは変則的だが，慣用に従う．
7) 「大平均」grand mean ということがある．同様にこの和は「大合計」grand total ともいう．

$$\hat{a}_1 = -2.74, \quad \hat{a}_2 = -0.42, \quad \hat{a}_3 = 0.73, \quad \hat{a}_4 = 1.72$$

となる．これらが0と判断するか否か ── おそらく0とはいえない ── が，分散分析の帰無仮説の検定である．

なお，$\Sigma \hat{a}_i = 0$ は成立せず，$\Sigma n_i \hat{a}_i = 0$ に注意しよう．

このことは，次のようにしていっそうわかりやすく納得できるであろう．もし $\bar{x}_1$, $\bar{x}_2$, $\bar{x}_3$, $\bar{x}_4$ が全て等しければそれは $\bar{x}$ に一致し，$\hat{a}_1 = \hat{a}_2 = \hat{a}_3 = \hat{a}_4 = 0$ となり，これらが等しくなくその間に大きなばらつきがあれば各 $\bar{x}_i$ は $\bar{x}$ から大きく離れ，$\hat{a}_i$ の値がそれを表す．すなわち，一般には誤解されやすくまた創始者 R. フィッシャーの創意[8]もそこにあるのだが，分散分析はいくつもの平均の比較を，方法論的には，分散の計算による分析でこれを行う方法と要約される．2通りの平均の比較がスチューデントの t 検定であることはいうまでもない．

11.2.3　平方和とその分解

分散分析表を読むための解説をしよう．

手続的には，分散分析は標準ごとに分類[9]されたサンプル・データに対し，型通り手際よく分散を計算し要約することである．この手続の型をよく理解することがこのあと二元配置，多元配置，要因計画（直交表）へと発展してゆく基礎であるが，ここでは二元配置までとする[10]．

そこで一元配置のデータあてはめ式

$$x_{ij} = \hat{\mu} + \hat{a}_i + \hat{\varepsilon}_{ij}$$

において，$\hat{\mu}$ を移項し，かつ $\hat{\mu}$, $\hat{a}_i$, $\hat{\varepsilon}_{ij}$ の定義を代入すれば

$$x_{ij} - \bar{x} = (\bar{x}_i - \bar{x}) + (x_{ij} - \bar{x}_i)$$

を得るが，これは大切な式である．この式を $A = B + C$ と表現し，次に $A^2 = B^2 + C^2 + 2BC$ とした上で，まず j につき，$(\sum_j)$，次に i につき加え $(\sum_i)$

---

[8]　生物現象では，縦の一貫性が遺伝，横の拡がりがばらつきであり，これを 'Variance'（分散）と表現した．
[9]　例えば，一元配置を「一元分類」（one-way classification）などということもある．
[10]　松原望『入門統計解析』，東京図書．

$$\sum_i\sum_j(x_{ij}-\bar{x})^2 = \sum_i n_i(\bar{x}_i-\bar{x})^2 + \sum_i\sum_j(x_{ij}-\bar{x}_i)^2$$

を得る．ここで $\Sigma\Sigma BC=0$ となる所がポイントであって，この証明はややこしそうだが，2, 3 行で済む．結局，まだ分散まで行っていないが，3 通りの（　）^{2} の和が出るが，一般にこの形の和を「平方和」sum of squares，あるいは「変動[11]」variation といい，前者にならって 'SS' ないしは 'S' と記する．意味的には '変動' が望ましいが,以下大むね Scheffé[12] の記号に従う．そこで，

$$SS_T = \sum_i\sum_j(x_{ij}-\bar{x})^2 : \text{データに対する全平方和（全変動）}$$
$$SS_A = \sum_i n_i(\bar{x}_i-\bar{x})^2 : \text{因子}\,A\,\text{による平方和（変動）}$$
$$SS_E = \sum_i\sum_j(x_{ij}-\bar{x}_i)^2 : \text{誤差による平方和（変動）}$$

とする．SS_A がもっぱら関心の的で，これが大きければ当然，因子 A は有意に効いているとする可能性が大きい．SS_T, SS_E はその判断を助ける補助である[13]．三者間には「平方和の分解」，

$$SS_T = SS_A + SS_E \qquad \text{（平方和の分解）}$$

が成り立っているから，現実には割合 SS_A/SS_E が大きければ A は有意になりそうであるが，まだその判断は早計である．

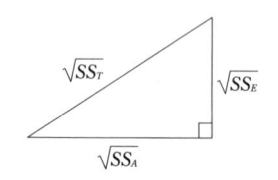

それはそれぞれの平方和を構成している変数の個数が異なるからで，個数が多くなるだけで，一般にばらつき量は増える傾向にある．全く形式的に数えると，SS_T, SS_A, SS_E に対して，それぞれ $n=n_1+n_2+\cdots+n_k$, k, n 個であるが加えて 0（あるいは一定数）になる複数個の変数の実質的に自由に動

---

[11] 'ばらつくこと' 'ばらつき' のように一般的意味でも用いられる．
[12] H.Scheffé 'The Analysis of variance'（1959）.
[13] A だけが因子なので，Scheffé は T, E を 't。 t' 'e' として区別している．

き得る個数はそれより 1 だけ小さい [14] $(a+b=0$ で, a が自由に動いて a が決まれば, b は自由に動きうる変数ではなくなる). このように考えてみると, SS_T, SS_A, SS_E については実数的に自由に動きうる変数の個数——「自由度」 degree of freedom という—— は, それぞれ

$$n-1, \quad k-1, \quad (n_1-1)+(n_2-1)+\cdots+(n_k-1)=n-k$$

である. ここで驚くべきことは

$$n-1=(k-1)+(n-k)$$

となっていることで,「自由度」の考え方がきちんとした数学的に正しい [15] 概念であることがわかる.

したがって, 今後は平方和（変動）は自由度で割って—— 一般に, 平方和／自由度を（不偏）分散 [16] という—— 考えるべきであり, 因子 A の有意性の検定には SS_A/SS_E でなく

$$F_A = \frac{SS_A/(k-1)}{SS_E/(n-k)}$$

を使うべきである. これをフィッシャーの「分散比」variance ratio, あるいは「F 統計量」F-statisticas という.

💻シミュレーション・データで計算してみよう. Excel には平方和の計算がなく, 初等計算を積み重ねる他ないが, ここでは直後の分散分析表の出力を遡って示した. まず, 平方和（変動）とその自由度は, 先の定義より

　　　　因子 A : $SS_A = 48.88$,　d.f. $= 3$
　　　　誤差 E : $SS_E = 21.22$,　d.f. $= 16$
　　　　全　　 : $SS_T = 70.10$,　d.f. $= 19$

であり, これより,

　　　　因子 A : $48.88/3 = 16.29$

---

[14] 加えて 0 になるという条件が 1 通りだから. さらに条件が付けば減少数は増える.
[15] 数学的には空間の部分集合の「次元」に対応する.
[16] $\Sigma(x_i-\bar{x})^2/(n-1)$ はよく知られている例である,「不備」については後に扱う. なお, 分散分析では「平均平方」mean squares, MS という表示もある.

誤差 E : $21.22/16 = 1.33$

となって，因子 A に対する分散比は

$F_A = 16.29/1.33 = 12.87$　　d.f. $= (3, 16)$

となる．これにより，A の有意性を判断すると，有意確率は $p = 2.0 \times 10^{-4}$ から極度に有意である．

ここまでの結果数字が一枚──たった一枚──の分散分析表として出力する（正確に言うと，F_A 値の有意確率も出力されるが，この後解説する）．というのは，分散分析表は分散分析の計算過程をすべて示すが，外見は簡潔なのでその手続き上の意味を知っておかないと数字は読めないし，結論もどう出してよいかわからない．下表[17]でここまでの計算をたどっておこう．

[分散分析表]

変動要因	変動	自由度	分散	分散比 F	p 値	F 境界値
因子 A	48.88	3	16.29	12.28746677	0.000200997	3.238871517
誤差 E	21.22	16	1.33			
全 T	70.10	19				

11.2.4　F 分布で因子 A の有意性を判断

因子 A の有意性を見るのが分散比（F 比）である．2 水準のときの 2 サンプル t 統計量に相当する．実際，SS_A/σ^2 は自由度 $k-1$，SS_E/σ^2 は自由度 $n-k$ の χ^2 分布にそれぞれ従い，かつ独立であるので，分散比

$$F_A = \frac{SS_A/(k-1)}{SS_E/(n-k)}$$

は自由度 $(k-1, n-k)$ の F の分布に従う．有意水準 α を決めておけば有意性検定ができるが，帰無仮説が成り立たなければ，SS_A したがって F_A が増加するから，検定は F_A による右片側検定となる．これを一般に「F 検定」F-test という．

---

[17] Excel のデフォルトでは別の表示がでるので，A と置き換える．他のテキストでは「級間」「級内」あるいは「群間」「群内」，さらには「列間」「列内」，「行間」「行間」など表示された．各水準を '級'（class），'群'（group）と呼び，あついは '列' '行' に配置することを示している．

💻シミュレーション・データに対して,F検定による分散分析検定を行う.$F(3, 16)$の上側5%点,10%点はそれぞれ

$F_{0.05}(3, 16) = 3.289$, $F_{0.01}(3, 16) = 5.292$

である[18].一方,$F_A = 12.28$であるから,H_Aはどちらの有意水準でも棄却され,因子Aは効いている.

これで文字通り,分散分析一元配置の解説を終わるが,実際上はたった一枚の分散分析表を読み結論を出すことにつきるので,初学者には多少つらいであろう.しかし,分散分析は型が定まっているので,慣れるに従いその考えからのしくみを学ぶとよい.また,シミュレーションの再試行を試み,必要数値を一つずつ確認していくのも一工夫である.

11.2.5 完全ランダム計画

分散分析はもとは「実験計画」design of experiments で得られたデータのための分析法である.どのようにして一元配置のデータが得られるか考えてみよう.たとえば,30匹の同腹のマウスがあるとき,これらのマウスは基本的に同一条件のもとにあると考えられる.したがって,実験条件A_1, A_2, $\cdots$, A_kだけで異なる実験を行い,因子Aの効果を調べることができる.そのためには,各マウスに対し,実験条件をランダムに —— 乱数表を用いて —— あてはめればよい.当然,各条件を割り付けられたマウスの匹数は不等になって,各水準のデータ数n_1, n_2, $\cdots$, n_kも異なってもよいとされている.以上のような実験計画を「完全ランダム計画」という.

§11.3 くり返しのない二元配置

一元配置では因子Aのみが考えられた.この他にもう一つの因子Bが効いていると考える場合,因子A, Bの組み合わせごとにデータがとられる.

---

[18] Excel F.INV.RT(F-inverse, right-tailed)は'F分布の逆引き'を意味し,文字通り,右側確率の%点を与える.

このような状況はもとは実験計画で生じる実験の場——たとえば，農業試験では土壌，心理・教育実験では対象集団——に何通りもの違いがあるとき，実験の場をBとし，Bの違い$B_1, B_2, \cdots, B_l$ごとに，因子Aを必要通り（k通り）割り当てる——'割り付け'という——ことによって$l \times k$通りのデータが生じる．したがって，たとえばB_1では，k通りの実験が行われるが，B_1自体の中にさらにわずかな違い（多様性）があることに備えて$A_1, A_2, \cdots, A_k$の割り付けは固定した順序とせず，ランダムに行うものとする[19)]

二元配置のデータの一般的な形式

$A \backslash B$		B_1	B_2	$\cdots$	B_j	$\cdots$	B_l	計	平均
		(l水準)							
	A_1	x_{11}	x_{12}	$\cdots$	x_{1j}	$\cdots$	x_{1l}	$T_{1\cdot}$	$\bar{x}_{1\cdot}$
	A_2	x_{21}	x_{22}	$\cdots$	x_{2j}	$\cdots$	x_{2l}	$T_{2\cdot}$	$\bar{x}_{2\cdot}$
(k水準)	A_3	x_{31}	x_{32}	$\cdots$	x_{3j}	$\cdots$	x_{3l}	$T_{3\cdot}$	$\bar{x}_{3\cdot}$
	$\vdots$	$\vdots$	$\vdots$		$\vdots$		$\vdots$	$\vdots$	$\vdots$
	A_i	x_{i1}	x_{i2}	$\cdots$	x_{ij}	$\cdots$	x_{il}	$T_{i\cdot}$	$\bar{x}_{i\cdot}$
	$\vdots$	$\vdots$	$\vdots$		$\vdots$		$\vdots$	$\vdots$	$\vdots$
	A_k	x_{k1}	x_{k2}	$\cdots$	x_{kj}	$\cdots$	x_{kl}	$T_{k\cdot}$	$\bar{x}_{k\cdot}$
	計	$T_{\cdot 1}$	$T_{\cdot 2}$	$\cdots$	$T_{\cdot j}$	$\cdots$	$T_{\cdot l}$	$T_{\cdot\cdot}$	
	平均	$\bar{x}_{\cdot 1}$	$\bar{x}_{\cdot 2}$	$\cdots$	$\bar{x}_{\cdot j}$	$\cdots$	$\bar{x}_{\cdot l}$		$\bar{x}_{\cdot\cdot}$

・はその位置にあった添字を動かした計，平均を示す

ブロック I	8	5	3	6	4	1	7	2
	127	131	123	119	130	115	111	128
〃 II	7	4	5	6	3	1	8	2
	114	126	130	118	122	118	122	125
〃 III	5	6	1	3	4	8	2	7
	126	122	116	124	121	119	125	114
〃 IV	3	2	1	4	8	7	5	6
	119	122	120	125	128	110	131	115

（注）太字数字は品種，通常数字は収量（貫／反）．

この考えでは一条件ごとに1回の測定だけが行われる．そのような場合も

---

19) Bを一般に'ブロック'blockといい，各ブロック内が'ランダム化'されているので，ブロックは randomized block と云われ，この方法を「乱塊法」とよぶ．

あるが，一元配置では複数回——回数は異なるが——くり返されている．二元配置でも複数回測定が考えられ，したがって，二元配置では，a) くり返しなし，b) くり返しありの2ケースが生じる．a) は一元配置を単純に A, B, 2通りを一度に重ねたと考えられるが，b) では A と B が単純に効く'効き方'の和以上の作用——交互作用 interaction という——も入れることができる固有のメリットがある．このことから，二元配置の解説は多少こみ入るが，むしろそこも'見せ場'である．ただし，分析の基本的な数理は一元配置の直接の拡張であり，以下，幾分要約して述べよう．

11.3.1 くり返しなしのケース

　左の表に見るごとく，一元配置の横方向が今度はくり返しでなく，因子 B が配置されている．表の外形は似ているが，ただし，数理的には因子 B を考える点が異なる．これを考えて

$$因子 A : A_1, A_2, \cdots, A_k \quad (k 水準)$$

$$因子 B : B_1, B_2, \cdots, B_l \quad (l 水準)$$

として，これが効いて (A_i, B_j) の組み合わせで測られて生じるデータは

$$x_{ij} = \mu + \alpha_i + \beta_j + \varepsilon_{ij}, \quad i=1, 2, \cdots, k ; j=1, 2, \cdots, l$$

となっているものとする．ここで μ は全体的（平均的）効果，α_i は A の第 i 水準 A_i の効果，B は第 j 水準 B_j の効果を表す．$k \times l$ 通りの ε_{ij} はこれらだけでは説明しきれない（小さいとされる）誤差であって，すべて共通に正規分布 $N(0, \sigma^2)$ に従い，かつ独立と仮定される．また，一元配置で約束したと同様，α_i, β_j は全体的効果 μ を'原点'として定義され，これに＋あるいは－として加わるので，効果全体として

$$\Sigma \alpha_i = 0, \quad \Sigma \beta_j = 0$$

となるようにとられている（というよりは，そのように μ を定義する）．以上から，各 x_{ij} は正規分布 $N(\mu + \alpha_i + \beta_j, \sigma^2)$ に従う．

　以上の設定のもとで，検証すべき仮説は，帰無仮説

$$H_A : \alpha_1 = \alpha_2 = \cdots = \alpha_k = 0, \ H_B : \beta_1 = \beta_2 = \cdots = \beta_l = 0$$

である.

💻シミュレーションを行って，データを生成してみよう．$k=3$, 4 とし
$\mu=2$, $\alpha_1=1$, $\alpha_2=0$, $\alpha_3=-1$, $\beta_1=-3$, $\beta_2=0$, $\beta_3=1$, $\beta_4=2$
としておく．データは，以上の組合せプラス正規乱数で，$k=3$, $l=4$ の組み合わせ

2 2 2 2	1 1 1 1	−3 0 1 2	0 3 4 5
2 2 2 2	0 0 0 0	−3 0 1 2	−1 2 3 4
2 2 2 2	−1 −1 −1 −1	−3 0 1 2	−2 1 2 3
(μ)	(α)	(β)	($\mu+\alpha+\beta$)

とし，それに $N(0,1)$ の乱数を加え

	B_1	B_2	B_3	B_4
A_1	−0.51	1.91	4.35	5.36
A_2	−2.11	2.27	2.86	3.46
A_3	−1.42	1.92	−0.68	3.41

のようにデータを生成する．マトリクス（行列）の形をしているが，データとしては 12 次元のベクトルと考えられる．

11.3.2 再び平方和の分解

μ, α_i, β_j の値を求めよう．一元配置と同様，α_i, β_j は全体（平均）効果を除いたネットのほうであることに注意して [20]，

$$\hat{\mu}=\bar{x} \quad (\bar{x}=\Sigma\Sigma x_{ij}/kl)$$
$$\hat{\alpha}_i=\bar{x}_{i.}-\bar{x}\ (\bar{x}_{i.}=\sum_j x_{ij}/l), \quad \hat{\beta}_j=\bar{x}_{.j}-\bar{x}\ (\bar{x}_{.j}=\sum_i x_{ij}/k)$$

そして，
$$\hat{\varepsilon}_{ij}=x_{ij}-(\hat{\mu}+\hat{\alpha}_i+\hat{\beta}_j)=\bar{x}_{ij}-\bar{x}_{i.}-\bar{x}_{.j}-\bar{x}$$

---

[20] これらの結果の導出は推定論で正式に証明される．ドット記号・については表参照.

となる．見かけは多少複雑にはなるが，見通しが付いているので，それほどでもない．実際，

$$x_{ij} = \mu + \alpha_i + \beta_j + \varepsilon_{ij}$$

として，データの生成式が今度はデータによって復元しているので納得できる．次に $\hat{\mu}(\bar{x})$ を移項し，これらの定義式を代入すると，各 i, j について

$$x_{ij} - \bar{x} = (\bar{x}_{i.} - \bar{x}) + (\bar{x}_{.j} - \bar{x}) + (\bar{x}_{ij} - \bar{x}_{i.} - \bar{x}_{.j} - \bar{x})$$

が得られる．両辺を2乗し $\Sigma_i \Sigma_j$ をとる．上式を $A = B + C + D$ とし [21]

$$\Sigma\Sigma BC = 0, \quad \Sigma\Sigma BD = 0, \quad \Sigma\Sigma CD = 0$$

を確認すると[22]，結局

$$SS_T = \Sigma\Sigma(\bar{x}_{ij} - \bar{x})^2,$$
$$SS_A = l\Sigma(\bar{x}_{i.} - \bar{x})^2, \quad SS_B = k\Sigma(\bar{x}_{.j} - \bar{x})^2,$$
$$SS_E = \Sigma\Sigma(\bar{x}_{ij} - \bar{x}_{i.} - \bar{x}_{.j})^2$$

として，今回も平方和の分解

$$SS_T = SS_A + SS_B + SS_E$$

を得る．各 SS の意味は，B が加わったほかは，一元配置の場合と同じである．原理的には，SS_A，SS_B が有意に大きければ帰無仮説はそれぞれ棄却され，因子 A あるいは B は効いていると判断される．そのためには対応する自由度

$$kl-1, \quad k-1, \quad l-1, \quad (k-1)(l-1)$$

で割って

$$SS_A/(k-1), \quad SS_B/(l-1), \quad SS_E/(k-1)(l-1)$$

として調整する．

なお，今回も自由度の分解

$$kl-1 = (k-1) + (l-1) + (k-1)(l-1)$$

にも注意する．

次に，誤差を基準とした2つの分散比

---

21) kl 次元のベクトルである．
22) 本来は添字 $A_{ij}, B_{ij}, C_{ij}, D_{ij}$ が付いている．したがって，これらはベクトルの内積である．

$$F_A = \frac{SS_A/(k-1)}{SS_E/(k-1)(l-1)}, \quad F_B = \frac{SS_B/(l-1)}{SS_E/(k-1)(l-1)}$$

を計算し,それぞれ自由度 $(k-1,\ (k-1)(l-1))$, $(l-1,\ (k-1)(l-1))$ の F 分布の有意水準 α に対応するパーセント点と比較する.あるいは F_A, F_B の有意確率を求めよ.

💻 シミュレーション・データについては[23]),

$SS_T = 62.98$ (d.f. = 11)
$SS_A = 7.82$ (d.f. = 2), $SS_B = 45.80$ (d.f. = 3)
$SS_E = 9.36$ (d.f. = 6)

であり(かっこ内は自由度で,それぞれの除数),これから,分散比は

$F_A = 2.51$, $F_B = 9.79$

となる.有意水準 5% として,$F_{0.05}(2,\ 6) = 5.14$, $F_{0.05}(3,\ 6) = 4.76$ から,F_A, F_B ともに有意であり,H_A, H_B は両方とも棄却される,あるいは F_A, F_B の有意確率は $p = 0.16$, 0.01 である.

これらの結果は分散分析表に表される.今回もたった一つの表だけが出力結果なので,導出の'ワケ'をおさえておかないと表は読めない.

[分散分析表]

変動要因	変動	自由度	分散	分散比 F	p 値	F 境界値
因子 A	7.82	2	3.91	2.51	0.162	5.14
因子 B	45.80	3	15.27	9.79	0.010	4.76
誤差 E	9.36	6	1.56			
全 T	62.98	11				

11.3.3 二元配置レビュー (1)

以上の流れが分散分析の 2 元配置の手順であり,定型化されている.ここで,今後のために,2 点重要事項をコメントしておこう.(Excel による)平

---

[23]) 分散分析表から取り出した結果数字.なお,念のためであるが,$\hat{\alpha}_1 = 1.04$, $\hat{\alpha}_2 = -0.11$, $\hat{\alpha}_3 = -0.93$, $\hat{\beta}_1 = -3.08$, $\hat{\beta}_2 = 0.30$, $\hat{\beta}_3 = 0.44$, $\hat{\beta}_4 = 2.34$.

方和の分解は次図のように kl 次元の'三平方の定理'として幾何学的に——ただし，図示は3次元で想像するほかない——理解できる．SS はちょうど（辺の長さ）^{2} に相当し長さそのものではないことに注意．

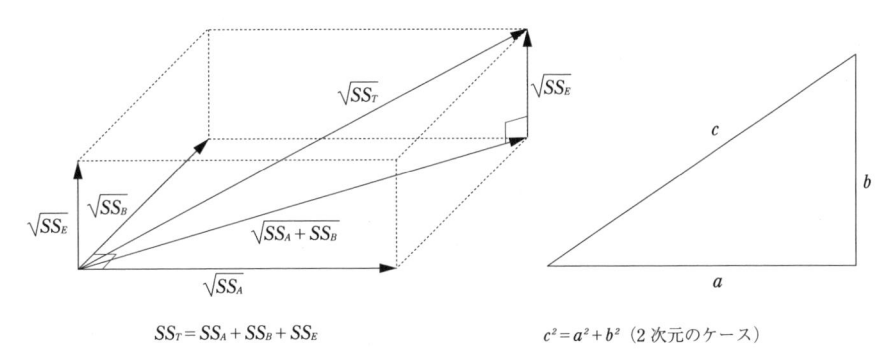

$SS_T = SS_A + SS_B + SS_E$

$c^2 = a^2 + b^2$（2次元のケース）

重要なのは図で理解できるように，A と B，A と E，B と E が'直交'していることであり，実際，線形代数の定理から $\Sigma\Sigma AB = 0$ からそれが証明される[24]．したがって，'効果が直交'していれば，平方和の分解が成り立つ．このことは分散分析のすべての分析に通じる共通定理である．

さらに，この図は kl 次元空間の図（のつもり）であるが，それぞれのベクトルはこの空間全体の中にあるわけではなく——ちょうど，3次元空間の中にある平面（2次元）のように——その一部に限られている．その限定の制約が自由度であり，それぞれ $kl-1$，$k-1$，$l-1$，$(k-1)(l-1)$ 次元の部分空間中でのみ動く．$kl-1 > k-1$，$l-1$，$(k-1)(l-1)$ に注意しよう．

§11.4　くり返しのある二元配置

11.4.1　くり返しありのケース

くり返しありのケースは，ここまでの二元配置の進んだ分析，一般化である．では'三元配置'かというとそうではない．たしかに3通りの因子は入れるが，正式の三つではなく，いわば'中二階'と表現してよい．しかしな

---

[24] ベクトル $a = (a_1, a_2)$，$b = (b_1, b_2)$ に対し，内積 $a \cdot b = a_1 \cdot b_1 + a_2 \cdot b_2$ であり，また $a \cdot b = 0 \Leftrightarrow a \perp b$．前式では，$E$ は 'D' で表されている．なお，これらの議論は初学者はとばしてよい．

がら，これが二元配置のメジャーなのである．というのは，ここまでの二元配置は，数理的には二つの一元配置を合併して重ねたにすぎないともいえるから，2因子を考慮する本当のメリットは，2因子の相互的関連を扱いうる点に求めうる．一般的にいえば，ある一つの現象に関わる諸因子はその間に関連があるのがふつうであって，たとえば，ある人がピアノである曲目をうまく弾いたとき，

 a) その人はどんな曲（ピース）でも弾くのがうまく，かつ（あるいは）（技量）
 b) その曲はだれでもうまく弾く　　　　　　　　　　　　　　（演目）

ということなのか，それともその人とその曲目のコンビネーション ── '相性' といってもよい ── がよかったのかもしれない．この後者を「交互作用」interaction という．

したがって，くり返しがあるとなぜこの交互作用があること（正確にはあるかないか）を確証できるのか，これが「二元配置 ── くり返しあり」の理論のポイントであるが，分散分析の数理の流れ自体はここまで述べてきた通りである．ただし[25]，データも一段と多くなり式も見かけ上複雑に見えるので，細かい点に気を取られず，分析の運びの道筋を大まかにフォローするのが理解の早道である．

11.4.2　交互作用を入れた平方和の分解

因子 A, B はこれまでどおりとし，水準組み合わせ (A_i, B_j) において r 回くり返して測定データがとられたとしてそれを三つの添字を付けて，

$$x_{ijt}, \quad i=1, 2, \cdots, k, \; j=1, 2, \cdots, l, \; t=1, 2, \cdots, r$$

と表す[26]．この x_{ijt} は

$$x_{ijt} = \mu + \alpha_i + \beta_j + \gamma_{ij} + \varepsilon_{ijt}$$

となっているものとする[27]．この新たな γ_{ij} が交互作用の因子で，μ に対して，

---

25) ただし，実験計画の分析としては「乱塊法」という重要な意義がある．
26) これら i, j, t の範囲は特にこれと異ならない限り省略する．
27) γ を $\alpha\beta$ と記すテキストもある．'$\alpha\beta$' は一組の文字で $\alpha \times \beta$ のことではない．意味が表れている点で有用だが，紛らわしいので γ を用いる．

＋，－に効き，α_i, β_j と併せて

$$\Sigma \alpha_i = 0, \quad \Sigma \beta_j = 0, \quad \Sigma\Sigma \gamma_{ij} = 0$$

なるように定義されている．

x_{ijt} のイメージとして，$r=2$ の実際例を下表に出しておこう．ここでの目あては帰無仮説

$$H_A: \alpha_1 = \alpha_2 = \cdots = \alpha_k = 0, \quad H_B: \beta_1 = \beta_2 = \cdots = \beta_l = 0$$
$$H_{AB}: \gamma_{11} = \gamma_{12} = \cdots = \gamma_{kl} = 0$$

の検定である．

くり返しのある二元配置データ：

圧延製品の引っぱり強さ（kg/mm²）

速度 率	B_1	B_2	B_3	B_4
A_1	76.0	76.2	75.3	70.4
	73.2	79.8	79.9	72.4
A_2	77.1	84.5	86.5	76.9
	75.0	80.7	83.1	78.1
A_3	75.7	81.3	80.7	77.1
	74.7	76.9	84.4	82.0

なお，すべての因子水準の組合せに対して等しく 2 個の測定データがある．これが不揃いのケースは扱いが困難になるのでここでは扱わない．

データから定める各 α_i, β_j, γ_{ij} は，うまく・記号を用いて

$$\bar{x} = \Sigma\Sigma\Sigma x_{ijt}/klr, \quad \bar{x}_{ij\cdot} = \sum_t x_{ijt}/r, \quad \bar{x}_{i\cdot\cdot} \sum_j \sum_t = x_{ijt}/lr, \quad \bar{x}_{\cdot j\cdot} = \sum_i \sum_t x_{ijt}/kr$$

とした諸平均を用いて

$$\hat{\mu} = \bar{x}$$
$$\hat{\alpha}_i = \bar{x}_{i\cdot\cdot} - \bar{x}_{\cdots} \quad (i=1, 2, \cdots, k), \quad \hat{\beta}_j = \bar{x}_{\cdot j\cdot} - \bar{x}_{\cdots} \quad (i=1, 2, \cdots, l)$$
$$\hat{\gamma}_{ij} = \bar{x}_{ij\cdot} - \bar{x}_{i\cdot\cdot} - \bar{x}_{\cdot j\cdot} + \bar{x}_{\cdots}$$
$$\hat{\varepsilon}_{ijt} = x_{ijt} - \bar{x}_{ij\cdot}$$

で表される．これを用いると，

$$SS_A = \sum_i \sum_j \sum_k (\bar{x}_{i..} - \bar{x}_{...})^2 = lr\sum (\bar{x}_{i..} - \bar{x}_{...})^2 \quad [k-1]$$

$$SS_B = \sum_i \sum_j \sum_k (\bar{x}_{.j.} - \bar{x}_{...})^2 = kr\sum (\bar{x}_{.j.} - \bar{x}_{...})^2 \quad [l-1]$$

$$SS_{AB} = \sum_i \sum_j \sum_k (\bar{x}_{ij.} - \bar{x}_{i..} - \bar{x}_{.j.} + \bar{x}_{...})^2$$
$$= r\sum_i \sum_j (\bar{x}_{ij.} - \bar{x}_{i..} - \bar{x}_{.j.} + \bar{x}_{...})^2 \quad [(k-1)(l-1)]$$

$$SS_E = \sum_i \sum_j \sum_k (x_{ijk} - \bar{x}_{ij.})^2 \quad [kl(r-1)]$$

$$SS_T = \sum_i \sum_j \sum_k (x_{ijk} - \bar{x}_{...})^2 \quad [klr-1]$$

として[28],今回も三たび平方和の分解

$$SS_T = SS_A + SS_B + SS_{AB} + SS_E$$

が成り立ち――つまり,各因子は今回も直交し――,かつその自由度も次のようになるだけでなく,ここでも対応する自由度分解

$$klr - 1 = (k-1) + (l-1) + (k-1)(l-1) + kl(r-1)$$

が成り立っている.このようにここも型通り順調に進む.

しかして,帰無仮説 H_A, H_B, H_{AB} を検定する分散比は

$$F_A = \frac{SS_A/(k-1)}{SS_E/kl(r-1)}, \quad F_B = \frac{SS_B/(l-1)}{SS_E/kl(r-1)}$$

$$F_{AB} = \frac{SS_{AB}/(k-1)(l-1)}{SS_E/kl(r-1)}$$

である.これらの検定統計量の分布はそれぞれ

$$F(k-1, \ kl(r-1)), \ F(l-1, \ kl(r-1)), \ F((k-1)(l-1), \ kl(r-1))$$

であるから,有意水準を定めて検定するか,あるいは有意確率を計算する.

---

28) AB を A×B と記す流儀もある.

📓 データ例に対して計算してみよう．下の分散分析表の結果を得る．

変動要因	変動	自由度	分散	分散比F
圧延率A	100.736	2	50.368	9.34**
圧延速度B	158.278	3	52.759	9.78**
交互作用AB	49.161	6	8.194	1.52
誤差E	64.735	12	5.395	
全T	372.910	23		

＊＊：水準1%で有意

平方和については，

$$SS_T = 329.910\ (23),\ SS_A = 100.736\ (3),\ SS_B = 158.278\ (3)$$
$$SS_{AB} = 49.161\ (6),\ SS_E = 64.735\ (12)$$

と計算され（かっこ内は自由度），したがって分散比は

$$F_A = 9.34,\ F_B = 9.78,\ F_{AB} = 4.52$$

となる．かっこ内は有意確率で，ベースになった標本分布はそれぞれ

$$F(2, 12),\ F(3, 12),\ F(6, 12)$$

である．

11.4.3　交互作用の重要性

分散分析二元配置はふつう次のように方法論的に解説されている．

　　　　くり返しなし　⇒交互作用の検出はできない
　　　　くり返しあり　⇒交互作用の検出（仮説検定）ができる

したがって，くり返しの有無（データのとり方）が交互作用の有意性のそのまま対応しているように見える．しかし，交互作用の有無はデータの分析をしてはじめてわかるのであるから，理論的には

　　二元配置くり返しあり ⟨ 交互作用有意でない→二元配置くり返しなし等
　　　　　　　　　　　　　　交互作用有意

のようにむしろくり返しありが先行して試されるべきで，ふつうの方法解説は本来的ではない．もっとも，現実にはくり返しは実験を同一条件でくり返し——r回も——重ねなくてはならず，費用，手間，時間などの点で容易

§11.4　くり返しのある二元配置

ではなく，それが当初よりくり返しなしが用いられる理由の一つである．これはとりも直さず交互作用は存在しない（有意でない）とあらかじめ――理論的あるいは従来の知識によって――想定している場合に他ならない．

そもそも，二つの因子 A, B に対し，交互作用 AB の存在の有無についてあらかじめ判断する一般的理由はなく微妙である．交互作用 AB に対し因子 A, B を'元の'という意味で「主効果」main effect という．主効果が実験の重要条件として取り上げた以上有意と想定――'有意であろう'と――することは当然であるが，交互作用は（もし有意でも）副次的結果と考えられがちである．統計理論にはこれを前提として考えられているものが多い．

とはいえこれは経験則であり，主効果は有意でないが交互作用は有意という結果も，ことに心理，教育，社会，社会心理の領域では現実にある．速断は許されず，事前的，あるいは事後的検討が望ましい．というのも，ある現象を説明する複数の因子は本来近いはずであり，そこに関連があってもおかしくはない．しかしその場合は主効果自体の独立した意味は少なくなり，あらためて因子 A, B につき各個検討しなくてはならない．そこまで詳しく論ずることは割愛しよう[29]．

いま一度，'交互作用とは何か'を考えてみよう．分散分析を行う前にそのおおよその見当をつけるグラフによる方法も実践では行われている．下図[30]に見るように因子 B の効果――異なった水準による違いの効果――が因子 A のよらない場合は，効果の幅は同じで (A_i, B_j) を B ごとに結ぶ 2 本の線は（部分ごとに）平行となる（図略）．これは交互作用がない場合である．この B の平行性が大きくくずれ，B_1 と B_2 の差は，A_1, A_2, A_3 に対して，10，30，～20 で，大きく A によって影響されている．場合によっては複雑に交わる場合などはそのもとは因子 A にある．これが交互作用である．問題はこのことがデータによって有意と認識できるかである．

---

29) 『自然科学の統計学』，あるいは小塩など．
30) 概念図であって，誤差は省略されている．

交互作用がない場合

	B_1	B_2
A_1	30	50
A_2	60	80
A_3	70	90

交互作用がある場合

	B_1	B_2
A_1	30	40
A_2	60	**90**
A_3	70	50

　誤解のないよう注意しておくべきは，交互作用はそれ自体はくり返しの有無の問題ではないことである．交互作用は現象そのものの性質であって，それがある時に一元配置くり返しなしを適用しても有意性検定ができない（検定できない）．t検定を思い出そう．有意性検定はデータの平均のばらつきの誤差 —— 分散が0でない —— を標準誤差とする．ここでも，くり返しがない —— $r=1$ —— の場合はそもそも誤差がない．実際，分散分析において誤差の自由度は$r-1$で，これは0である．

■多元配置への発展

　二元配置に続いて三元配置も考えられる．因子A, B, Cに対して

　　　主効果　　　　　　A, B, C
　　　二因子交互作用　　AB, AC, BC
　　　三因子交互作用　　ABC
　　　誤差　　　　　　　E

の計8通りの平方和が計算される．もちろん，その実験も計算もそれだけ面倒で大がかりである．各因子が3水準なら，少なくとも$3\times 3\times 3=27$通りの因子組みあわせがあり，次第に実験が現実は困難になってくる．これを解決するのがさまざまな工夫である．

　まず「要因実験」factorial experimentは文字通りすべての因子の組合せを行う．水準数が少なければ可能のケースもある．交互作用は小さい（有意でない）と事前に判断できるなら，くり返しの替わりに，全く別の因子Xを入れてその因子の異なった水準の実験を行うこともできる．その場合，交互作用とその因子Xの主効果が区別できず重なって出現する —— 一般にある

§11.4　くり返しのある二元配置

因子の効果に他の現象の需要が作用して重なることを「交絡」confounding
という——が，交互作用は無視しているから，ほぼ因子 X の効果が表れて
いると見てよい．交絡をうまく逆利用したのであるが，これらのしくみを数
学的に系統的に行うのが直交表である．

またいわゆる「ラテン方格」の方法もある．これも，交互作用を無視して
実験数を少なくし，実験を効率化して成り立たせる工夫である．'ラテン'
はラテン文字——通常のローマ字つまりアルファベット——で水準組合せ
を表すことから来ている．

11.4.4 おわりに

分散分析の解説はここまでとするが，スペースの関係で扱えなかった個々
の別課題として以下の発展が考えられる．

＜共分散分析 [31] Analysis of covariance, ANOCOVA＞ 因子の背後に量的
に結果を左右する変量，すなわち「共変量」covariate [32] が存在する場合，そ
の影響を除いてから考える，あるいはそれを因子と同格に考えるなどのアプ
ローチがある．あるいは，回帰分析の一つの型として考察する別系統のアプ
ローチもある．

＜完備型，つりあい型＞ 各水準の組み合わせの中に観測が少なくとも一
つはある配置を「完備型」といい，欠測がある場合を「不完備型」という．
また，各水準組合せに属する観測値の数が等しい場合を「つりあい型」とい
う．つりあい型でない場合，不完備型の場合は，分散分析の発展であるが，
数学的には高度であり，統一的取り扱いはない．ただし，因子実験の場合に
は数学的に整った理論があり，現実への応用もある．

---

[31] いわゆる「共分散」とは直接の関係はない．松原望『入門統計解析』東京図書を参照．
[32] concomitant variable ともいうが，最近は covariate が多い．

＜変量模型 random-effects model＞ 通常の分散分析では各因子の水準の α_i, β_j などは設定された一定値として定数（パラメータ）である．これを「定数模型」fixed-effects model，あるいは（こちらのほうがふつうだが）「母数模型」という．しかし，これらのちらばりがある場合，たとえばこれらがサンプリングされている場合は，α_i, β_j を確率変数と考えるほうが適切である．したがって，測定値には，誤差分散 σ^2 以外の分散も入ってくることになる．これらのアプローチを変量模型ないしは「分散成分」variance components の模型ともいう．

＜多重比較 multiple comparison＞ 一元配置の場合，帰無仮説が棄却された後，各水準の α_i の比較を行う課題が浮上する．今日以前においては多重比較の検討は分散分析から導かれ，当初は「シェフェの S 法」「テューキーの T 法」などが提案された．今日は有意水準の調整，水準あるいは帰無仮説の分類など，分散分析とは別個の――あるいは付随した――詳細な方法が考案され，独立した領域となっている．以下に続ける付節で改めて扱おう．

付節　多重比較

付.1 '直列式' の落とし穴

統計分析には，本当にそうでないが，一見して意外な'落とし穴'がある．ある操作 X が $A_1, A_2, \cdots, A_6$ の部分操作からできていて，$A_1 \sim A_6$ のすべてが成功しなければ X は成功ではないとしよう．ここで'成功'と云っているのは良い悪いではなく，ある状態の成立のことである．X の成功確率に 0.95 を要求する（20 回に 1 回くらいの失敗は許される）と，各 A_i の成功確率はさらに高く要求され

$$(0.9915)^6 \fallingdotseq 0.95$$

から，各 A_i ははるかにキビしく 100 回に 1 回の失敗も許されない．日常でも予選に残るためには，'1 回の負けも許されない'とか'あとは全勝で通さなければならない'などの見通しはよく聞かれる．このように多項目の直

列式の組み合わせ —— ブール代数の云い方では —— のもとでは，要求は部分に対して全体よりキツくなり，逆にいうと，全体は部分に対してよりアマくなる．これを「多重性」multiplicity の問題という．

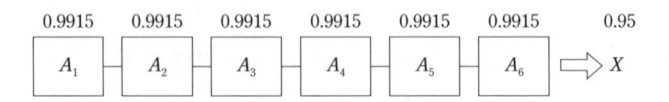

```
 0.9915    0.9915    0.9915    0.9915    0.9915    0.9915      0.95
[ A₁ ]—[ A₂ ]—[ A₃ ]—[ A₄ ]—[ A₅ ]—[ A₆ ]⇒ X
```

　統計学では，この多重性の問題は多群を比較する「分散分析」の本格的成立（1950 年代）の折にはすでに問題として意識されていた．したがっていわゆる「多重比較」mutiple comparison は方法というより，問題ないしは多少'困った'課題と考えられる．いわゆる F 検定を用いる（ふつうの）分散分析法と並んで「T 法」（今日のテューキー法），「S 法」（シェフェの方法）として取り組んでいる[33]．

　そこで，観測値の r 個の群（サンプル）があり，それは異なったそれぞれの母集団からとられ，その母平均は $\mu_1, \cdots, \mu_r$ としておこう．いま

$$\mu_1 = \mu_2 = \cdots = \mu_r$$

の検定を考える．例えば，$r=4$ としてみよう．まず考えられるのが分散分析—値元配置の F 検定であるが，それだけではない．$\mu_1, \mu_2, \mu_3, \mu_4$ のあらゆるペアごとに等しいこと

$$\mu_1 = \mu_2, \ \mu_1 = \mu_3, \ \mu_1 = \mu_4, \ \mu_2 = \mu_3, \ \mu_2 = \mu_4, \ \mu_3 = \mu_4$$

の検定を 6 通りのスチューデントの 2 サンプル t 検定で行ってもよさそうである．しかしそのままでは先に述べた多重性が起こってくる．いいかえると有意水準が大きくなり第 1 種の誤り —— 誤って有意と判断する —— の確率が大きくなる[34]．

---

33) シェフェの『分散分析』The Analysis of variance は，早くも第 3 章「多重比較」でこれにとりかかっている．
34) 薬効検定では有効との判断が規定より出やすくなる．

246　第 11 章　分散分析

付.2 ではどうするか

したがって，実質的には t 検定（のようなもの）にはとどまりつつ，全体として比較を決められた有意水準 α にするためにそれぞれの検定の集まりをどう見直すかを考えよう．それが「多重比較」の諸課題である．いわゆる分散分析検定はその一つの方法にすぎない．当初は T 法，S 法の2つがおもに考案され[35]（1950年代），T 法はあらゆるペア比較を対象とする一方，S 法はさらに広く——数学は無限通り——たとえば '1対それ以外' のような仮説

$$\mu_1 = (\mu_2 + \mu_3 + \mu_4)/3$$

なども含める．もっとも少数の有意味な比較しか問題にはならないから，結果的には必要性よりははるかに '用心深い' 検定である．

多重比較の問題はその後いったん低調になったが，その間，確率に対するボンフェローニの不等式を用いた「ボンフェローニ法」などの有力な方法もきっかけになり，ここ20数年以上は再び生物統計学の論題として再興し[36]，詳細な議論が行われている．それにつれて，諸方法の評価，相互比較を通じて，古典的な方法でも今は '使わない法がよい' と強くレビューされるものさえある[37]．ここでは，スペースの理由から簡潔に，T 法，S 法で多重比較のスピリットにふれるだけにしよう．

付.3 テューキー法

r 群の各平均 $\overline{x_1}, \cdots, \overline{x_n}$ の $r(r-1)/2$ 通りのペア比較 $|\overline{x_i} - \overline{x_j}|$ を用いる方法である．これらの値を元にして $\mu_1 = \cdots = \mu_6$ の棄却（採択）が従う．2群の平均値比較を基にすることから，スチューデントの t 検定の発想に従い，分母に標準誤差——t 検定のケースでは，2サンプルの併合分散による——が必要である．一般に，平均値の差（分子）の比較の標準として分母に

---

[35] この他「ダネットの方法」もペア比較の方法として展開された．
[36] Hotchberg, Tamhane (1958).
[37] T 法，S 法以前のニューマン=コイルズ法など．Miller (1981)，スネデカー (Snedecor) に紹介があるが，Scheffé には引用はない．このレビューは永田，吉田 (1997) による．ただし，理論上の価値はある．

$\sqrt{\text{分散}}$を採用するとき統計量を「スチューデント化」Studentize[38]したという. そこで今回は分散に何をとるかである.

その前に分布の標準ケースとして,$x_1, \cdots, x_k, x_1', \cdots, x_{\nu+1}'$は標準正規分布$N(0, \sigma^2)$に従う2組の独立な乱数としよう[39]. これから

$$R = \max x_i - \min x_i \qquad \text{レンジ（範囲）}$$

$$s^2 = x_1', \cdots, x_{\nu+1}'\text{の不偏分散}$$

を計算する. これから「スチューデント化範囲」Studentized range

$$q = R/s$$

のシミュレーションを行う. なお分子,分母をσで割ることにより,qの分布はσに無関係となり,以後$\sigma=1$としてよい.

一般にこのqの理論分布をパラメータ(κ, ν)の「スチューデント化範囲分布[40]」という. 併せて計算したRの替わりに$|x_i|$の最大値をおき替えた

$$M/S \qquad (M = \max |x_i|)$$

は「スチューデント化最大絶対値分布」Studentized maximum modulus distribution といわれる分布に従う.

以下の展開ではr群の第2群では

$$x_{i1}, x_{i2}, \cdots, x_{in_i}$$

は正規分布$N(\mu_2, \sigma^2)$に従うと仮定している.

スチューデント化の分布を用いて,T法は次のように行われる.
ⅰ) 各群の平均,分散：$\bar{x}_i, s_i^2$を算出する.
ⅱ) ペア比較：$|\bar{x}_i - \bar{x}_j|$を計算する.
ⅲ) スチューデント化：t検定に一部ならって

---

[38] Gossetの別名 Student を動詞化して 'Studentize'（スチューデント化）と称する. したがって大文字を用いる.

[39] T法への応用においては,R, Sは自動的に独立となる. なお,$\nu+1$としたのは後述する自由度の関係のため.

[40] Scheffé, Miller, Snedecor に数値表がある. なお,σ^2には無関係であるので,$\sigma=1$のシミュレーションでも可.

$$\sqrt{s^2\left(\frac{1}{n_i}+\frac{1}{n_j}\right)}$$

で割る．ここに各 n_i は各サンプル・サイズだが，s^2 は全群を通した[41]併合分散——あるいは分散分析の誤差分散——で，

$$s^2 = \Sigma(n_i-1)s_i^2/\phi, \quad \phi = \Sigma(n_i-1) = \Sigma n_i - r$$

iv) 最大化[42]：最も大きく'張り出した'差

$$\max_{i,j} \frac{|\bar{x}_i - \bar{x}_j|}{s\sqrt{\frac{1}{n_i}+\frac{1}{n_j}}}$$

を求める．

v) スチューデント化範囲分布の上側確率 α の点 $q_\alpha(r, \phi)$ と比べる．

付.4 シェフェの方法

シェフェ『分散分析』に当初より知られる古典的方法で，まず手始めに r 個の $c_1, \cdots, c_r$ が

$$\Sigma c_i = 0$$

を満たすとき，「対比」contrast ——'対比する'くらいの意味——と定義する．実際，r 個の母平均 $\mu_1, \cdots, \mu_r$ に対し，$c_1, \cdots, c_r$ による結合 $\Sigma c_i \mu_i = \mu \Sigma c_i$ を用いれば，

$$\mu_1 = \mu_2 = \cdots = \mu_r = \mu \text{ のとき, } \Sigma c_i \mu_i = \mu \Sigma c_i = 0$$

となる．それだけでなく対比 $\{c_1=1, c_2=-1, \text{それ以外の } c_i=0\}$ では

$$\mu_1 = \mu_2 \quad \Leftrightarrow \quad \Sigma c_i \mu_i = 0$$

対比 $\{c_1=2, c_2=-1, c_3=-1, \text{それ以外の } c_i=0\}$ では

$$\mu_1 = (\mu_2+\mu_3)/2 \quad \Leftrightarrow \quad \Sigma c_i \mu_i = 0,$$

であるなど，μ の間に成り立つ相当広い範囲の等式関係を一般に対比 $\{c_1, \cdots, c_r\}$ で表すことができるので，これが付け目である．

---

[41] ここが2標本 t 検定と異なる．iv), v) で t 分布を用いないこと．
[42] s は i, j に依らない（t 検定と異なる）から，max の前に出してもよい．

したがって，あ・ら・ゆ・る・対比[43]を一括して含む確率評価式を見出せばよい．以下では，各観測値の分布は T 法おけるものと同様とする．そこで，手続きとしては

ⅰ）$\bar{x}_i$ を計算，

　　ついで

ⅱ）　　　$SS_i = \sum_{j=1}^{n_i}(x_{ij}-\bar{x}_i)^2, \ SS = \sum SS_i$

から σ^2 の推定値 $s^2 = SS/\phi$（$\phi = \sum n_i - r$）を計算しておく．

ⅲ）信頼区間：信頼係数 $1-\alpha$ に対し，次の確率評価が成立する[44]：

$$\hat{c} = \sum c_i \bar{x}_i \quad (\sum c_i \bar{x}_i \text{ の推定値}), \ s_{\hat{c}}^2 = s^2 \sum \frac{c_i^2}{n_i} \quad (\hat{c} \text{ の分散})$$

として

$$P\Big(\text{す・べ・て・の対比 } \{c_i\} \text{ に対して,} \\ \hat{c} - s_{\hat{c}}\sqrt{(r-1)F_\alpha(r-1, \phi)} \leq \sum c_i \mu_i \leq \hat{c} + s_{\hat{c}}\sqrt{(r-1)F_\alpha(\alpha-1, \phi)}\Big) \\ = 1-\alpha$$

ここで，'すべての' であることに注意しよう．

ⅳ）有意性検定（シェフェの方法）帰無仮説

$$H_0 : \sum c_i \mu_i = 0$$

の有意性検定は上の信頼区間が 0 を含まないこと

$$|\hat{c}| \geq s_{\hat{c}}\sqrt{(r-1)F_\alpha(r-1, \phi)}$$

つまり

$$\frac{(r-1)(\sum c_i \bar{x}_i)^2}{s^2 \sum_i \frac{c_i^2}{n_i}} \geq F_\alpha(r-1, \phi)$$

のとき，有意水準 α で H_0 を棄却する．

---

43) $\mu_1 + 0.2\mu_2 + 0.5\mu_3 = 0.8\mu_4 + 0.6\mu_5 + 0.3\mu_6$ など '無意味' と思われるもさえも含まれる．
44) S 法の原型は Scheffé（1959）.3.5 で信頼区間として表現されている．本書では証明は略す．

なお，ⅲ）の（　）内はす̇べ̇て̇の対比に対する保証である．実際は関心のある有意義な一部の対比しか用いないから，このアドバンテージ（有利性）は生かし切っていない'ぜい沢な'あるいは'もったいない'方法であることに注意しておこう．

第 12 章
大標本理論

「サンプル・サイズ n が大きいとき」という条件が付く統計的方法は多い.そのとき,大数の弱法則と中心極限定理が働いている.ここで個別の統計的方法を扱うのは程度が高く問題外で(とはいえ各所で結果的には扱っているが),ここではむしろ確率論的章として現象理解をめざした.

§ 12.1　統計学と大標本理論

12.1.1　n が大きいとき

「大標本理論」とはサンプル・サイズ n が大きいときの理論で，英語 'Large sample theory' の文字通りの訳である．数学的には '大きい' のではなく，$n \to \infty$ の極限理論であるが，現実にはそれはあり得ないので，n が十分大きいときに統計的方法がどのようになるかを研究する．n が十分大きいときには統計的方法は使いやすくなることが多いから，標本理論のメリットは統計的方法の有効範囲が拡がることであるといってもよい．χ^2 検定はその典型例であって，この便利な統計的方法も 'n が十分大きいとき' に使えることは今日多くの人が知っているであろう．n が小さいときは——たとえば $n=10$ のときなど——順列，組合せの数などで精密に計算せざるを得ず，実際どのような結果になるかは知られていないが，そのような場合を気にしていなかった．つまり，統計理論の始まった頃はすべてが大標本理論であったといってよい．

しかし，ゴセット（別名スチューデント）が，n が小さいときは母分散 σ^2 とサンプルの分散 s^2 を区別しなくてはならず，s^2 にもとづく t 分布を発見してから，n が小さいときにも精密な計算ができる「精密標本論」exact sample theory，あるいは「小標本理論」small sample theory が始まり，統計学は名実ともに数学的に厳密な理論になってゆく．その反面，難しく使いやすさが落ちるという結果をもたらした．大標本理論は，n が大きいときは難しさが回避されことさらに，我々の親しんでいる方法も出てきて，あらためて安心する．その意味では強調する必要もない，大標本理論は，仮説検定のみならず後で述べる推定，その発展であるさまざまな統計理論に共通な前提である．軽く紹介しておこう．

大標本理論は 2 つの確率論の基本定理，すなわち「大数の法則」と「中心極限定理」および多少の微積分の定理によって与えられている．ここでその

細部に渉る解説をするつもりはないが，それらの統計学での用いられ方を知っておこう．

12.1.2 大数の法則 [1]（強法則，弱法則）

n 個の確率変数 [2]

$$X_1, X_2, X_3, \cdots, X_n$$

が独立で同一分布に従うとき，それがどのような確率分布であっても，その n 個の平均（統計学では，サンプル平均）

$$\overline{X}_n = (X_1 + X_2 + \cdots + X_n)/n$$

は，n が大きくなるにつれ，（共通の）期待値 $E(X)$ に近づく（収束する）というものである．'近づく'には2つの近づき方があり，大数の強法則，弱法則があるが，どちらかといえば，強法則は数学的な収束，弱法則は確率論的，統計的な内容を持つ．統計学で応用が広いのは後者であり，かつ歴史も古い（ド・モアブル）．'n' は統計学的にはサンプル・サイズと考えるのがふつうであるが，強法則では時間と考える [3] とわかりやすい面もある．

＜大数の強法則＞ $\overline{X}_n$, $n=1, 2, 3, \cdots$ は $E(X)$ に数列として収束する（厳密にいうと，収束する確率が1，つまり100%確率である [4] という意味である）．

離散的確率分布で，シミュレーションしてみよう．1, 2, 3, 4, 5, 6 をそれぞれ 1/6 でとる確率変数を X とする．

x	1	2	3	4	5	6
確率	1/6	1/6	1/6	1/6	1/6	1/6

期待値は

$$E(X) = (1/6) \cdot 1 + (1/6) \cdot 2 + \cdots + (1/6) \cdot 6 = 21/6 = 3.5$$

---

1) 初学者はとばしてもよいが，図だけでも見ておくのは有益である．
2) 確率論的内容を持つため，確率変数は大文字表現とする．
3) 統計物理学では「エルゴード定理」と称する．
4) '確率1で'と表現される．

である.

さて，X を確率 0.4 で 1，確率 0.6 で 0 をとる乱数[5]として十分大きい回数生成した列 $X_1, X_2, X_3, \cdots$ から最初の n 回の平均を $\overline{X}_n$ とすると，$n = 1, 2, 3, \cdots$ に対し $(n, \overline{X}_n)$ のグラフが得られる．十分先の n まで図表示すると，たしかに $\overline{X}_n$ の数列として

$$n \to \infty \text{ のとき，} \overline{X}_n \to 3.5$$

あるいは $\lim_{n \to \infty} \overline{X}_n = 3.5$ が得られている.

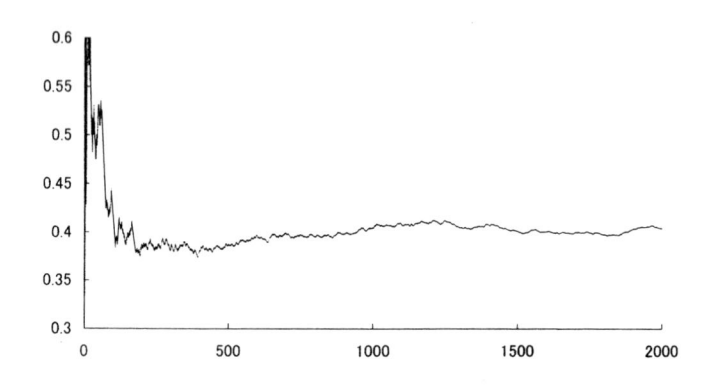

このシミュレーションを再試行すると，いうまでもなく，別の $\overline{X}_n$ の列が得られるが，この場合もやはり同一の極限値が得られる．つまり「確実に」「必ず」同一の極限値が得られる（そうならないケースは決して観察されない[6]）という意味で '100%' と表される.

大数の強法則の証明は数学的結果であることからも相当に大変で，一部の確率論のテキスト[7]にしか扱われていない．統計学ではここまでは要求されない．ファイナンス数学では必要である.

---

5) Excel で一様乱数を生成し，IF 文で 0.4 との大小を分類する.
6) ただし，観察されていないが論理上の例外（収束しない，あるいは別の極限値となる）はありうる．ゆえに，100% でも「概収束」といわれる.
7) 松原望『入門確率過程』，これは伊藤清三『ルベーグ積分』による．ほか，佐藤担『はじめての確率論』.

<大数の弱法則> 強法則は $\overline{X}_n$, $n=1, 2, 3, \cdots$ の値そのものの変化を見るが，弱法則は n は一定——ただし，本来は大きい方が望ましい——として，乱数生成を多数回くり返し，何通りもの $\overline{X}_n$ を出方の分布確率を見る．最後は n を動かして，その確率が収束するのを見る．

(a) 大数の強法則と同じ設定として，まず $n=5$ として，20回試行する．よって，20通りの $\overline{X}_5$ が得られる．これを図示すると下図が得られ，3.5に集中しているのが見られる(左図)．次に $n=10$ とすると3.5へ集中は鋭くなり(右図)，n を大きくするに従い，$\overline{X}_n$ の3.5への収束が見られる．すなわち，3.5のごく近い周囲（「近傍」という）の確率は次第に1に近づき，多少でも離れた場所の確率は0へ近づく．数学的に云うと，非常に近い周囲を $\pm \varepsilon$ とすると[8]，

$$n \to \infty \text{ のとき}, \ P(|\overline{X}_n - 3.5| < \varepsilon) \to 1$$

あるいは同じことだが

$$n \to \infty \text{ のとき}, \ P(|\overline{X}_n - 3.5| > \varepsilon) \to 0$$

となる．確率が収束していることから，$\overline{X}_n$ は3.5に「確率収束」するといわれる[9]．この証明は容易でチェビシェフの不等式により，2, 3行でできるので，ここでは省略する．

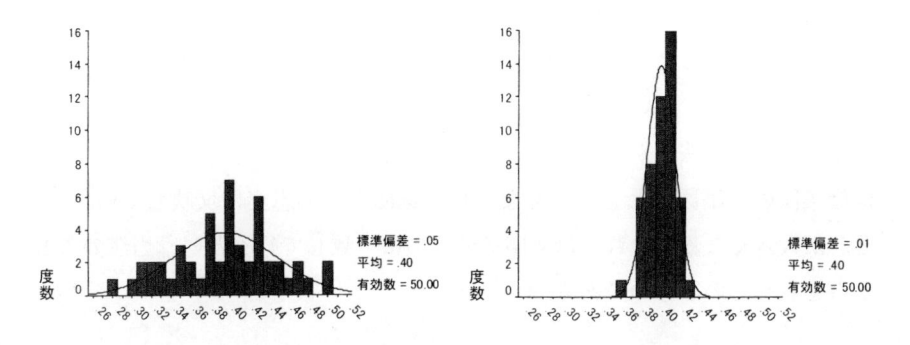

<応用> 統計理論では，統計量の値そのものよりも，その出方の分布に法則

---

8) 小さい量を示すときに用いられるギリシア文字．
9) 一般的な確率論では「概収束」も「確率収束」も極限は定数とは限らず，確率変数 (Y) である．

するから，この大数の弱法則がもっぱら応用に適するものとして重要であるとはいえ，ごく初等の扱い方ではこの 2 つの区別は意識されず，しかも 'n が大きいときは $\overline{X}_n$ は $E(X)$ に近いから，$E(X)$ に置き換えられる' という表現ですまされることが多い．実際，こうできるなら理論が平易になるメリットがある．

実際，統計調査（サンプル調査）では，p を母集団の賛成確率とすると，母集団では X は

x	1(賛成)	0(反対)
確率	p	$1-p$

の確率分布に従っていて，この期待値は

$$E(X) = p \cdot 1 + (1-p) \cdot 0 = p$$

である．他方サンプルでは

$$\overline{X}_n = \frac{\{0, 1\} \text{の和}}{n} = \frac{1 (\text{賛成}) \text{の回数}}{n} = \text{賛成率}$$

したがって，大数の法則から

$$n \text{ が大きければ，} \overline{X}_n \doteqdot p$$

となって，大標本（large sample）では，サンプルから母集団賛成率がほぼ正確に推定できるという原理が従うのである．歴史的にも，通俗的に'大数の法則によって'という理由付けが多くの経済統計，社会統計で広く行われてきたのはこの法則が元になっている．最もわかりやすく言えば，サンプルは母集団の'縮図'として一部ながら母集団を一応忠実に反映しているが，それが大きくなるにつれ，母集団そのものに一致して行くという当然のことがらを表しているものである．

12.1.3 中心極限定理

「大数の法則」は素朴で直感的内容を持っているが，それとは対照的に，「中心極限定理」は結果においてむしろ意外性を持っているだけに，統計学に大

きな貢献をもたらしている．統計学は発展とともに数学的に精密になったが，反面数学的にこみ入って来て，確率分布の計算さえ苦労することも多い．中心極限定理は n が大きいときにこの困難を合理的にバイパスする．すなわち，文字通り，大標本理論の'中心的な'（Central）——'重要な'の意——柱であり，統計学の応用には欠かせない内容を持っている．

　中心極限定理は独立で同一分布に従う確率変数
$$X_1, X_2, \cdots, X_n$$
に対し，それがどのような確率分布であっても，その和
$$S_n = X_1 + X_2 + \cdots + X_n$$
は，n が大きくなるにつれ正規分布に従うと仮定してよい．くわしくは各 X の平均，分散が
$$E(X) = \mu, \qquad V(X) = \sigma^2$$
であるならば，ほぼ $N(n\mu, n\sigma^2)$ に従うと考えてよい，という内容を持つ．

　統計学上はこれでよいが，確率論では '$n \to \infty$ の極限で' との前提であるので，n が残ってはならず，また実際，標準正規分布を使うため，S_n を当初より標準化すると，
$$P\left(a \leq \frac{S_n - n\mu}{\sqrt{n}\sigma} \leq b\right) \to \int_a^b \phi(x)\,dx, \quad (n \to \infty)$$
ここで $\Phi(x)$ は標準正規分布 $N(0, 1)$ の確率密度関数で，
$$\Phi(x) = \exp(-x^2/2)/\sqrt{2\pi}$$
と表現して用いることも少なくない．さらに右辺の確率を，その際，正規分布
$$\Phi(b) - \Phi(a)$$
から計算することも行われている．

12.1.4　メリット 2 通り

　実際に見た方がよいであろう．X を大数の法則の例で扱った確率分布としよう．$n = 4$ とし（これは '大きく' はないが，今の場合これでもよい

$$S_4 = X_1 + X_2 + X_3 + X_4$$

の確率分布を定めよう. S_4 は 4 より 24 までであるが,その確率分布は求めるのは決して困難ではないが手間がかかる.下表および下図はその結果である.

S_4							
	1	3	6	10	15	21	26
	0.000771605	0.002314815	0.00462963	0.007716049	0.011574074	0.016203704	0.020061728
	30	33	35	36	35	33	30
	0.023148148	0.025462963	0.027006173	0.027777778	0.027006173	0.025462963	0.023148148
	26	21	15	10	6	3	1
	0.020061728	0.016203704	0.011574074	0.007716049	0.00462963	0.002314815	0.000771605

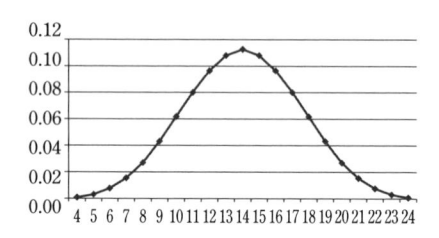

一見して正規分布に酷似している. 実際,$E(X)$, $V(X)$ はそれぞれ

$$\mu = 7/2, \quad \sigma^2 = 35/12$$

と計算できるので

$$\frac{S_4 - 4 \cdot (7/2)}{\sqrt{4 \cdot (35/12)}} = \frac{S_4 - 14}{\sqrt{35/3}}$$

が標準正規分布 $N(0, 1)$ に従うとしてよい. 実際 $9 \leq S_4 \leq 19$ の確率を計算してみよう. この範囲は

$$-\frac{5}{\sqrt{35/3}} \leq \frac{S_4 - 14}{\sqrt{35/3}} \leq \frac{5}{\sqrt{35/3}}$$

となるが, $\frac{5}{\sqrt{35/3}} = 1.464$ から,標準正規分布の [−1.464, 1.464] の確率を求めればよいが,これは,$\Phi(1.464) - \Phi(-1.464) = 0.856$ と出る. 一方,S_4 の元の表からは 0.892 と求められ,両者は大むね等しい.「連続性修正」(略)を行えばこのくい違いはかなり小さくなる.

このようにして S_n の複雑な確率分布も X の平均（期待値）μ，分散 σ^2 がわかれば，簡単に正規分布に帰着する．一般に，統計量の確率分布（標本分布）が知られれば，仮説検定の有意水準に対する棄却域，場合によっては検出力も求められ，さらに今後述べる所の推定の問題も解決できて，中心極限定理の果たす役割は大きいことが納得できる．なお，確率分布（確率法則）への収束は確率論では一般に「法則収束」Convergence in law といわれる．

いま一つ，今度は知ら・れ・た・確・率・分布でも，それが独立で同一分布に従う $X_1, X_2, \cdots, X_n$ の和 S_n の確率分布に該当していれば，n が大きいときはふたたび正規分布に帰着する．その典型例は二項分布 $B_i(n, p)$ である．まず

$$X = \begin{cases} 1 & （確率分布\ p\ で）\\ 0 & （確率分布\ 1-p\ で）\end{cases}$$

に従う同様の独立な確率変数 $X_1, X_2, \cdots, X_n$ の和

$$S_n = X_1 + X_2 + \cdots + X_n$$

は，S_n 中の 1 の個数をカウントしていて，二項分布 [10]

$$f(y) = {}_nC_y p^y (1-p)^{n-y}, \quad y = 0, 1, 2, \cdots, n$$

に従う．その期待値，分散は，それぞれ

$$E(X) = np, \quad V(X) = np(1-p)$$

であるが，ことに X —— つまり X_1 —— の期待値，分散は，$n=1$ とおいて

$$\mu = p, \quad \sigma^2 = p(1-p)$$

である．ここで文字通り中心極限定理を用いると，S_n の確率分布 $B_i(n, p)$ は，n が大きいとき，正規分布 $N(np, np(1-p))$ としてよい．

§12.2 統計学への応用

中心極限定理の統計学への応用は非常に広く，すべては意識されていないくらいである．そのごく一部を紹介する．

$1°$ ＜コインの歪み＞ これは仮説検定であるが，むしろ中心極限定理の

---

[10] X との混同を避けるため，x でなく y を用いた．

'切れ味'を示す例題といえよう[11].

——ある人はカードのマークの赤, 黒を言いあてられるという. これを確かめるためにその能力を試したところ, 52枚中40枚を言いあてた. この人は偶然あてたというべきだろうか——

'偶然当てる'を当たる確率1/2として, これを帰無仮説としよう. 中心極限定理より二項分布 $B_i(50, 1/2)$ を正規分布 $N(52(1/2), 52(1/2)(1/2))$ で近似し, さらに標準正規分布に読み替えると,

$$\frac{40-26}{\sqrt{13}} = 3.888$$

から, 40は上側0.0005(0.05%)点であり, 極度に有意である.

2° <χ^2適合度検定> nが大きいとき, 多項分布(二項分布の一般化)に対する中心極限定理によって標準正規分布に従う変数が現れ, これより, χ^2分布が従う. したがって, この検定はnが大きいときのみ有効である.

3° <χ^2独立性検定> 証明は複雑になるが, 基本的には2°と同一.

4° <母比率の2標本検定> 第6章で信頼区間として扱ったが, 2標本からの比率 $\hat{p}_1, \hat{p}_2$ に対し

$$Z = \frac{\hat{p}_1 - \hat{p}_2}{\sqrt{\left(\frac{1}{n_1} + \frac{1}{n_2}\right)\hat{p}(1-\hat{p})}}$$

を n_1, n_2 が大なるとき標準正規分布と対比する.

5° <母集団相関係数ρの検定> これについては, この機会にややくわしく解説しよう. 母相関係数ρ(ロー)に対する帰無仮説$\rho=0$の仮説検定はt分布による検定となるが, $H_0: \rho=0.5$のような帰無仮説(一般に$\rho=\rho_0$,

---

[11] 東京大学教養学部統計教室『統計学入門』, 東京大学出版会.

ただし $\rho_0 \neq 0$) に対してはどのように行うか．2次元正規分布に対する $\rho = \rho_0$ のときのサンプル相関係数

$$r = \frac{\sum (x_i - \bar{x})(y_i - \bar{y})}{\sqrt{\sum (x_i - \bar{x})^2} \cdot \sqrt{\sum (y_i - \bar{y})^2}}$$

の確率分布（標本分布）はフィッシャー（1915）が初めて求めたことは知られている．統計学の初期時代の画期的結果であるが，これだけでは仮説検定は必要な有意水準を定める上側確率を求めることができない[12]．実際，r の分布は ρ 次第で形そのものも大きく変わってしまう．

フィッシャー（1921）は，r, ρ にそれぞれ変換[13]

$$z = \frac{1}{2} \log \frac{1+r}{1-r}, \quad \zeta = \frac{1}{2} \log \frac{1+\rho}{1-\rho}$$

を行い，r, ρ の代わりに z, ζ を扱うなら，中心極限定理を用いて，n が大きいときは，z の確率分布が平均・分散がそれぞれ

$$\zeta = \frac{\rho}{2(n-1)} \quad \text{および} \quad \frac{1}{n-3}$$

の正規分布に従うことを示した．したがって，n が大きくこの $\rho/2(n-1)$ も無視できるなら z の分布は常に同じ形（正規分布）をとり，かつ平均 ζ のみで異なりしかも分散は変わらない[14]．これを利用して仮説検定ができる．この有用な変換は「フィッシャーの z 変換」といわれる．

6° ＜ノンパラメトリック検定＞　どのような確率分布に従っているか想定もできない量を扱うときは，正規分布はもちろんのこと，他のよく知られた分布を指定できない．このようなケースを「ノン・パラメトリック統計学」non-parametric statistics というが，ここで用いられる統計量はごく '素朴な' ものに限られるだけに，統計分布の推定に困難が生じる．しかし，この場合

---

12) 数学上，標本分布が複雑な級数展開の式で表されるため．
13) ζ はギリシア文字で 'ツェータ' と読む．
14) 一般に分散がほぼ一定となる変換を「分散安定化変換」といい，他にも多く知られている．

でも，n が大きいときは，中心極限定理により，打開できることが多い．これについては第13章で扱おう．

§ 12.3　最尤推定量の大標本分布

■最尤推定の強み

最尤推定量 $\hat{\theta}$ が重用される理由に3つある．
(a) $f_\theta(x)$ の関数形が与えられていれば $\hat{\theta}$ の算出が事実上 [15] '自動的' である（もっとも，2パラメータの場合などは，それほど容易ではない）．
(b) $\hat{\theta}_n$ は θ の一致推定量である．
(c) サンプル・サイズ n に対する $\hat{\theta}$ を $\hat{\theta}_n$ とすると，$\hat{\theta}_n$ は大標本 $n \to \infty$ の極限で正規分布に従い，かつその漸近分散からクラメール・ラオの下限を達成し「漸近的有効推定量」asymptotically efficient estimator となる．すなわち $\hat{\theta}_n$ の分布は，眞値を θ_0 として [16]，n 大のとき
$$N\left(\theta_0, \frac{1}{nI(\theta_0)}\right)$$
より適切には，$\sqrt{n}(\hat{\theta}_n - \theta_0)$ の分布は
$$N\left(0, \frac{1}{I(\theta_0)}\right)$$
となる．

(b)，(c)の証明は，厳密さを確保しようとすれば，大変なので，ここでは(c)について，それも大まかなスケッチにしよう [17]．

$\hat{\theta}_n$ における対数尤度をθのまわりに展開すると，$'$ を $\partial/\partial\theta$ の記号として
$$\ell'(\hat{\theta}_n) = \ell'(\theta_0) + \ell''(\theta_0)(\hat{\theta}_n - \theta_0) + (1/2)\,\ell'''(\tilde{\theta}_n)(\hat{\theta}_n - \theta_0)^2$$
を得る（なお，$\tilde{\theta}$ は展開の残余項——ふつうは……と示す——を打ち切るための調整であるが，ここでは大きな問題ではない）．最尤推定量なので左辺

---

[15]　PCによる解の近似も含める（ニュートン＝ラプソン法）．
[16]　尤度関数の一般変数 θ と区別するため．
[17]　Cramér，鍋谷他．ここは Lehmann に従うが，(b)の証明などは和書では鍋谷など．

$=0$. よって,第2,第3項から $\hat{\theta}_n-\theta_0$ を一つ分強引に括り出して,

$$\sqrt{n}(\hat{\theta}_n-\theta_0) = \frac{\ell'(\theta_0)/\sqrt{n}}{-\ell''(\theta_0)/n - \ell'''(\tilde{\theta})(\hat{\theta}_n-\theta_0)/2n}$$

まず,分子は

$$\ell'(\theta_0) = \sum_1^n \left.\frac{\partial \log f_\theta(X_i)}{\partial \theta}\right|_{\theta_0}$$

だが,もともと

$$E\left(\frac{\partial \log f_\theta(X_i)}{\partial \theta}\right) = 0, \quad V\left(\frac{\partial \log f_\theta(X_i)}{\partial \theta}\right) = E\left(\frac{\partial \log f_\theta(X_i)}{\partial \theta}\right)^2 = I(\theta)$$

で,中心極限定理により,

$$\ell'(\theta_0)/\sqrt{nI(\theta_0)}, \quad \ell'(\theta_0)/\sqrt{n}$$

は $n\to\infty$ のとき,それぞれ $N(0,1)$, $N(0,I(\theta_0))$ に従う.結局これがメイン・パートになる.

次に,分母については,第一項は

$$\ell''(\theta_0)/n = \sum_1^n \left.\frac{\partial^2 \log f_\theta(X_i)}{\partial \theta^2}\right|_{\theta_0} \Big/ n$$

だが,

$$E\left(\frac{\partial^2 \log f_\theta(X_i)}{\partial \theta^2}\right) = -I(\theta)$$

から,大数の弱法則で, $n\to\infty$ のとき

$$-\ell''(\theta_0)/n \to -I(\theta_0) \qquad (確率収束)$$

次に,分母の第3項は0に近づく.ただし,それには条件[18]が必要で $|(\partial^3/\partial\theta^3)\log f_\theta(x)|$ はある関数 $M(x)$ より小さく,かつ $E(M(x))$ は有限とする.よって $\ell'''(\theta_0)$ はある程度以上大きくならない.したがって,あとは $(\hat{\theta}_n-\theta_0)/2n$ が残る.ところで,(b)より $\hat{\theta}_n\to\theta_0$ (確率収束) だから,結局第3項は0に収束する.よって分母全体は $I(\theta_0)$ に収束する.

---

18) $(\partial^3/\partial\theta^3)$ は偏微分を3回くり返す操作を1行に短縮した記号.厳密な議論のためであって初学者はとばしてもよい.

結論として，分子の分布は $N(0, I(\theta_0))$，分母は $I(\theta_0)$ に収束するので，
$$\sqrt{n}(\hat{\theta}_n - \theta_0)$$
の分布は $N(0, 1/I(\theta_0))$ に収束し（一般に，$V(X/c) = V(X)/c^2$ に注意），証明は終わる[19]．

したがって，n 大のとき，$\hat{\theta}_n$ の分布は $N(\theta_0, 1/nI(\theta_0))$ であり，分散はクラメール＝ラオの下限を達成する．

---

19) (b)の証明はしておらず，また各所では省略も多く100％厳密ではない．

第13章

分布によらない統計的方法

「ノンパラメトリック統計学」とは,まずは多少狭いが「順序統計量」と「順位」に基づく統計的方法と定義される.それでもなお分野は茫漠とした平原のようで個別方法も列挙にいとまがない.ここでは,むしろ方法の意義に焦点を当て簡潔でコンパクトな要点解説とした.ノンパラメトリック検定に対応する「ロバスト推定」も,初学者にはコトバさえ聞きなれないであろう.順序統計量にもとずく典型的統計量の辞典的紹介のみとしても若干のメリットはあろう.

§ 13.1　ノンパラメトリック統計学とは何か

ノンパラメトリック統計学は，すべての量が正確に測れるわけではなく，またここまで展開してきたように'正規分布に従うとする'などと正しく仮定できるわけでもないことから始まる．我々の周囲ではこれは例外ではなくむしろ普通である．

ここで述べるのは後に述べる順位相関係数で知られるケンドール（M.G.Kendall[1]）の例であって，10人の生徒の数学と音楽[2]における能力測定の順位である．

	A	B	C	D	E	F	G	H	I	J
数学	7	4	3	10	6	2	9	8	1	5
音楽	5	7	3	10	1	9	6	2	8	4

このように順位を付けるのはもちろん10人に序列を与えるためではなく，人間の能力の客観的測定法はない —— あるいは知られていない —— けれども，しかし，対象を順位尺度上で測ることはでき，これによって数学と音楽の能力の関連を研究するためである．

実際，上のリストを数字を中心に並べ直してみると次の様になる．

	I	F	C	B	J	E	A	H	G	D
数学	1	2	3	4	5	6	7	8	9	10
英語	8	9	3	7	4	1	5	2	6	10
（差）	-7	-7	0	-3	1	5	2	6	3	0

差に＋，−が混じり，2通りの能力に完全な一致はないことがわかる．この後の展開はおって述べることにしよう．

---

1) M.G.Kendall　*Rank Correlation methods*
2) ヨーロッパの文化的伝統（眞善美）では，音楽的完成も数学と並んで人間教育の目標であった．

§13.2 分布によらない方法

「ノンパラメトリック統計学」とは何であるかの意義は多少あいまいさが残り完全にスッキリとしていないが，もとは先に述べたように統計的仮説検定から起こって来た方法である[3]．母数——parameter（パラメーター）ともいうが——がなければ，もちろん仮説検定は不可能，無内容である．これが，文字通り'parameter のない'ノンパラメトリックな状況である．

したがって，正規分布のように，分布形とそこに含まれている母数によって母集団が決まることなく，

（ⅰ）母平均，母分散はもはや重要な量ではなくなる（母平均については議論がある）．

（ⅱ）対応して，これをサンプルから推定する標本平均，標本分散などの統計量は（計算しても）大した情報はもたない．ここまでの云い方（第5章）では，いかなる意味でも十分統計量ではない．

（ⅲ）ただし，これが重要だが，母集団分布があることは確かである．ただ，極めて基礎的なこと，たとえば連続型か離散型の区別を除けば，何もわかっていないし，多少の実質的仮定もできない．

そこで，「分布形によらない方法」distribution-free method を採ることにする．'free' とは，〜のない，〜から影響を受けない，〜から自由である，位の意味で，ノンパラメトリック統計学の内容をよく表している．

<順序統計量> では，どうすべきか．この場合の十分統計量を用いるのだが，それは「順序統計量」order statistics である．これは，サンプル・データ $x_1, x_2, \cdots\cdots, x_n$ を小から大へと

$$x_{(1)} \leqq x_{(2)} \leqq \cdots \leqq x_{(n)}$$

のように並べかえた一連のデータを云う．（ ）内は順位 rank であり，統計学では最小値に 1，最大値に n を付番する．

---

[3] Mood, Graybill, Bose (1962).

これが十分統計量であるのは次の意味である．$n=3$ としても，もし

$$x_{(1)}=2,\ x_{(2)}=5,\ x_{(3)}=8$$

とすると，もとの (x_1, x_2, x_3) は，順列

$$(2,\ 5,\ 8),\ (2,\ 8,\ 5),\ (5,\ 2,\ 8),\ (5,\ 8,\ 2),\ (8,\ 2,\ 5),\ (8,\ 5,\ 2)$$

のいずれかであり，その確率は──母集団分布にかかわりなく──各 1/6 である．したがって，(x_1, x_2, x_3) に含まれている母集団分布に関する情報の一切はひとえに，この $\{x_{(1)}, x_{(2)}, x_{(3)}\}$ に含まれている．

順番の入れ替えだけが'統計量'というのは腑におちない感もあるが，人は最大値，最小値を「記録した」record value として[4] 関心を持ち，'最高記録''最小記録''記録的暑さ'などと形容することから納得できるであろう．

ノンパラメトリック統計学の最初の起こりは仮説検定論であったが，順序統計量は重要な役割を果たすとともに，推定論にも入ってきている．

<順位>　2つの量の相関関係を量に替えて順位で考えることはノンパラメトリック統計学の考え方の前身であることは前項で述べた．統計学の正確な定義では
──サンプル・データ $x_1, x_2, \ldots\ldots, x_n$ において，x_i の順位とは，x_i が順序統計量 $x_{(1)} \leq x_{(2)} \leq \cdots \leq x_{(n)}$ の中で，j 番目

$$x_i = x_{(j)}$$

となるときの番号 j をいい，x_i の順位を $R_i = j$ と表す──

x の意味内容にかかわらず，x の小さいものから形式的に順位を付けることに注意する．十分統計量のそもそもの発想法から，我々は並べ換えた順序統計量

$$x_{(1)} \leq x_{(2)} \leq \cdots \leq x_{(n)}$$

そのものをデータとして扱うが，並べ換えた記録が順位であることから，順位とは実質は十分統計量そのものをあらわすと考えてよい．

例で理解を深めておこう．$n=5$ で

---

4)　極値を extreme values というのもほぼ同じである．

元サンプル x_i	2.3	5.2	1.5	3.0	1.8
順位 R_i	3	5	1	4	2

ここで,順序統計量は $\{1.5,\ 1.8,\ 2.3,\ 3.0,\ 5.2\}$ である.

§ 13.3 順位の不変性 [5]

多少データ分析に慣れている人であれば,2サンプル t 検定と並行してマン＝ホイットニー ── あるいはウィルコクソン ── の「順位和検定」を計算する人も少なくないであろう.実際,ノンパラメトリック検定とは順位による検定のことになっている [6].それにはそれだけの理由がある.少しムズカシイ言葉でいえば,'狭義単調変換に関する不変性' というものである.例えば次の例を挙げよう.

M教授は限られた時間と環境の試験では学生の統計学能力を測定するのは難しく,さらに統計学能力の定義ましてやその分布はわからない.このような状況がノンパラメトリック的状況である.M先生の '$10\sqrt{x}$方式' は次のようなものである.表では $x' = 10\sqrt{x}$ と表している.

素点 x	1	4	9	16	25	36	49	64	81	100
変換点 x'	10	20	30	40	50	60	70	80	90	100

学生の素点および変換点は次のようであった [7].

素点 x	26	81	15	78	31	42	90	75	88	92
変換点 x'	51.0	90.0	38.7	88.3	55.7	64.8	94.9	86.6	93.8	95.9
順位	2	7	1	6	3	4	9	5	8	10

素点の分布は高得点に偏っており,母集団分布に正規分布を仮定できない

---

[5] 「不偏性」と発音上同等であり,これら2つを区別する呼称がない.
[6] 統計分析プログラム・パッケージにはこれを自動出力するものもある.
[7] ExcelのRANK.EQによる.ただし,昇順,降順の指定が逆,かつ範囲指定は絶対参照とすべきである.

がその代替案はないので，'ある分布'としておく他ない．となれば，わからない分布に強く依存する統計量は望ましくない．というよりは不可能である．測り方が別の x' になって分布が変わっても，その測り方が $x>y$ なら $x'>y'$ となる値の基準を満たす限り，統計量は同じにならなければならない．その統計量が順位であることは，表から明らかであろう．x，x' の順位は変わらず，一致する．すなわち [8]．

—— 変換が $x>x'$ なら $y>y'$ ならば，x_1, x_2, …, x_n の順位と y_1, y_2, …, y_n の順位は一致する ——

§ 13.4 順位相関係数

順位による（順位の）相関係数は早くから知られていて，ノンパラメトリック統計学の代表格であり，用いた経験のある読者も多いであろう．そこで，いま，2通りの順位があるとしよう．順位のみ観察されているとしても，あるいは，順序統計量からとったとしてもいずれでもよい．

対象	1	2	…	n
R	R_1	R_2	…	R_n
R'	R'_1	R'_2	…	R'_n

＜スピアマンの $\overset{ロー}{\rho}$, 1910＞順位から通常の相関係数（ピアソンの積率相関係数）をそのまま計算して，2つの順位づけの関連の強さをみるのが，「スピアマンの順位相関係数」Spearman's rank correlation coefficient で，記号 $\overset{ロー}{\rho}$ で表される．

いま，標本の大きさ n の対象に対し，2つの順 R_1, R_2, …, R_n および R'_1, R'_2, …, R'_n を得たとすれば，定義として

$$\rho = \frac{\Sigma(R_i - \overline{R})(R'_i - \overline{R'})}{\sqrt{\Sigma(R_i - \overline{R})^2 \Sigma(R'_i - \overline{R'})^2}}$$

これはまた，順位の差を $d_1 = R_1 - R'_1$ などとおくことにより

---

[8] 数理統計学では，順位は狭義単調変換群の最大不変量（maximal invariant Chiehman）という．

$$\rho = 1 - \frac{6\Sigma d_i^2}{n^3 - n}$$

のように，順位差と密接に関連づけて表すこともできる．

これを示しておこう．数 $R_1, R_2, \cdots, R_n$ あるいは数 $R'_1, R'_2, \cdots, R'_n$ は全体として $1, 2, \cdots, n$ に一致するので，

$$\Sigma R_i = \Sigma R'_i = (n+1)/2, \quad \Sigma R_i^2 = \Sigma R'^2_i = n(n+1)(2n+1)/6,$$

$$\Sigma (R_i - \overline{R})^2 = \Sigma R_i^2 - (\Sigma R_i)^2/n$$

$$= \frac{n(n+1)(2n+1)}{6} - \frac{n^2(n+1)^2}{4n}$$

$$= (n^3 - n)/12 \quad (= \Sigma (R'_i - \overline{R'})^2)$$

などから，ρ の分母は $(n^3 - n)/12$，分子は，積和の公式より

$$\Sigma (R_i - \overline{R})(R'_i - \overline{R'}) = \Sigma R_i R'_i - (\Sigma R_i)(\Sigma R'_i)/n$$

$$= \Sigma R_i R'_i - n^2(n+1)^2/4n \qquad (*)$$

この第一項は，順位差 d_i から表せる．すなわち，

$$\Sigma d_i^2 = \Sigma R_i^2 + \Sigma R'^2_i - 2\Sigma R_i R'_i$$

$$= n(n+1)(2n+1)/3 - 2\Sigma R_i R'_i$$

から，$\Sigma R_i R'_i$ を解き出して，$(*)$ に代入すると

$$\Sigma (R_i - \overline{R})(R'_i - \overline{R'}) = \frac{n^3 - n}{12} - \frac{1}{2}\Sigma d_i^2$$

これを，分子に代入すれば，目指した式を得る．

13.1 節の例では $\Sigma d_i^2 = 182$ だから

$$\rho = 1 - \frac{6 \cdot 182}{990} = -0.103$$

となる．

ρ によって，母集団における無相関の帰無仮説 H_0 を検定することができるが，H_0 のもとでの ρ の分布を知らなければならない．

 （ⅰ） n が小さいとき（$4 \leq n \leq 8$）： ρ は $D = \Sigma d_i^2$ で決定されるから，

D で表した棄却域を求めておけばよい（表参照）．D が小ならば，2 つの順位はそれほど異ならず，正の順位相関を意味する．

ここで，右片側検定とは，ρ が 1 に近いとき，すなわち D が小さいときに帰無仮説を棄却する検定であって，対立仮説 H_a：母集団の順位相関は正，に対応するものである．

無相関の帰無仮説 H_0 の棄却域（片側検定の場合）

n	有意水準 0.5%		有意水準 2.5%	
	右 片 側	左 片 側	右 片 側	左 片 側
4	$D=0$	———	$D=0$	———
5	$D=0$	———	$D\leqq2$	$D\geqq40$
6	$D\leqq2$	$D\geqq70$	$D\leqq6$	$D\geqq66$
7	$D\leqq6$	$D\geqq108$	$D\leqq14$	$D\geqq100$
8	$D\leqq14$	$D\geqq158$	$D\leqq24$	$D\geqq146$

有意水準 2.5% の片側検定のとき，すなわち，対立仮説 H_a：母集団の順位相関は 0 でない，に対して検定するときは，たとえば $n=8$ の場合は，$D\leqq24$ または $D\geqq146$ のとき H_0 を棄却すればよい．

（ⅱ） n が中程度のとき（$9\leqq n\leqq20$）：

$$t=\frac{\rho}{\sqrt{\dfrac{1-\rho^2}{n-2}}}$$

を変換すると，H_0 のもとで，t はほぼ自由度 $n-2$ の t 分布 $t(n-2)$ に従うので，t 分布表と対比すればよい．

（ⅲ） n が大なるとき（$n>20$）：ρ の分布は，H_0 のもとで正規分布 $N(0, 1/(n-1))$ でよく近似されるので，標準化すれば

$$Z=\frac{\rho}{1/\sqrt{n-1}}=\sqrt{n-1}\,\rho$$

は，ほぼ標準正規分布 $N(0,1)$ に従うこととなる．よって，Z の値を標準正規分布表と対比すればよい．

＜ケンドールのτ（タウ），1942＞と並んで，もう一つの2つの順位の関連の強さの尺度がある．2つの順位の対照がより直接的かつ単純であり，しかも，スピアマンの場合と異なって，四則演算——これは，順位尺度を便宜的に間隔尺度として扱っていることを意味する——を経由しないので，その意味で，より「順位」ということに忠実な順位相関係数と考えられる．

n 個の対象 $1, 2, \cdots, n$ から，任意に (i, j) の対を取り出し——${}_nC_2$ 個の対がある——2つの順序が $R_i > R_j$, $R'_i > R'_j$, あるいは $R_i < R_j$, $R'_i < R'_j$ のように同順ならば+1と数え，$R_i > R_j$, $R'_i < R'_j$ あるいは $R_i < R_j$, $R'_i > R'_j$ のように逆順ならば-1と数えてゆき，全部で同順 P 対，逆順 Q 対を得たとする．このとき，数 $P-Q$ を得るが，これは次のことを意味する．順位づけ R, R' が同方向（正の順位相関）ならば，P が Q を大きく上まわり，逆方向（負の順位相関）ならば Q が P を大きく上まわり，いずれでもない（順位相関なし）なら，P, Q はほぼ同程度になる．これから差 $P-Q$ の全体の対の個数 $P+Q = {}_nC_2 = n(n-1)/2$ に対する割合を記号 τ（タウ）で表す：

$$\tau = \frac{P-Q}{n(n-1)/2}$$

τ は $-1 \leq \tau \leq 1$ となる．

データ例で計算すると，被験者Ⅰによる順位を基準にして，

この表から，次のように同順，逆順の個数を計算する．数え上げると，次表を得る．

同順,逆順（+1, -1）の表

			A	B	C	D	E	F	G	H	I	J
			7	4	3	10	6	2	9	8	1	5
			5	7	3	10	1	9	6	2	8	4
A	7	5	0	-1	1	1	1	-1	1	-1	-1	1
B	4	7	-1	0	1	1	-1	-1	-1	-1	-1	-1
C	3	3	1	1	0	1	-1	-1	1	-1	-1	1
D	10	10	1	1	1	0	1	1	1	1	1	1
E	6	1	1	-1	-1	1	0	-1	1	1	-1	-1
F	2	9	-1	-1	-1	1	-1	0	-1	-1	1	-1
G	9	6	1	-1	1	1	1	-1	0	1	-1	1
H	8	2	-1	-1	-1	1	1	-1	1	0	-1	-1
I	1	8	-1	-1	-1	1	-1	1	-1	-1	0	-1
J	5	4	1	-1	1	1	-1	-1	1	-1	-1	0

　この表は1つずつ数えあげれば容易であるが，n が大となると手間がかかる（$n=10$ では 45 通り）．しかし，次の関数

$$\xi(a,b,c,d) = \begin{cases} 1 & (a-b)(c-d) > 0 \text{ のとき} \\ 0 & (a-b)(c-d) = 0 \text{ のとき} \\ -1 & (a-b)(c-d) < 0 \text{ のとき} \end{cases}$$

を定義すれば，R, R' を原データあるいは順位として，$S = P - Q$ は

$$S = \frac{1}{2} \sum_i \sum_j \xi(R_i, R_j, R'_i, R'_j)$$

と一挙に計算され，これから，上表の場合 $P=21$, $Q=24$ だから

$$\tau = \frac{P-Q}{n(n-1)/2} = \frac{-3}{45} = -0.07$$

となる（$P+Q = n(n-1)/2$ より，P, Q も算出される）．あるいは P のみで

$$\tau = \frac{4P}{n(n-1)} - 1$$

という計算もある．

　一般に，この例でもわかるように2つの順位相関係数 ρ と τ を比べた場合，傾向として，$|\rho|$ よりも $|\tau|$ の方が小さい（0 に近い）．このことからより小さい n に対しても，次の正規近似が成り立つ．

さい n に対しても，次の正規近似が成り立つ．

ケンドールの順位相関係数 τ により，母集団における無相関の帰無仮説 H_0 を検定するためには，H_0 のもとでの τ の分布を知らねばならない．
（i） n が小さいとき $(4 \leq n \leq 10)$： 棄却域を次表で示す（右片側検定．S を $|S|$ とすれば有意水準1％，5％の両側検定となる）．

なお，ケンドールは，ρ，τ，および r は次の式で統一的に表されるとした．

$$\frac{\sum a_{ij}b_{ij}}{\sqrt{\sum a_{ij}^2 \cdot \sum b_{ij}^2}}$$

ここで，ρ の場合は
$$a_{ij}=R_i-R_j, \quad b_{ij}=R_i'-R_j'$$
また τ の場合は
$$a_{ij}=\mathrm{sgn}(R_i-R_j), \quad b_{ij}=\mathrm{sgn}(R_i'-R_j')$$
また r の場合は
$$a_{ij}=x_i-x_j, \quad b_{ij}=y_i-y_j$$
である．

無相関の帰無仮説 H_0 の棄却域（片側検定の場合）

n	有意水準 0.5％	有意水準 2.5％
4	―	―
5	―	$S \geq 10$
6	$S \geq 15$	$S \geq 13$
7	$S \geq 19$	$S \geq 15$
8	$S \geq 22$	$S \geq 18$
9	$S \geq 26$	$S \geq 20$
10	$S \geq 29$	$S \geq 23$

（ii） n が大きいとき $(n>10)$： S の分布は，H_0 のもとで，平均 0，分散 $n(n-1)(2n+5)/18$ の正規分布でよく近似されるので

$$Z = \frac{S}{\sqrt{\dfrac{n(n-1)(2n+5)}{18}}}$$

は，ほぼ正規分布 $N(0,1)$ に従うことになる．よって，Z の値を標準正規分布表と対比すればよい．

この例では $n=10$ は（i）に該当する．$S=29$ で，両側有意水準 $\alpha=0.05$ とすれば，表から評価は相関がないという帰無仮説は棄却される．

§ 13.5　順位による検定[9]

13.5.1　順位和検定

t 検定のノンパラメトリック代替法として二母集団の分布の同一を検定する．すなわち，2つの母集団 Π_1，Π_2 の母集団分布（累積分布関数で）を $F_1(x)$，$F_2(x)$ と表すとき，2つの母集団の分布が等しいという帰無仮説 $H_0: F_1 = F_2$ を，順位をみることにより検定する対立仮説は，t 検定と同じく，ある量 Δ だけ平行的にずれている，すなわち $F_2(x) = F_1(x-\Delta)$，$\Delta \neq 0$ である．第1サンプルを $x_1, x_2, \cdots, x_{n1}$，第2サンプルを $y_1, y_2, \cdots, y_{n2}$ として，これらをプールして（コミにして）順序統計量を作る．このとき，この中で x がどの辺の位置（順位）を占めるかを調べ，始めの方（小さい方）に集中すれば，その分布は y の分布に比べ小さい方にずれていると判断され，H_0 は棄却される．後の方（大きい方）に集中すればその逆である．そのいずれの極端でもなく，たがいに入り混じっていれば，H_0 を棄却しない．

2つの方法がある．一つはウィルコクソン（Wilcoxon），もう一つはマン，ホイットニー（Mann-Whitney）による方法だが，結果的には同じ方法である．

13.5.2　ウィルコクソンの順位和検定

順序統計量の中での順位 —— 合体した順位 Combined ranks という —— を付け，第1サンプル x（n_1 個ある）の順位を，$R_1, R_1, \cdots, R_{n1}$ として，その和（順位和）

9）総称である．

$$W = \sum_{i=1}^{n_1} R_i$$

が極端に大あるいは小でなく"中程度"の値ならば，H_0 を棄却しない．

$$W = R_i, \quad W' = n_1(n_1 + n_2 + 1) - W$$

の両者を計算し，W，W' のいずれかが，次表に与えた $\underline{W}$ に等しいか，それより小となれば，H_0 を棄却する．これらをウィルコクソンの W 統計量，この検定法を「ウィルコクソンの順位和検定」Wilcoxon's rank sum test という．

$n_1 = n_2 = 4$ のときの例で示してみよう．

$$x_1 = 2.1, \quad x_2 = 5.5, \quad x_3 = 3.8, \quad x_4 = 6.2,$$
$$y_1 = 4.1, \quad y_2 = 3.9, \quad y_3 = 5.1, \quad y_4 = 2.9$$

とする．これをコミにすると，順序統計量

<u>2.1</u>,　2.9,　<u>3.8</u>,　3.9,　4.1,　5.1,　<u>5.5</u>,　<u>6.2</u>

となる（ __ は x から由来）．合体後の x の順位は下から $1, 3, 7, 8$ で，その順位和は $W = 19$ となる．表によれば，H_0 は棄却されない．

第1サンプル，第2サンプルが完全に大きさの上で分離した場合に W は最小（第1サンプルの方がすべて小さい）あるいは最大（第1サンプルの方がすべて大きい）となるから，

$$W_{\min} = 1 + 2 + \cdots + n_1 = n_1(n_1 + 1)/2$$
$$W_{\max} = (n_2 + 1) + (n_2 + 2) + \cdots + (n_2 + n_1) = n_1 n_2 + n_1(n_1 + 1)/2$$

よって，W の値の"中央"（メディアンあるいは平均）は

$$W_M = \frac{1}{2}(W_{\min} + W_{\max}) = n_1(n_1 + n_2 1)/2$$

で，この周辺の W は H_0 を示すのである．

実際の実行の際は，n_1, n_2 が大なるとき（$n_1 \geq 8$，$n_2 \geq 8$ が望ましい），$W(W'$ も）の分布は，平均 $n_1(n_1 + n_2 + 1)/2$，分散 $n_1 n_2 (n_1 + n_2 + 1)/12$ の正規分布でよく近似され，

§13.5 順位による検定

$$Z = \frac{W - \dfrac{n_1(n_1+n_2+1)}{2}}{\sqrt{\dfrac{n_1 n_2(n_1+n_2+1)}{12}}}$$

は，ほぼ標準正規分布 $N(0, 1)$ に従うから，Zの値を標準正規分布表と対比する．

帰無仮説H_0に対する順位和Wの限界値$\underline{W}$の表
($n_1 \leq n_2$；両側検定として有意水準5％，片側検定として2.5％)

n_2 \ n_1	2	3	4	5	6	7	8	9	10
4	—	—	10						
5	—	6	11	17					
6	—	7	12	18	26				
7	—	7	13	20	27	36			
8	3	8	14	21	29	38	49		
9	3	8	15	22	31	40	51	63	
10	3	9	15	23	32	42	53	65	78

13.5.3 マン＝ホイットニー検定

もう1つの考えとして，マンとホイットニー (Mann, Whitney) は，第2標本の各値が第1標本の各値を超える回数Uを統計量として提唱した．これをマン＝ホイットニーのU統計量という．このUとWには

$$U = n_1 n_2 + n_1(n_1+1)/2 - W$$

の関係式があるから，Wの大小は，Uの大小と（向きが逆になるだけで）全く並行的で両者は同一の検定法と考えてよい．U統計量による検定を「マン＝ホイットニー検定」(Mann-Whitney's test) という．このU統計量は，2数a, bに対して定義された関数

$$\phi(a, b) = 1 \ (a < b),\ 0 \ (\text{それ以外})$$

で

$$U = \sum_i \sum_j \phi(x_i, y_j) \tag{11.12}$$

と容易に計算される．なお，関数ϕはExcelでは差$b-a$に対し

INT（0.5＊SIGN$(b-a)$＋0.5）を適用すればよい．

　順位和検定は，一般に多くのノンパラメトリック検定がサンプル値を棄てて順位だけを採用することから，情報ロスがあり，検出力が劣るとされるが，この順位和検定はこのロスは少なく，母平均のみ異なる正規分布を仮定すると，大標本の極限では二標本 t 検定と比べてわずかに "5％程度劣る" だけで，よく用いられる．すなわち，サンプル数 $n=100$ の順位和検定は $n'=95$ の t 検定と検出力が同じということで，この比 95％をピットマンの「漸近的相対効率」(Asymptotic Relative Efficiency, ARE) という．

§ 13.6　ロバスト推定[10]

　ノンパラメトリック統計学は順位による検定に限られる．
　実際，標準テキスト[11]はほぼノンパラメトリック検定で占められている．代替的云い方の '分布によらない' distribution-free も「検定」にかかる．では推定はどうか．推定は，サンプル $x_1, x_2, \cdots, x_n$ の順序統計量

$$x_{(1)} \leq x_{(2)} \leq \cdots \leq x_{(n)}$$

に基づいて ── それを用いて ── 統計量を構成する．その目的は，
　ⅰ) 母集団分布が多少動いてもそれにあまり影響されない．
　ⅱ) 外れ値 outlier ── 飛び抜けて大きいあるいは小さいサンプル値 ── に影響されない（そうなる原因の異なった母集団分布がわずかに入りこんでいるためと考えられる）．
ことである．'ノンパラメトリック的' な雰囲気を感じさせる．しかしこれとは区別して，ⅰ)，ⅱ) の性質を「ロバスト」robust ── '頑健' と訳す ── と呼ぶ．感じとしては 'ビクともしない' 'ドンと来い' と云う所であろう．'ロバスト' の検定はテューキー (J. Tukey) による．

　順序統計量自体は順位と異なり，母集団分布に依存するから，ロバスト推定は 'ノンパラメトリック' ではない．以下，ロバスト推定をノンパラメト

---

10) おおむね Hinkley による．
11) Hajek-Sidak, Siegel, Hollander-Wolfe, 柳川など．

リック統計学と並行的に述べて行こう．

いま，$N(0,1)$ および $N(0,9)$ からそれぞれ正規乱数 $x_1, \cdots, x_{15}$ および，$y_1, \cdots, y_{15}$ をとっておき，各 (x_i, y_i) のなかで，確率 0.9 で x，確率 0.1 で y ($i = 1, \cdots, 15$) をとろう．それによって，サンプル

$$0.212 \quad 5.580 \quad -0.687 \quad 0.376 \quad 0.635 \quad 0.006$$
$$-1.024 \quad 1.333 \quad 1.587 \quad 1.548 \quad 0.817 \quad 0.615$$
$$0.965 \quad 0.836 \quad 1.891$$

が得られたとする．したがって，これは母集団分布

$$0.9 \cdot N(0,1) + 0.1 \cdot N(0,9)$$

からのサンプルで，いわば $N(0,1)$ に少し'混り'が入った —— contaminated 汚染された —— 分布から取られている．この母集団分布の平均（この場合は 0）を推定するとき，どのように推定量があるのだろうか．順序統計量

$$x_{(1)} \leq x_{(2)} \leq \cdots \leq x_{(15)}$$

を作った上で，次の方法を考えよう．

a) 平均 $\bar{x} = 0.979$

b) 中央値（メディアン）　$x_{(8)} = 0.817$

c) L 推定量　これは「順序統計量の線形結合」 Linear combination of oder statistics で，適切に取った $x_{(i)}$ を合計ウェイトが 1 になる比率で加える．ここでは中央値 $x_{(8)}$，上，下 4 分位点 $x_{(4)}$，$x_{(12)}$ を用いると，

$$0.3\, x_{(4)} + 0.4\, x_{(8)} + 0.3\, x_{(12)} = 0.855$$

d) 10% トリム平均　$n=15$ に対して，上下から $15 \times 0.1 = 1.5$（個），つまり（切り捨てて）1 個ずつ x を刈り込んで —— trim 刈り込む —— 平均を作る．

$$(x_{(1)} + x_{(3)} + \cdots + x_{(13)} + x_{(15)})/13 = 0.779$$

このトリム平均はよく知られた，Excel の TRIMMEAN で計算される．

e) M 推定量　ある適切に定義された量 $\sum \rho(x_i - a)$ を最小化する．最も一般的には，関数 ρ として $\rho(x) = x^2$，$\rho(x) = |x|$ などが考えられるが，これを

組み合わせて [12] 例えば,
$$\rho(x) = \begin{cases} x^2/2, & |x| \leq k \text{ のとき} \\ k|x| - \dfrac{1}{2}k^2, & |x| \geq k \end{cases}$$

とする. 実際, k の内, 外で
$$\Sigma(x_i-a)^2, \quad \Sigma|x_i-a| \quad \text{の最小値}$$
の切り替えを行っているが, 前者は $a=\bar{x}$ で, 後者が $a=x_{(8)}$ (中央値) であるから, $a)$, $b)$ のハイブリットである.

これら $a) \sim e)$ のうちで, ロバスト推定量は, $b)$, $c)$, $d)$, $e)$ で, $a)$ の 0.979 は明らかに外れ値の影響を強く受けていることがわかる.

---

[12] Huber による例 (Lehmann). 他の取り方では最尤推定量類似の推定も考えられる.

第14章

ベイズ統計学の基礎

　「ベイジアン」とは，母集団の母数は動くのみならず確率分布を持ち「ベイズの定理」で演算されるとする統計学説の学派をいう．従来よりの多数派統計学説は，母数はその値はわからないが固定されているとして，これを異端としてきた．今日ベイジアンは，その哲学基礎はとにかくも，柔軟な発想と展開が引きつける力が大きく，次第に有力方法論となってきている．ここではその入り口部分だけでそのほんの一端を示そう．

§14.1 ちょうど逆

いま，いくつかの壺に赤と白の玉がそれぞれ異なった割合で混ざって入っているとし，この壺のどれかから1つの玉が抜き出されたとする．ただし，どの壺からかは知られていない．赤か白かを知って，どの壺から取り出したかという原因を推定したい[1]．

ここで，A を得られた**結果**，$H_1, H_2, \cdots, H_k$ を**原因**としよう．われわれが知りたいのは A が起こったとき原因が H_i である確率 $P(H_i|A)$ である．われわれが知ることができるのは，原因に対する結果の確率 $P(A|H_i)$ である場合がほとんどであるが，これは，確率の「頻度主義」frequentism といわれる．確率はどの結果がどれだけひんぱんに起こるか起こらないかを示すものと考える．いわばふつうの立場である．これに対しベイズの定理によって結果に対する**原因の確率** $P(H_i|A)$ を計算する考え —— ちょうど逆の立場 —— が「ベイジアン」の立場である．

いま，原因 $H_1, H_2, \cdots, H_k$ は互いに排反（どれがただ一通りのみ起こり，同時に2通り以上は起こらない，すなわち原因の競合は起こらない）で，かつすべての場合 —— Ω と書く —— をつくし，$H_1 \cup H_2 \cup \cdots \cup H_k = \Omega$ とする．このとき，ベイズの定理は

$$P(H_i|A) = \frac{P(H_i) \cdot P(A|H_i)}{\sum P(H_j) \cdot P(A|H_j)} \tag{14-1}$$

というものである[2]．ここに $P(H_i)$ は原因 H_i の「**事前確率**」prior probability，$P(H_i|A)$ は H_i の「**事後確率**」posterior probability とよばれる．その意味は次の通りである．

---

1) 一般に，得られた結果から原因を推定することは，歴史的に「逆確率」の問題といわれる．
2) この表現，説明のしかたは，原因結果という枠組に合わせてある．数学的には一般的な形がとられる．証明は略．松原望著『入門ベイズ統計』を参照．

§ 14.2 平純な計算

3個の壺 H_1, H_2, H_3 があり，その中に赤の玉，白の玉がそれぞれ 3:1, 1:1, 1:2 の割合で入っている．実験として，ランダムに指定された —— ここがポイント —— 壺の中から玉が勝手に 1 個取り出されたとする．どの壺から取り出されたかは告げられず，玉の色だけを告げられる．いま，「玉の色は赤である」と告げられたとき，その玉が，それぞれ H_1, H_2, H_3 から取り出されたものである確率を求めよう（下表）．

壺	実験前の確率	実験後の条件付確率	
		赤の玉	白の玉
H_1	0.33	0.47（＋＋）	0.18（－－）
H_2	0.33	0.32（－）	0.35（＋）
H_3	0.33	0.21（－－）	0.47（＋＋）

そこで，まず事象 A は

R：赤の玉が取り出される

とする．R の出方の確率 —— 確率法則 —— は，赤の玉がどの壺 H から起こったかによって異なり，

$$P(R|H_1) = \frac{3}{4}, \quad P(R|H_2) = \frac{1}{2}, \quad P(R|H_3) = \frac{1}{3}$$

どの壺が指定されるかは，われわれは知らない．しかし，どの壺も同等なので，この段階では

$$P(H_1) = P(H_2) = P(H_3) = \frac{1}{3}$$

をおく．これが事前確率である．

ベイズの定理を用いて，起こった赤玉が壺 H_1 からのものである確率（事後確率）は

$$P(H_1|R) = \frac{\left(\frac{1}{3}\right)\left(\frac{3}{4}\right)}{\left(\frac{1}{3}\right)\left(\frac{3}{4}\right) + \left(\frac{1}{3}\right)\left(\frac{1}{2}\right) + \left(\frac{1}{3}\right)\left(\frac{1}{3}\right)} = \frac{9}{19} = 0.47 \qquad (14\text{-}2)$$

となる．同様にして

$$P(H_2|R) = \frac{6}{19} = 0.32, \quad P(H_3|R) = \frac{4}{19} = 0.21$$

となる．これで終わりであるが，H_1 の確率が 1/3 から 9/19 へ上ったのは，H_1 では赤の玉が出やすいのだから当然である．この'原因の感覚'がベイズの定理のポイントである．

問題を「玉の色が白である……」と変えた場合は，A を

　　　W：白の玉が取り出される

として，同じように

$$P(H_1|W) = \frac{3}{17} = 0.18, \quad P(H_2|W) = \frac{6}{17} = 0.35, \quad P(H_3|W) = \frac{8}{17} = 0.47$$

となる．今度は H_3 の事後確率が高い．

§ 14.3　ベイズ統計学へ

統計学では，原因＝母集団の A，結果＝サンプル $(x_1, \cdots, x_n)$ である．サンプルは一括して z と略記する．θ は未知であるが，いろいろの可能性があるので，ここでは（さし当り）$\theta = \theta_1, \theta_2, \cdots, \theta_k$ としておこう．ベイズの定理 (14-1) で，原因 (A) を θ，結果 (B) を z とおいて，事前確率 $P(H_i)$ を $w(\theta_i)$，事後確率 $P(H_i|A)$ を $w'(\theta_i|z)$，確率 $P(z|\theta_i)$ を z の関数として $f(z|\theta_i)$ と書けば，ベイズの定理は

$$w'(\theta_i|z) = \frac{w(\theta_i) f(z|\theta_i)}{\sum w(\theta_j) f(z|\theta_j)} \qquad (14\text{-}3)$$

の形となる．ここで ' は「事後」を示す．θ にいろいろな可能性があることは尤度関数として一般に認められている（フィッシャーがその典型）．しかし，θ が確率的に動き，その確率分布まであるというアプローチ ―― ベイジア

ン・アプローチ —— には，多くの統計学者が反撥した．θ に現実に確率分布が客観的にあるとは思われないので，それを'想定する'とするベイジアンの考え方に対してはさらに反撥は激しくなった．ことに科学的客観主義者であったネイマン・ピアソン理論の人々は強く反対した．

さて，本来 θ は連続的に動くから，ベイズの定理は積分を用いて

$$w'(\theta|z) = \frac{w(\theta) \cdot f(z|\theta)}{\int_\Theta w(\theta) f(z|\theta) d\theta} \tag{14-4}$$

の形となる．ここで，Θ は θ 全体の集合である．w, w' はそれぞれ「事前分布」prior distribution，「事後分布」posterior distribution とよばれている．

この事前分布，事後分布がベイジアンの統計学，つまり「ベイズ統計学」の基本フォーミュラである．θ は母集団の母数（パラメーター），z は標本，$f(z|\theta)$ は母数が θ のときの標本の確率分布 —— つまり尤度 —— である．ずいぶんと複雑な式だと思われるが，そうではない．分母は θ で積分しているからもはや θ は入っていない[3]．θ の式としてこの定数は省略してよく，

$$w'(\theta|z) \propto w(\theta) \cdot f(z|\theta)$$

と簡単になる．（$\propto$ は定数を省略した式で，$y=ax$ を $y \propto x$ と記して'y は x に比例する'と読む比例記号である）．すなわち，ベイズの定理は，事前分布が事後分布へサンプル'情報'によって

$$w(\theta) \quad \rightarrow \quad w'(\theta|z)$$

と変換されるという情報的意味をもつ．

分析の対象となっている現象に応じて，うまく $f(\cdot)$ を選ぶべきである，と一般的に考えられている．このためには $P(z|\theta)$ の関数型に応じて，$w(\theta) \rightarrow w'(\theta|z)$ の変換 $w \rightarrow w'$ が円滑にいく分布 f をとるとよい[4]．これを，$f(z|\theta)$ の「自然な共役事前分布」natural-conjugate prior distribution という．典型

---

[3] x で積分すれば x の関数ではなく，x は消える．x は積分消去 integrate out されるといわれる．
[4] '選ぶ'という考え方に対する反発は強い．これがベイジアン拒否の中心的考え方である．フィッシャーは θ が動くことは承認したが（尤度），事前分布を選ぶことは拒否し，ベイズを評価しつつも，ベイジアンではなかった．

的なケースで解説しよう．'共役'とは，お相手くらいの意味，'自然な'とはうまく合う，うまく行くの意味である[5]．

§ 14.4　正規分布の共役事前分布

標本 $z = (x_1, \cdots, x_n)$ の確率，あるいは θ の関数として尤度 $f(\cdot|\theta)$ が正規分布のときは，結果はとくにベイズ統計学の基本的考え方を示すものとして典型的である．まず

$$f(z|\theta) = \prod_{i=1}^{n} \frac{1}{\sqrt{2\pi}\sigma} \exp\left\{-\frac{(x_i - \theta)^2}{2\sigma^2}\right\}$$

$$= \exp\left\{-\frac{(\bar{x} - \theta)^2}{2\sigma^2/n}\right\} \cdot \left(\frac{1}{\sqrt{2\pi}\sigma}\right)^n \exp\left\{-\frac{\sum (x_i - \bar{x})^2}{2\sigma^2}\right\}$$

$$\bar{x} = \frac{1}{n}\sum x_i$$

であるが，θ の関数は第一因数だけでこれが情報として寄与し，第二因数は役立たない（$\bar{x}$ は θ に対して十分 sufficient であるから，$\bar{x}$ だけが残ればよい）．事実，ベイズの定理（14-4）の分母，分子から消える．以上から十分な部分だけとれば，

$$w'(\theta|z) \propto w(\theta) \cdot \exp\left\{-\frac{(\bar{x} - \theta)^2}{\frac{2\sigma^2}{n}}\right\}$$

となる．ここにある事前確率分布 $w(\theta)$ は θ の予想を表すが，指定を組み込み，かつ，関数形（exp(　)）に着目すれば，これもまた正規分布の形 $N(\mu, \tau^2)$

$$w(\theta) = \frac{1}{\sqrt{2\pi}\tau} \exp\left\{-\frac{(\theta - \mu)^2}{2\tau^2}\right\}$$

---

[5] 主な確率分布について共役事前分布が知られ，用いられている．事前分布の推定には他に 2, 3 の考え方がある．

が適当であろう．したがって，これが共役事前分布である．

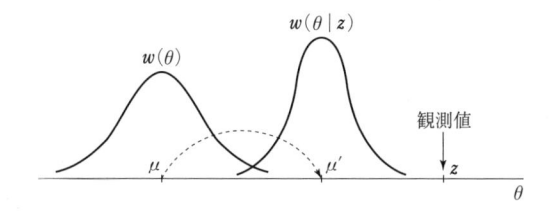

（図：$w(\theta)$ と $w(\theta|z)$ の分布，μ，μ'，観測値 z）

実際，二次式を操作すれば，事後確率分布は，結局，再び

$$w'(\theta|z) \propto \exp\left\{-\frac{(\theta-\mu')^2}{2\tau'^2}\right\}$$

の形，$N(\mu', \tau'^2)$ となる．ここに

$$\mu' = \frac{\left(\frac{1}{\tau^2}\right)\mu + \left(\frac{n}{\sigma^2}\right)\bar{x}}{\frac{1}{\tau^2}+\frac{n}{\sigma^2}}, \quad \frac{1}{\tau'^2} = \frac{1}{\tau^2}+\frac{n}{\sigma^2}$$

である．すなわち，尤度が正規分布ならば，事前分布を正規分布にとれば，事後分布も正規分布となる．ただ，慣れないと式が複雑で意味が十分にとれない．

まず，数学でよく知られているように2数 x, y の $m:n$ の内分点は

$$\frac{mx+ny}{m+n}$$

であり，$m=n=1$ なら中点 $(x+y)/2$，$m=2$, $n=1$ なら $(2/3)x+(1/3)y$ で x に，$m=1$, $n=2$ なら $(1/3)x+(2/3)y$ で y に近くなる．m, n の大小関係でどちらが優勢でそれに近くなるかが決まる[6]（もちろん，m, n にはふつうの実数で構わない）．

この場合，μ が事前分布の平均だが，データが $\bar{x}$ で入ってくると，その影響で事後分布の平均 μ は変わって，$\bar{x}$ との $(1/\tau^2):(n/\sigma^2)$ の内分点 μ' に移る．いわば，'$\bar{x}$ に引かれる' のである．このイメージが大切である．

---

[6] 図としては，比は m は y，n は x の近くに位置するので注意．

§14.4　正規分布の共役事前分布

```
         μ  ──────▶           μ′    ◀- - - -  x̄
    ├──────────────────────────┼──────────────┤
                 n/σ²           :     1/τ²
```

　その度合いは，サンプル $\bar{x}$ の影響が強ければ —— 例えば，n が大，あるいは σ^2 が小 —— n/σ^2 が大で，$\bar{x}$ の近くに引かれ，外部の情報が事前の情報にまさることになる．逆に，事前の情報が強ければ —— 信念があいまいでなく強固で τ^2 が小 —— $1/\tau^2$ が大で，μ' は μ から大きくは変わらず，$\bar{x}$ は重きをおかれていない．ベイズ統計学は，ベイズの表現においては，

　　　　　事前分布　　対　　サンプルの分布

の，一方における協同と他方における影響力の優劣比較が式表現されている．

　なお，ここで特記されることは，分散が $1/\tau^2$，$1/(\sigma^2/n)$ として入っていることである．分散はもとよりばらつきの尺度であるが，'1/分散'は精確さの尺度である．ベイズ統計学では分散の逆数 1/分散を固有に「精度」precision といっている．

$$1/\tau'^2 = 1/\tau^2 + n/\sigma^2$$

は

　　　　　事後の精度＝事前の精度＋サンプル（データ）の精度

であり，$h' = 1/\tau'^2$, $h = 1/\tau^2$, $h_d = n/\sigma^2$ とおくと

$$h' = h + h_d$$

という見事な精度の増加式を得る．また文字通り，μ, $\bar{x}$ はそれぞれその精度に従って重きをなし，両者のつり合い点は精度の比よる内分点

$$\mu' = \frac{h\mu + h_d \bar{x}}{h + h_d}$$

　つまりは

$$\mu' = \frac{h}{h + h_d}\mu + \frac{h_d}{h + h_d}\bar{x}$$

になっている．

　なお，$\bar{x}$ を中心に見てもよい．$\bar{x}$ をそのまま使わず'気になっている' μ

を加味してμに向かって引く（あるいは引っ張る）と考えてもよい。$\bar{x}$はμの不偏推定量だが、わざとバイアスを入れているのである。

§14.5　スタインのパラドクス

ここまでの発展はベイズ統計学者——ベイジアン——にはよく知られ、講義の中心的材料であった。ここ2, 30年は、この式のカッコウの良さ、意味の深さが、従来からベイズ統計学からキョリを置いている人々——'正統ネイマン・ピアソン派'——からも認められて来ている。これはベイズ統計学に対する受入れを示すものとして注目される。

動きは、もともと全く遠い所から起こった。C. スタインは3次元以上の正規分布（ただし、独立を仮定する）の3つの平均（$\theta_1, \theta_2, \theta_3$）をコミにして推定、つまり各$\mu$に対する推定量$d$を用いるとき、推定ハズレのペナルティ[7]を

$$(d_1-\theta_1)^2 + (d_2-\theta_2)^2 + (d_3-\theta_3)^2$$

と想定し、これを不偏推定の替りに考える。ふつうなら、3次元のデータ

$$(x_{11}, x_{21}, x_{31}),\ (x_{21}, x_{22}, x_{32}),\ \cdots,\ (x_{n1}, x_{n2}, x_{n3})$$

から、それぞれ標的μ_1, μ_2, μ_3を狙った推定量

$$(\Sigma x_{1i}/n,\ \Sigma x_{2i}/n,\ \Sigma x_{3i}/n)$$
$$= \Sigma X_i/n$$
$$= \bar{X}$$

が自然に考えられる。実際サンプルはμ_1, μ_2, μ_3を平均とする正規分布から出るからであり、$\bar{x}$は最尤推定量になっている。これで問題はないと一見思われる。

しかし、スタインは否を証明し、これは'良くない''認められない'——許容的admissibleに対し非許容的inadmissible——と判定した。スタインはその後$\bar{X}$より良い推定量を提言した。一般にp次元（$p>3$）とし、$n=1_i$さらに$\theta_1=\theta_2=\theta_3=0$としておこう。このとき、$X$よりも良い推定量

---

[7]　統計的決定理論では損失関数という。統計的決定理論については巻末の文献参照。

——つまり，0になるべく近くなる推定量は——

$$d_i = \mu_i + \left(1 - \frac{p-2}{S^2}\right)(X_i - \mu_i), \quad i = 1, 2, \cdots, p \quad (p > 3)$$

$$= \frac{p-2}{S^2}\mu_i + \left(1 - \frac{p-2}{S^2}\right)X_i$$

ここで，$\mu_1, \cdots, \mu_p$ は任意の数，さらに $S^2 = \Sigma(X_i - \mu_i)^2$ である．これを「ジェイムス・スタイン推定量」という．スタインの結果はサンプル平均，つまり云うまでもなくこの場合の最尤推定量を信じている人に驚きを与えた．しかも，$p > 3$ と次元が効くことも一般にはないことである．

しかし，よくこの式を見てほしい．この推定量は (X_1, X_2, X_3) からある割合だけ (μ_1, μ_2, μ_3) に向けて'引っ張って縮める'ことになっている．これは明らかに先のベイズ推定の考え方であり，当初はおどろくべきことと考えられた．

これがヒントとなって第9章で扱ったリッジ推定量も——今度は回帰係数のケースだが——0に向けて引っ張って縮めていることがわかる．しかもあえて不偏推定量にバイアスを入れて，むしろ平均二乗誤差を改善しているのである．当然のことながら，リッジ推定もベイズ的に考えて，事前分布に平均0の正規分布を入れることで，より良く理解されることがわかる．最近は，0に向けた引っ張り方を工夫した Lasso（Least absolute shrinkage and selection operator[8]）も考案され，先端的に用いられて来ている．ベイズ統計学の貢献は大きく認められて来ている．

---

[8] 最小絶対値縮減選択演算装置（あるいは演算機能）．

第 15 章
シュミレーションによる数理統計学

　コンピュータのよる統計学とは，コンピュータを複雑な数学式の「計算用機械」としてでなく，むし本来的に統計的に，サンプリングを理想的にかつ迅速簡便に行う「統計的機械」として用いる．ここでは，ジャックナイフとブートストラップを紹介しよう．

§ 15.1 「統計的機械」としてのコンピュータ

統計学において計算といえば，大別して
　ⅰ）数理的（解析的）calculation　式計算，代数計算，微積分計算 etc.
　ⅱ）データ計算 computation　統計量（平均，分散，相関係数，単回帰分析 etc）の計算．重回帰分析[1]は微妙で計算量多く難作業であった．
の2通りあるが，数十年ほど前まではⅰ）はもちろんⅱ）も手計算によっていた．何を以て手計算というかであるが，文字通り'手'を用いるもので，そろばんは論外として，初期は手回し計算機[2]（この歴史は長い），その後（おおむね 1960 年代中頃より）卓上計算機[3] いわゆる「電卓」に替わり，それが小型化して手の上に乗る一方，いわゆる「大型電子計算機」（コンピュータ）が 1970 年代になって大学の計算センターや企業にも本格的に入って来た．これが高速化，小型化していわゆる今後の PC 時代を迎える．ここまでがⅱ）の分析の計算作業の歴史である．

　しかし，コンピュータの発達は，相関係数，単，重回帰分析の統計計算を文字どおり一瞬の作業としてしまい，そろばん，電卓が追放されてしまったのである．コンピュータの威力はこのデータ計算の作業にはとどまらない．ずっと以前(概ね 20 世紀始め)より用いられていたいわゆる「シミュレーション」——ことに「モンテ・カルロ法[4]」——は，この威力がいかんなく発揮される考え方として，ⅱ）の数理的分析でも用いられて来ている．端的にいえば，「乱数」random number を何十万，何百万回も発生させて，コンピュータ上で，仮想的に実験を模擬する（シミュレート simulate する）方法で，これは統計学にも使える．すなわち，サンプリングをコンピュータで実現で

1）　この当時の和文統計学テキストには数値例が少なかった．
2）　筆者が研究を開始した 1960 年代中頃まで．
3）　当初は文字通り'卓上'で，ノート PC よりやや小さく初期のゲーム機程度の大きさであった．
4）　乱数を発生させることは'さいころを振る'ことと数学的に同値であるから，K. ピアソン，ウェルドン，シューハート，ゴセット（スチューデント）は理論のチェックのため，重用した．モンテ・カルロ（イタリア，フランス国境付近の小公国モナコにある公営とばくの都市）になぞらえている．

きるのである．ここでは，テューキー（J. Tukey）（ら）の「ジャックナイフ法」およびエフロン[5]（B. Efron）の「ブートストラップ法」Bootstrap method を紹介しよう．

§ 15.2　ジャックナイフ法の原理

＜サンプルの再利用＞　ふつうデータはそれを分析するものであるが，それを母集団と見てそれから抽出する——標本サイズが有限なので，復元抽出する——しかもコンピュータを用いる．これなら好きな回数だけくり返せる．何個抽出するかは場合による．

このようにサンプルを再使用する方法は以前からあり，「ジャックナイフ法」Jackknife technique がそれである[6]．ジャックナイフ法は推定量のバイアス（偏り）除去（bias reduction）の方法である．一般に統計学はバイアスを嫌い[7] たとえば，母集団の分散 σ^2 をサンプルからの分散

$$T_n = \Sigma\,(X_i - \bar{X})^2/n$$

で推定すると，理論的に知られているように

$$E(T_n) = \frac{n-1}{n}\sigma^2$$

となって，過小推定のバイアスが出る．

一般には推定量にバイアスがある場合，偏りが小さい（きわめて小さいなら格別）なら問題ない，で済むとは限らない．バイアスは推定量に対する信ぴょう性に全体的疑いをもたらす．

一般に T_n でパラメータ θ を推定するとし

$$E(T_n) = \theta + \frac{a_1}{n} + \frac{a_2}{n^2} + \cdots$$

---

[5]　スタンフォード大学統計学科教授．私事であるが筆者は留学中に教授の明快で充実した分散分析の講義を履修した．
[6]　ブートストラップ法より 30 年以上も以前である．
[7]　「不偏不党」は良く「偏った見方」は嫌われる（ただし，不偏にこだわるのは良くない．例：リッジ推定，ベイズ統計学）．

とすると，第2項以下のバイアスが出るとしておいてよい．

さて，ここから「ジャックナイフ法」である．X_i を除いて（したがってこのサンプルの大きさ$=n-1$）θ を推定した値を $T_{n-1,i}$ とし，その平均を

$$\overline{T}_{n-1,\cdot} = \sum_{i=1}^{n} T_{n-1,i}/n \qquad (\cdot \text{はその添字による平均})$$

とすると，バイアスの項はほぼ $(n-1)(T_n - \overline{T}_{n-1,\cdot})$ で推定される（期待値$=a_1/n$ となる）．よって，T_n からこれを引いて T_n に対応する「ジャックナイフ推定量」を

$$T_n^{JK} = T_n - (n-1)(T_n - \overline{T}_{n-1})$$
$$= nT_n - (n-1)\overline{T}_{n-1,\cdot}$$

で定義すると，この $E(T_n^{JK})$ は

$$E(T_n^{JK}) = \theta + \frac{b}{n^2} + \cdots$$

で，$(1/n)$ の項が消えバイアスが急速に消失する．これを一般に，T_n を「ジャックナイフする」Jackknifing という．

そこでまず手始めにジャックナイフの手続きを理解しよう．平均 μ を推定するために用いるサンプル平均 $\bar{x}$ の分散を評価する[8]．サンプルを $x_1, x_2, \cdots, x_n$ とする．まず $(x_2, x_3, \cdots, x_n)$ から平均を計算し，それを $\bar{x}_{(-1)}$ とする．同様に $(x_1, x_3, \cdots, x_n)$ から $\bar{x}_{(-2)}$ を計算し，これから

$$\bar{x}_{(\cdot)} = \sum_{i=1}^{n} \bar{x}_{(-i)}/n$$

を計算する．この何でもない，考えようではトリックのような操作がジャックナイフ法のポイントである．

もともとバイアスのないサンプル平均はバイアス除去の例にはならないが，θ が母分散 σ^2 のときをチェックすると，バイアスのある

$$T_n = \sum (X_i - \overline{X})^2/n$$

のジャックナイフ推定量は中途は略すが，

---

[8] サンプル平均は不偏推定量だから，バイアスの問題はないが，信頼性の評価の例題とする．

$$T_n^{JK} = \Sigma\,(X_i - \bar{X})^2/(n-1)$$

となる．これは見事に不偏分散になっている．

<ジャックナイフィングで信頼性を> ジャックナイフされた推定量 T_n^{JK} はほぼバイアスはないのであるから，あとはばらつき（信頼性）の大・小の問題となる．ジャックナイフ法も再サンプリングであるから，これも推定できる[9]．

他の T_n の例として，サンプルの標準偏差

$$SD = \sqrt{\dfrac{\sum_i (x_i - \bar{x})^2}{n-1}}$$

のジャックナイフィングおよび SD の信頼性を求めよう．ふつう $\hat{\sigma}^2$ には不偏推定量があり，正規分布に対しては分布もわかっている．しかし SD，つまり $\hat{\sigma} = \sqrt{\hat{\sigma}^2}$ に対してはそうではない．この場合でも，

$$T_i^p = nT_n - (n-1)T_{n-1,i}$$

のほうは一般的であるから使える．これらの値をテューキー（1958）の「擬似値」pseudo-values という[10]．以下，多少説明を簡潔にしつつ説明しよう．

その他，ジャックナイフの例として，比の推定，判別関数の判別の誤りの確率などがよく紹介されている．用法は広いのであるが，究極的メリットとして推定量の優劣評価がある．推定量 T_n の評価は平均二乗誤差 $MSE(T_n) = Bias(T_n) + V(T_n)$ で与えられるが，右辺はともにジャックナイフ法で求めることができる．

§15.3　ブートストラップ法の原理

次頁に掲げた散布図は，アメリカの 15 の法学部の卒業生の入学試験

---

9) くわしい議論は『計算機統計学入門』など参照．
10) pseudo-「擬似」の意．p は読まず「シュード」と発音する．ランダム・サンプルではないので，このようにいう．

相関係数のブートストラップの原データ（法学部入試と卒業成績）

LSAT	GPA
576	3.39
635	3.30
558	2.81
578	3.03
666	3.44
580	3.07
555	3.00
661	3.43
651	3.36
605	3.13
653	3.12
575	2.74
545	2.76
572	2.88
594	2.96

LSAT(x)および大学修了までの学期試験 GPA(y)の点数の平均を示しているのである．y は A，B，C，…（優，良，可，…）の換算点である．これから計算すると $r=0.776$ である．問題は，この 0.776 はどの程度信頼できるか，ということである．問題は 2 つある．実はアメリカには全部で 82 の法学部があるが，ここには 15 のデータしかない．これでは信頼性が出せない．さらに相関係数の信頼区間はサンプルの大きさが大きいという制約があり，使えない．

このようなとき，ブートストラップが役に立つ．この 15 個の観測値から成るサンプルを新たに'母集団'とみなして，ここからはふたたびサンプルをコンピュータでランダムに —— 復元抽出法 sampling *with* replacement で —— とる．そのサイズは 15 である．すなわち，たとえば番号でいうと

$$\{1,\ 8,\ 7,\ 6,\ 8,\ 12,\ 14,\ 9,\ 10,\ 1,\ 15,\ 12,\ 9,\ 13,\ 5\}$$

がとられる．これを「再サンプリング」resampling という．これから相関係数 r がコンピュータで計算されるからこの値を r_1 とする．この再サンプリング手続きを $B=1000$ 回 —— 何回でもよい —— くり返し，r_1, r_2, …，

r_{1000} を記録する．これを 0.02 刻みでヒストグラムにしたのが図 15-2 である．

これから $r = 0.776$ の信頼性の幅 68%（正規分布の 1σ 範囲の確率）に対応する r の範囲として 0.654 ～ 0.908 とわかる．

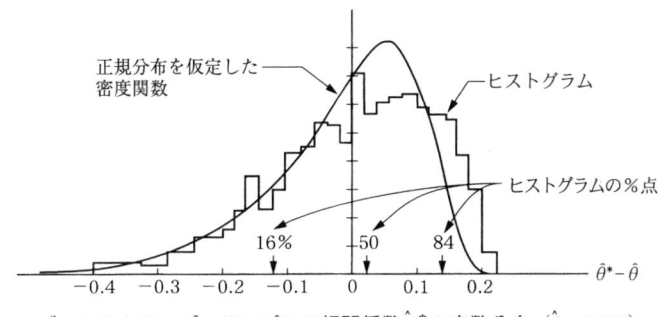

ブートストラップ・サンプルの相関係数 $\hat{\theta}^*$ の度数分布 ($\hat{\theta} = 0.776$)

ブートストラップ法は，サンプルが小さいとき，あるいは解析的計算が困難なとき，コンピュータ上でこのサンプルを何回もくり返し使う（使い切る）ことにより，多くの統計量の信頼性の情報を得るのに適している．同じサンプルを何回もくり返し用いるのは，ある種の「トリック」で，そのサンプルからの情報以上のものが得られるわけはないという批判が一部にはある．また，他の重要な理論的側面は失われること，R がむやみに大きすぎる場合はかえってブートストラップ自体の誤差が大きくなること，必ずしも'スムーズな'ヒストグラムが得られるとは限らないなどの欠点もある．しかし，解析面に'シミュレーションに走る'のではなく，正しく統計理論を標的にしている限り，多変量解析[11]の信頼性，安定性の評価にまでもよく用いられ，当時のいい方で「コンピュータ多用統計学」computer intensive statistics の幕あけを告げた画期的方法である．

今日，統計理論をよりよく理解するためにコンピュータを多用する方法は一般に「計算機統計学」computational statistics とよばれる．*a*. ブートストラップ法，*b*. ジャックナイフ法，*c*. 交叉確認法（クロス・バリデーション

---

11) 重回帰分析の独立変数のブートストラップには問題があるとされている．

§15.3 ブートストラップ法の原理

cross-validation）d. 置換テスト（permretation test），e. その他は，再サンプリング法 resampling とまとめて総称され，重要な方法になっている．

💻ブートストラッピング Bootstrapping（ブートストラップ計算）は特別な統計ソフトを必要とすると一般には考えられているが，Excel を用いても，多少は大がかりだが不可能ではない．乱数発生機能（分析ツールで「乱数発生」の「離散」を使う[12]），個別ケース検定（INDEX 関数），相関係数 r のヒストグラム作成によって実行できる．下記は扱っている原データのブートストラップである．

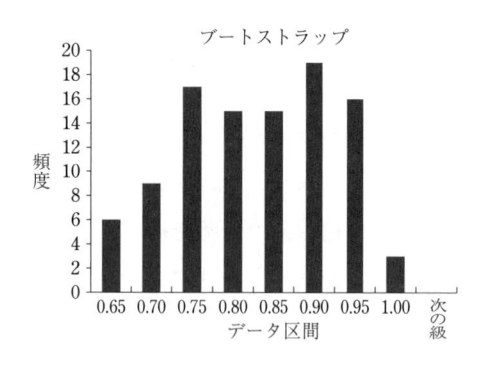

ブートストラップ

（ヒストグラム：頻度 vs データ区間 0.65〜1.00）

■ブートストラッピングでの信頼性評価

母集団の平均 μ を大きさ n のサンプル $x_1, x_2, \cdots, x_n$ から推定するのに，不偏推定量

$$\bar{x} = (x_1 + x_2 + \cdots + x_n)/n$$

を用いるが，その信頼性（精度）は標準偏差

$$\hat{\sigma}(\bar{x}) = \sqrt{s^2/n}, \quad s^2 = \sum (x_i - \bar{x})^2/(n-1)$$

で与えられ，「標準誤差」standard error とよばれている．

相関係数のようにこのような公式のない場合にも，ブートストラップ法は，コンピュータ・シミュレーションで，パラメータ θ の推定量 $\hat{\theta}$ の標準誤差を

---

[12] 第1列に値，第2列に確率を指定（この説明はない）．

$$\hat{\sigma}_B = \sqrt{\frac{\sum_{b=1}^{B}\left\{\hat{\theta}^*(b) - \hat{\theta}^*(\cdot)\right\}^2}{B-1}}, \quad \hat{\theta}^*(\cdot) = \sum_{b=1}^{B}\hat{\theta}^*(b)/B$$

のように与える.ただしここで $b=1,\ 2,\ \cdots,\ B$ は B 通りのブートストラップ・サンプルをあらわし,(＊)はブートストラップ・サンプルからの計算値を示す.

入学試験データからは,$B=1000$ で $\hat{\sigma}_B=0.127$ を得るが,2次元正規分布を仮定した理論計算(高程度なので略)では

$$\hat{\sigma}_N = (1-r^2)/\sqrt{n-3} = 0.115$$

となり,悪くない.もっとも,ふつうの数理統計学理論とは異なり,社会調査のように有限母集団からの非復元抽出の場合は,ブートストラップ法の分散は偏りをもつことが指摘されている.

<どちらがよいか> これらジャックナイフ推定量とブートストラップ推定量は互いに関係がある.サンプリングの仕方からも,一般にジャックナイフ推定量はブートストラップ推定量の近似と見なせる.なぜなら,前者は後者の $\sqrt{n/(n-1)}$ 倍であると証明されるからである.他方,ジャックナイフ推定量は有限母集団的な考え方,ブートストラップ推定量は無限母集団的考え方(復元抽出であるから)という点で異なっている.また,ジャックナイフ法は,ブートストラップ法と異なって,分布(密度)の推定には用いることができないなどの違いがある.

しかし,'何でもシミュレーション'ではなく,数理統計学に裏付けられた,その基本概念を標的にした方法としてともに優れた効用があることはいうまでもない.

■語源探し

ここで「ジャックナイフ」「ブートストラップ」の語について説明をして

おこう．「ジャックナイフ」とは，ふつうなら有力な方法が利用できるのにそれができない状況は，ちょうどボーイ・スカウトのジャックナイフ（あるいはサバイバルナイフ）が万能で役に立つように，この方法が替わりの方法として広範に役に立つことを表現している．

　他方，ブートストラップは「ジャックナイフ」にヒントを得て山男やカウボーイの「編み上げ靴のつまみ革」を意味するが，転じて［どのような転じ方かは不明］孤独の中では自分とわずかな身のまわりの持ち物しか頼れるものはなく'独力・自力で行う'ことを意味する[13]．たしかに，自分自身から何回もサンプルして役立てることからいえば，この語はふさわしい．いずれも，数理統計学の限界を突破するアイデアで，優秀な超現実派テューキーと，才能卓抜なエフロンが行ったブレークスルーは統計学のコンセプトを変えたと言ってよいであろう．

---

[13] ただし，'自分の頭髪を上に引っぱって，泥沼からはい上る' '自分の靴のつまみ革を引き上げて，垣板を越える' などのパロディの意味もある．

参考文献案内

　本書の執筆に用いた文献を和文，英文の順に掲げる（順不同）．なお必ずしも，本文に引用されていないものも多く含まれている．http://www.qmss.jp/e-stat 参照．

日本語文献

朝香鉄一（1959）『品質管理のための統計的解析』日本規格協会
朝香鉄一（1961）『統計的解析』日本規格協会
浅野耕太（2012）『BASIC 公共政策学 14　政策研究のための統計分析』ミネルヴァ書房
足立浩平（2006）『多変量データ解析法－心理・教育・社会系のための入門－』ナカニシヤ出版
穴戸克則（2011）『講義：確率・統計』学術図書出版社
アンク（2004）『Excel 2003 関数事典』翔泳社
イアン・ハッキング（石原英樹，重田園江訳）（1999）『偶然を飼いならす』木鐸社
石井吾郎（1972）『実験計画の基礎』サイエンス社
石田正次（1977）『データ解析の基礎』森北出版
石村貞夫（2006）『入門はじめての統計解析』東京図書
石村貞夫（2010）『入門はじめての統計的推定と最尤法』東京図書
石村貞夫（2012）『入門はじめての時系列分析』東京図書
磯野修（1984）『確率・統計』Ⅰ・Ⅱ，春秋社
岩崎学，中西寛子，時岡規夫（2004）『実用統計用語辞典』オーム社
岩崎学（2006）『統計的データ解析入門　実験計画法』東京図書
岩崎学（2006）『統計的データ解析入門　ノンパラメトリック法』東京図書
岩沢宏和（2012）リスクを知るための確率・統計入門　東京図書
上田尚一（1982）『データ解析の方法』朝倉書店
大澤敏彦（1997）『測定論ノート』裳華房
奥野忠一，久米均，芳賀敏郎，吉澤正（1971）『多変量解析法』日科技連
奥野忠一，芳賀敏郎（1969）『実験計画法』培風館
奥野忠一（1994）『農業実験計画法小史』日科技連
小椋將弘（2012）『Excel で簡単　多重比較』講談社
加藤剛（2012）『統計処理超入門』技術評論社
金明哲（2007）『R によるデータ・サイエンス』森北出版

狩野裕（2001）『行動計量学講義資料』（非刊行物）
鎌谷直之（2006）『実感と納得の統計学』羊土社
鎌谷直之（2007）『遺伝統計学入門』岩波書店
神永正博（2009）『不透明な時代を見抜く「統計思考力」』ディスカヴァー
上藤一郎，森本栄一，常包昌宏（2006）『調査と分析のための統計』丸善
河田敬義，丸山文行，鍋谷清治（1980）『数理統計』裳華書房
河田敬義，丸山文之，鍋谷清治（1962）『大学演習　数理統計』裳華書房
岸野洋久（1992）『社会現象の統計学』朝倉書店
岸野洋久（1999）『生のデータを料理する』日本評論社
国沢清典（1966）『確率統計演習1　確率』培風館
国沢清典（1966）『確率統計演習2　統計』培風館
国沢清典（1974）『統計学初歩』日本評論社
久米均，飯塚悦功（1987）『回帰分析　シリーズ入門統計的方法2』岩波書店
久米均，飯塚悦功（1987）『回帰分析』岩波書店
倉田博之，星野崇宏（2009）『入門統計解析』新世社
栗原考次（2005）『データの科学』放送大学教育振興会
肥田野直，瀬谷正敏，大川信明（1961）『心理教育統計学』培風館
小塩真司（2011）『SPSSとAmosによる心理・調査データ解析　第2版』東京図書
小島寛之（2006）『完全独習　統計学入門』ダイヤモンド社
コックス（後藤昌司，畠中駿逸，田崎武信訳）（1980）『二値データの解析』朝倉書店
後藤昌司，畠中駿逸，田崎武信訳（1980）『二値データの解析』朝倉書店
財団法人　日本統計協会（2013）『統計でみる日本』財団法人　日本統計協会
齋藤正彦（2003）『はじめての微積分（上・下）』朝倉書店
佐伯胖，松原望編（2000）『実践としての統計学』東京大学出版会
酒井英行（1997）『実験精度と誤差』丸善
佐和隆光（1985）『初等統計解析（改訂）』新曜社
ジーゲル（藤本熙訳）（1983）『ノンパラメトリック統計学』マグロウヒル
塩谷實（1990）『多変量解析概論』朝倉書店
塩谷實（1990）『多変量解析論』朝倉書店
芝村良（2004）『R.A.フィッシャーの統計理論』九州大学出版会
芝祐順（1976）『統計的方法II　推測』新曜社
杉山明子（1984）『現代人の統計3　社会調査の基本』朝倉書店
杉山高一，牛沢賢二（1984）『パソコンによる統計解析』朝倉書店
杉山高一，藤越康祝他編（2007）『統計データ科学事典』朝倉書店
鈴木義一郎（2005）『はじめて学ぶ基礎統計学』森北出版
鈴木雪夫（1987）『統計学』朝倉書店
鈴木良雄，廣津信義（2012）『栄養科学シリーズ　基礎統計学』講談社

スネデカー，コクラン（畑村又好，他訳）（1952）『統計的方法（第6版）』岩波書店
スネデカー，コクラン（畑村又好，他訳）（1972）『統計的方法（第6版）』岩波書店
田栗正章，藤越康祝，柳井晴夫（2007）『やさしい統計入門・視聴率調査から多変量解析まで』講談社
田栗正章（2005）『統計学とその応用』放送大学教育振興会
竹内啓編（1989）『統計学辞典』東洋経済新報社
竹村彰通（1991）『現代数理統計学』創文社
玉置光司（1992）『基本確率』牧野書店
丹後俊郎，山岡和枝，髙木晴良（1996）『ロジスティック回帰分析』朝倉書店
丹後俊郎（2000）『統計モデル入門』朝倉書店
椿広計，岩崎正和（2013）『Rによる健康科学データの統計分析』朝倉書店
椿広計（1989）「多重比較の多角的検討」統計数理研究所共同研究リポート18，『多重比較方式の諸問題』pp.42-57
土井陸雄，他（1988）「個体差－言い訳の玉手箱」日本公衛誌35，pp.637-640
東京大学教養学部統計学教室編（1991）『統計学入門』東京大学出版会
東京大学教養学部統計学教室編（1991）『統計学入門』東京大学出版会
東京大学教養学部統計学教室編（1992）『自然科学の統計学』東京大学出版会
東京大学教養学部統計学教室編（1992）『自然科学の統計学』東京大学出版会
東京大学教養学部物理学教室編（1993）『物理実験（全訂新版）』学術図書出版社
統計数値表編集委員会編（1977）『簡約統計数値表』日本規格協会
遠山啓（2010）『行列論』共立出版
富山県統計調査課編（2006）『経済指標のかんどころ』富山県統計協会
豊川裕之，柳井晴夫（1982）『医学・保健学の例題による統計学』現代数学社
豊田秀樹編著（2012）『回帰分析入門』東京図書
鳥居泰彦（1994）『はじめての統計学』日本経済新聞社
中上節夫，森川敏彦監訳（1992）『医学統計学』サイエンティスト社
永田靖，吉田道弘（1997）『統計的多重比較法の基礎』サイエンティスト社
永田靖，吉田道弘（1997）『統計的多重比較法の基礎』サイエンティスト社
長畑秀和（2000）『統計学へのステップ』共立出版
中村義作（1997）『よくわかる実験計画法』近代科学社
中村隆英，新屋健精，美添泰人，豊田敬（1984）『統計入門』東京大学出版会
中村美枝子，綿谷倫子，浅野美代子，廣野元久，瀧澤武信（2004）『Excelで楽しむ統計』共立出版
西次男訳（2004）『臨床試験のための統計的方法』サイエンティスト社
西平重喜（1957）『新数学シリーズ8　統計調査法』培風館
ニャナデシカン（丘本正，磯貝恭史訳）（1979）『統計的多変量データ解析』日科技連
野田一雄，宮岡悦良（1990）『数理統計』共立出版

野田一雄, 宮岡悦良（1990）『入門・演習 数理統計』共立出版
南風原朝和, 平井洋子, 杉沢武俊（2009）『心理統計学ワークブック』有斐閣
南風原朝和（2002）『心理統計学の基礎』有斐閣
馬場康維（1999）「複雑な標本調査におけるリサンプリング推定法に関する研究（2）」
浜島伸之（1990）『多変量解析による臨床研究』名古屋大学出版会
早川毅（1986）『統計ライブラリー 回帰分析の基礎』朝倉書店
林周二（1973）『統計学講義』丸善
林周二（1988）『基礎課程 統計および統計学』東京大学出版会
林知己夫, 鈴木達三, 赤池弘次（1986）『統計学特論』放送大学教育振興会
林知己夫（1954）『心理学研究に必要な統計的方法』心理学講座 第9巻所収 中山書店
林知己夫（1984）『調査の科学』講談社
広津千尋（1976）『分散分析』教育出版
広津千尋（1982）『離散データ解析』教育出版
広津千尋（2004）『医学・薬学データの統計解析』東京大学出版会
広津千尋（2004）『医学・薬学データの統計解析』東京大学出版会
広津千尋「実験データ解析－分散分析を越えて」標準化と品質管理, 41：52－58
藤越, 柳井, 田栗訳（2010）『統計学とは何か』筑摩書房
藤越康祝（2003, 2005）「多変量解析へのチャレンジ：現状と展望」日本統計学会誌 33, 3 pp. 273－306, 34, 2, pp. 101－129
伏見正則, 逆瀬川浩（2012）『Rで学ぶ統計解析』朝倉書店
藤本熙（1985）『初等統計学講義』第三出版
古屋茂（1959）『新数学シリーズ5 行列と行列式』培風館
平成10年度科学研究費補助金特定領域研究（領域番号114）研究成果報告書
ヘンケル（松原望, 野上佳子訳）（1982）『統計的検定』朝倉書店
ホーエル・ポート・ストーン（安田正実訳）（1975）『確率論入門』東京図書
ホーエル（村上正康, 浅井晃訳）（1981）『初等統計学』培風館
細野助博（2005）『政策統計』中央大学出版部
マーク・ヤング, D. H. ロビンソン（永井武昭, 後藤昌司, 土屋佳英, 浦狩則, 渡辺秀章, 江藤俊秀訳）（1994）『計算機統計学入門』MPC
増山元三郎（1956）『実験計画法』岩波全書
松下嘉米男（1955）『統計入門』（第2版）岩波書店
松原望・小林敬子（2007）『数学の基本 やりなおしテキスト』（ベレ出版）
松原望・松本渉（2011）『Excelではじめる社会調査データ分析』丸善
松原望, 美添泰人他（編）（2011）『統計応用の百科事典』丸善
松原望, 松本渉（2011）『Excelではじめる社会調査データ分析』丸善
松原望（1996）『わかりやすい統計学』丸善

松原望（2001）『意思決定の基礎』朝倉書店
松原望（2007）『入門　統計解析［医学・自然科学編］』東京図書
松原望（2008）『入門ベイズ統計』東京図書
松原望（2010）『ベイズ統計学概説』培風館
松原望編（2005）『統計学 100 のキーワード』弘文堂
松原望編（2005）『統計学 100 のキーワード』弘文堂
水野欽司（1996）『多変量データ解析講義』朝倉書店
蓑谷千凰彦（1988）『推計と検定のはなし』東京図書
蓑谷千凰彦（1997）『統計学のはなし』東京図書
蓑谷千凰彦（1998）『すぐに役立つ統計分布』東京図書
宮沢光一（1954）『近代数理統計学通論』共立出版
宮原英夫，白鷹増男（1992）『医学統計学』朝倉書店
宮原英夫，丹後俊郎編（1995）『医学統計学ハンドブック』朝倉書店
村上征勝，田村義保（1988）『パソコンによるデータ解析』朝倉書店
村上征勝（1985）『工業統計学』朝倉書店
森實敏夫（2004）『入門　医療統計学』東京図書
森棟公夫（2003）『新経済学ライブラリー 9　統計学入門　第 2 版』新世社
柳川堯（1982）『ノンパラメトリック法』培風館
柳川堯（1982）『ノンパラメトリック法』培風館
柳川堯（1990）『統計数学』近代科学社
柳井晴夫，岩坪秀一（1976）『複雑さに挑む科学』講談社ブルーバックス
柳井晴夫，岡太彬訓，繁桝算男，高木廣文，岩崎学編著（2002）『多変量解析実例ハンドブック』朝倉書店
柳井晴夫，高根芳雄（1977）『現代人の統計 2　多変量解析法』朝倉書店
山元周行（1964）『統計学要論』明文書房
吉岡茂，千歳壽一（2006）『地域分析調査の基礎』古今書院
吉村功（1984）『平均・順位・偏差値』岩波書店
脇本和昌（1984）『統計学－見方・考え方』日本評論社

英語文献

A. Wald (1950/1956) *Statistitical decision functions*, John Wiley & Sons
Afifi, A. A., Clark,V. (1990) *Computer-Aided Multivariate Analysis* 2nd ed, Van Nostrand Reinhold
Agresti, A. (1990) *Categorical Data Analysis*, John Wiley & Sons
Allen, D. M. (1971) *Mean square error of prediction as a criterion of selecting variables*, Technometrics, 13, 469-475
Anderson, T. W. (1958) *An Introduction to Multivariate Statistical Analysis*, John Wiley & Sons
Anderson, T. W. (1971) *The statistical analysis of time series*, John Wiley & Sons
Armitage, P. and Berry, G (1994) *Statistical Methods in Medical Research*, Third Edition. Blackwell Science. (椿美智子, 椿広計共訳 (2001)『医学研究のための統計的方法』サイエンティスト社).
Atkinson, A. C. (1988) *Plots, Transformations, and Regression*, Clarendon Press Oxford
Blackwell, D., Girshick, M. A. (1954) *Theory of Games and statistical decisions*
Box, G. E. P., Cox, D.R. (1964) *An analysis of transformations*. Royal. Statist. Soc. Ser. B. pp.211-252
Brown, P. J., Zidek, J.V. (1980) *Adaptive multivariate ridge regression* Ann. Statist.8 pp.64-66
C. Harlald, (1945) *Mathematical Methods of Statistics*, Princeton University Press
C. R. ラオ (藤越康祝, 柳井晴夫, 田栗正章訳) (1993)『統計学とは何か』丸善
Castella, G. (1980) *Minimax ridge regression* Ann. Statist.8 pp.1036-1056
Chatterjee, S., Hadi, A. S. (1988) *Sensitivity analysis in linear regression*, John Wiley & Sons
Chatterjee, S., Price, B. (1991) *Regression Analysis by Example* 2nd ed, Wiley
Chernick, M. R. (1999) *Bootstrap Methods : A Practitioner's Guide*, Wiley-Interscience
Christensen, R. (1990) *Log-Linear Models*, Springer-Verlag
Cochran, W. G., Cox, G. M. (1957) *Experimental Designs (2nd ed.)*, John Wiley
Conover, W. J. (1971) *Practical Nonparametric Statistics (2nd ed.)*, John Wiley
Cook R.D. (1979) *Influential observations in linear regression*, J. Amer. Statist. Assoc., 74, 169-174
Cook, R. D., Weisberg S. (1982) *Residuals and Influence in Regression*, Chapman&Hall
Cook, R. D., Weisberg, S. (1994) *An Introduction to Regression Graphics*, Wiley

Cook, R. D. (1977) *Detection of Influential Observation in Linear Regression*, Technometrics, 19, 15−18
Cox, D. R., Snell, E. J. (1982) *Applied statistics*, Chapman & Hall
Cox, D. R., Snell, E. J. (1981) *Applied Statistics*, Chapman & Hall
Cox, D. R., Snell, E. J. (1989) *The Analysis of Binary Data*. 2nd ed, Chapman & Hall
Cox, D. R. (1970) *The Analysis of Binary Data*, Chapman & Hall
Cox, D.R. (1979) *The analysis of binary data*, Chapman & Hall
Cramér, Harald, (1991) *Mathematical Methods of Statistics*, Princeton Univ. Press
D. サルツブルグ (2006) 『統計学を開いた異才たち』日本経済新聞社
D.A. ハーヴィル (伊理正夫監訳) (2007) 『統計のための行列代数：上・下』シュプリンガー・ジャパン
Dale, A. I. (1991) *A History of Inverse Probability*, Springer-Verlag
Davison, A. C., Hinkley, D. V. (1997) *Bootstrap Methods and their Application*, Cambridge Univ. Press
Diaconis, P., Efron, B. (1983) *Computer Intensive Methods in Statistics*, Scientific American, 248 (5), 116−130
Draper, N. R., Smith, H. (1998) *Applied Regression Analysis* 3rd ed, Wiley-Interscience
Draper, N.R., Van Nostrand, R.C. (1979) *Ridge regression and James-Stein estimation Technomtrics* 21 pp.451−466
Efron, B., Gong, G. (1983) *A Leisurely Look at the Bootstrap, the Jackknife, and Cross-validation*, Amer. Statistician, 37, 36−48
Efron, B., Morris, C. (1973a) *Stein's estimation rule and its competitors-An empirical Bayes approach* J.Amer. Statist. Assoc. 68, pp.117−130
Efron, B., Morris, C. (1975) *Data analysis using Stein's estimator and its generalizations*, J. Amer. Statist. Assoc. 70, pp.311−319
Efron, B., Morris, C. (1975) *Data analysis using Stein's estimator and its generalizations*
Efron, B., Stein, C. (1981) *The jackknife estimate of variance* Ann.Statist. 9 pp.586−596
Efron, B., Tibshirani, R. (1986) *Bootstrap Methods for Standard Errors, Confidence Intervals, and Other Measures of Statistical Accuracy*, Stat. Science, 1, 54−75
Efron, B., Tibshirani, R. (1993) *An Introduction to the Bootstrap*, Chapman & Hall
Efron, B. (1979) *Bootstrap Methods: Another Look at the Jackknife*, Ann. of Stat. 7, 1−26
Efron, B. (1979) *Computers and the Theory of Statistics: Thinking the Unthinkable,*

Siam Review, 21, 460–480
Efron, B. (1979) *Bootstrap methods:* another look at Jickknife Ann.Statist. 7 pp.1–26
Efron, B. (1983) *Estimating the Error Rate of a prediction Rule: Improvement on Cross-validation*, J. Am. Stat. Assoc. 78, 316–331
Fienberg, S. E. (1977) *The Analysis of Cross-Classified Categorical Data (2nd ed.)*, The MIT Press
Fleiss, J.F. (1981) *Statistical Methods for Rates and Proportions*, John Wiley & Sons
Fox, J., Long, J. S. (1990) *Modern data analysis*, Sage publications
Fox, J., Long, S. J. (1990) *Modern Methods of Data Analysis*, Sage
Fox, J. (1991) *Regression Diagnostics*, Sage
Glantz,S.A.,Slinker,B.K. (2000) *Primer of Applied Regression and Analysis of Variance*, McGraw-Hill Medical Publishing
Haberman, S. J. (1974) *The Analysis of Frequency Data*, Univ. of Chicago Press
Hajek, J., Sidak, Z. (1967) *Theory of Rank Tests*, Academic Press
Hardle, W. (1990) *Applied Nonparametric Regression*, Cambridge Univ. Press
Hicks, J. R. (1952) *The Social Framework 2nd ed.*, Oxford University Press
Hochberg, Y., Tamhane, A. C. (1987) *Multiple Comparison Procedures*, John Wiley
Hocking, R. R. (1983) *Developments in Linear Regression Methdology* : 1959–1982, Technometrics, 25, 219–249
Hollander, M. and Wolfe, D. A. (1999) *Nonparametric Statistical Methods, 2nd ed*, Wiley-Interscience
Hollander, M., Wolfe, D. A. (1973) *Nonparametric Statistical Methods*, John Wiley & Sons
Hsu, J. C. (1996) *Multiple Comparisons—Theory and Methods—*, Chapman & Hall
Huber, P. J. (1978) *Robust estimation of location parameters* Ann. Math. Statist. 35 pp.73–101
Huber, P. J. (1981) *Robust Statistics*, John Wiley & Sons
James, W., Stein, C. (1961) *Estimation with quadratic loss* Proc.Fourth Berkeley Simp. Math. Statist. Probab. 1 U. of California Press
Jolliffe, I. T. (1976) *Principal component analysis*, Springer-Verlag
Jonckheere, A. R. (1954) *A Distribution-free-sample Tests Against Ordered Alternatives*, Biometrika, 41: 133–145
Kendall, M. G. (1962) *Rank Correlation Methods Third Ed.*, Charles Griffin & Company Limited
Kendall, M.G, Gibbons, J.D. (1990) *Rank Correlation Methods*, Hodder Arnold
Kleinbaum, D. G., Kupper, L. L., Morgenstern, H. (1982) *Epidemiologic Research,*

Van Nostrand Reinhold
Klockars, A. J., Sax, G. (1986) *Multiple Comparisons*, Sage University Paper 61
Kottegoda, N.T. Rosso, R (1997) *Probability, Statistics, and Reliability for Civil and Engineers*, McGraw Hill
Krauth, J. (1988) *Distribution~Free Statistics*, Elsevier Science
Kulback, S. (1959) *Information theory and statistics*, Dover
Lakatos, I., Musgrave ed, A. (1970) "Criticism and the growth of knowledge" Cambridge University Press
Lehmann, E. L. (1975) *Nonparametrics:Statistical Methods Based on Ranks* (*1st ed.*), McGraw-Hill
Lehmann, E.L. (1983) *Theory of point estimation*, Wadsworth Brooks
Lehmann, E.L. (1991) *Testing statistical hypotheses*, 2nd ed. Wadsworth & Brooks
Cox, D.R., Himkley, D.V. (1974) Theoretical statistics Chapman & Hall
Mantel, N., Haenszel, W. *Statistical Aspects of the Analysis of Data from Retrospective*, Studies of Disease, Journal of the National Cancer Institute, 22, 719 – 748
Matthews, D.F., Farewell, V.T. (宮原英夫, 折笠秀樹監訳)(2005)『実践医学統計学』朝倉書店
McCullagh,P., Nelder, J.A. (1986) *Generalized Linear Models*. 2nd ed.,Chapman& Hall
Miller, R. G. The Jackknife, A review. Biometrika 61, 1 – 15
Miller, R. G., Jr (1981) *Simulaneous Statistical Inference* (*2nd ed.*), Springer-Verlag
Mood, A. and Graybill, A. and Boes, D. (1974) *Introduction to the Theory of Statistics*, McGraw-Hill
Mood,A. M., Graybill, F. A., Boes, D. C. (1974) *Introduction to The Theory of Statistics 3rd ed.*, McGraw-Hill
Mosteller, F., Tukey, J. W. (1977) *Data Analysis and Regression*, Addison Wesley
N.C. バーフォード (酒井英行訳)(1997)『実験の精度と誤差』丸善
Nightingale, F. (1969) *Notes on Nursing*, Dover Publications, INC
Noether, G. E. (1967) *Elements of Nonparametric Statistics*, John Wiley & Sons
Norleans, M. X. (2001) *Statistical methods for clinical trials*, Marcel Dekker
Pentz, M., Shott, M. (1988) *Handling Experimental Data*, Open University Press
Politis, D. N., Romano, J. P., Wolf, M. (1999) *Subsampling*, Springer
pp.1 – 26
pp.586 – 596
Quenouille, M. H. (1949) *Approximate tests of correlation in time series*, J. Royal Stat. Soc. Ser. B, 11, 18 – 84
R. A. フィッシャー(渋谷政昭, 竹内啓訳)(1962)『統計的方法と科学的推論』岩波書

店
R.K. リーグルマン, 他（森田茂穂, 新見能成監訳）(1999)『医学論文を読む』(第2版) メディカル・サイエンス・インターナショナル
R. ニャナデシカン（丘本, 磯貝訳）(1979)『統計的多変量データ解析』日科技連
Raktoe, B.L., Hedayat, A., Federer, (1981) *Factorial Designs*, John Wiley & Sons Inc
Rao, C. R. (1965) *Linear Statistical Inference and Its Applications*, John Wiley & Sons
Rao, C. R. (1997) *Statistics and truth*, World Scientific Publishing
Scheffé, H. (1959) *The Analysis of Variance*, John Wiley & Sons
Searle, S. R., Cassela, G. McCulloch, M. (1992) *Variance components*, John Wiley & Son
Shao, J., Tu. D. (1995) *The Jackknife and Bootstrap*, Springer-Verlag, New York
Siegel, S., Castellan, N. J. Jr. (1988) *Nonparametric Statistics for the Behavioral Sciences (2nd ed.)*, McGraw-Hill
Siegel, S., Castellan, N. J., Jr. (1988) *Nonparametric Statistics for the Behavioral Sciences 2nd ed.*, McGraw-Hill
SKETCH 研究会統計分科会（楠正訳）(2005)『臨床データの信頼性と妥当性』サイエンティスト社
Smithson, M. (2003) *Confidence Intervals Sage publications*
Snedecor, G. W., Cochran, W. G. (1967) *Statistical Methods*, The Iowa University Press
Stigler, S.M. (1986) *The history of statistics*, Belknap & Harvard
Stone, M. (1974) *Cross-validatory choice and assessment of statistical predictions*, J. Royal Stat. Soc. Ser. B 36, 111−147
T. Kariya and H. Kurata (2004). *Generalized Least Squares*. John Wiley & Sons
Takeshi AMEMIYA (1985) *Advanced Econometrics*, Harvard University Press
Takeshi AMEMIYA (1994) *Introduction to Statistics and Econometrics*, Harvard University Press
Thisted, R. A. (1988) *Elements of Statistical Computing*, Chapman & Hall
Tibshirani, R. (1996) *Regression Shrinkage and Selection via the Lasso*, J. Royal Statistical Society, B, 58, pp.267−288
Toothaker, L. E. (1993) *Multiple Comparison Procedures*, Sage University Paper 89
Tukey, J. W. (1958) *Bias and Confidence in Not-quite Large Samples*, Ann. Math. Stat., 29, 614
Tukey, J. W. (1962) *The Future of Data Analysis*, Ann. Math. Stat. 33, 1−67
Tukey, J. W. (1986) *The Collected Works of John W. Tukey*: Wadsworth & Brooks,

Kluwer Academic Publishers
W.B. バイロン (医学統計研究会訳) (1995)『医学統計解析入門』MPC
Weisberg, S. (1985) *Applied Linear Regression 2nd ed.*, John Wiley & Sons
Weisberg, S. (2005) *Applied Linear Regression* 3rd ed, Wiley-Interscience
Wetherill, B.G. (1986) *Regression Analysis with Applications*, Chapman &Hall
Winer, B. J. (1971) *Statistical Principles in Experimental Design*, McGraw-Hill
Yang, M.C.K. (1986) D.H.Robinson *Understanding and learning statistics by computer*

索　引

ア行

一元配置	224
一様最強力検定	151
一様最小分散不偏推定量	94
一様分布	55
一致推定量	93
一致性	93
一般化線形モデル	218
因子数	223
ウィルコクソン	271
上側信頼限界	101
F 検定	230
F 統計量	229
F 比	223
エラー・マージン（誤差幅）	106
オッカムの剃刀	205
オッズ比	218

カ行

カール・ピアソン	15
回帰分析	154
χ^2 適合度検定	116,142
χ^2 統計量	74
χ^2 分布	75,142
χ^2 分布表	60,118
確率収束	93
確率正規分布	35
確率的誤差	224
確率論	8
完全な多重共線性	179
完全ランダム計画	231
官庁データ	3
カント	16
感度	210
感度分析	210
完備型	244
ガンマ分布	59
幾何分布	51
棄却域	130
棄却されない	118
棄却する	118
危機理論	2
記述統計学	8
帰納理論	124
帰無仮説	131
逆確率	107
共分散分析	244
行列	172
偶然誤差	15
区間推定	95,106
クックの距離	212
クラメール＝ラオの下限	108
計算機統計学	301
決定係数	198
検出力	144
ケンドール	7
ケンドールの順位相関係数	275,277
公害	4
交互作用	241
交叉確認法	301
交通事故	2
コーシー＝シュワルツの不等式	110
国際システム指標	3

国勢調査	8	
誤差	15,223	
ゴセット	78	
固有値問題	182	
ゴルトン	15,137	
コンピュータ多用統計学	301	

サ行

最強力検定	150
再サンプリング法	300
最小十分	87
最小二乗法	155
最良線形不偏推定量	214
三元配置	243
GDP 統計	3
ジェイムス・スタイン推定量	294
シェフェの方法	249
事後確率	286
事後分布	289
指数分布	56
事前確率	286
自然な共役事前分布	289
事前分布	289
下側信頼限界	101
実験計画	222
シミュレーション実験	34
シミュレート	296
社会調査	105
ジャックナイフ法	297
重回帰分析	201

集計されたデータ	18
重相関係数	198
充足統計量	82
自由度	205
自由度調整決定係数	205
十分統計量	82
縮減推定量	113
主効果	242
主成分回帰	190
順位	269
順位和検定	271
順序統計量	269,272
小標本	79
小標本理論	254
情報不等式	109
除去	297
ショッピング原理	150
信頼区間	101,106
信頼係数	101
水準	222
推測の議論	107
推定量	90
推定論	90,270
数理統計学	51
スタインのパラドックス	113
スチューデント化	248
スチューデントの t 統計量	43
スチューデントの t 分布	122
スピアマンの順位相関係数	272

生活価値	3
生活時間調査	2
正規分布	35,50
精度	292
精密標本論	254
摂動理論	214
z 検定	77
漸近的有効推定量	110
全数調査	8

タ行

対数正規分布	63
大数の強法則	255
大数の弱法則	257
大数の法則	255
大標本	79,258
大標本理論	254
対立仮説	127
多元配置	223,243
多重共線性	177
多重性	246
多重比較	245
ダミー変数	216
中心極限定理	70,258
超幾何分布	51
直交表	223
つりあい型	244
t 分布表	79
定数模型	245
データ	14
テューキー法	247

点推定	90	否定する	118	ベータ分布	62
ド・モアブル	27	否定するには至らない	118	偏回帰係数	131
統計学	3	ピボータル量	108	変動原因	223
統計数字	9	表形式	16	ポアソン分布	50
統計データ	9	標準化変数	187	法則収束	261
統計的仮説検定	125	標準誤差	168	母集団	40
統計的推測	8	標本	41	母集団分布	41
統計的に有意	122	標本の確率分布	289	母数	154
『統計的方法と科学的推論』81		頻度主義	286	ボックス＝ミュラー法	138
統計量	41,44	フィッシャー	76	ボンフェローニ法	247
統計倫理	3	フィッシャー情報量	109		
独立性	142	フィッシャーの z 変換	105	**マ行**	
		フィデューシャル確率	107	マローズの基準	207
ナ行		ブートストラップ法	299	マン＝ホイットニー検定	280
二項分布	50	不完備型	244	見かけ上の相関	203
2次元（2変数）正規分布	64	復元抽出	297	右片側検定	130
2標本検定	132	負の二項分布	54	モンテ・カルロ法	296
ネイマン＝ピアソン理論	126	不偏性	90		
ネイマンの因数分解基準	86	分散	18,222	**ヤ行**	
ノンパラメトリック	268	分散・共分散行列	172	有意	117
ノンパラメトリック検定	269	分散成分	245	有意確率	124
		分散比	229	有意差	43
ハ行		分散分析	222	有意水準	117
配置	223	分布によらない統計的方法		有意性検定	76,102
背理法	152		272	有意性検定論	76
外れ値	210	平均（期待値）	45	有効推定量	110
パラメータ	272	平均二乗誤差	113	尤度	289
パラメータ表示	154	平均平方	229	尤度比	150
非許容的	293	ベイジアン	107,286	要因	222
非線形モデル	154	ベイジアン・アプローチ	288	要因実験	243
左片側検定	130	ベイズの定理	286	世論調査	4

索 引 319

ラ行

ラテン方格	244	両側検定	130	ロバスト推定	281
リッジ回帰	181	連続型の分散	47		
		ロジスティック関数	217		

著者紹介

松原　望（まつばら　のぞむ）

1942 年　東京に生まれる
1966 年　東京大学教養学部基礎科学科　卒業
　　　　文部省統計数理研究所・研究員
　　　　スタンフォード大学大学院統計学博士課程に留学
　　　　筑波大学社会工学系助教授
　　　　エール大学政治学部フルブライト客員研究員
　　　　東京大学教養学部社会科学科教授
　　　　同大学院総合文化研究科・教養学部教授
　　　　東京大学大学院新領域創成科学研究科教授
　　　　上智大学外国語学部（国際関係論副専攻）教授
　　　　Ph.D（スタンフォード大学）
現　在　聖学院大学大学院政治政策学研究科教授，東京大学名誉教授
著　書　『入門確率過程』（東京図書）
　　　　『計量社会科学』（東京大学出版会）
　　　　『実践としての統計学』共著（東京大学出版会）
　　　　『意思決定の基礎』（朝倉書店）
　　　　『社会を読み解く数理トレーニング』（東京大学出版会）
　　　　『統計学 100 のキーワード』編・共著（弘文堂）
　　　　『ゲームとしての社会戦略（改訂版）』（丸善）
　　　　『入門ベイズ統計』（東京図書）
　　　　『わかりやすい統計学（第 2 版）』（丸善）
　　　　『社会を読み解く数学』（ベレ出版）
　　　　『数学の基本　やりなおしテキスト』共著（ベレ出版）他
　　　　『ベイズ統計学概説』（培風館）
　　　　『はじめよう！　統計学超入門』（技術評論社）
　　　　『松原望の確率過程超！入門』（東京図書）
　　　　『ベルヌーイ家の人々』（技術評論社）
訳　書　M. テーラー『協力の可能性』（木鐸社）
　　　　I. スチュアート『イアン・スチュアートの数の世界』（朝倉書店）
編　集　『統計応用の百科事典』（丸善）
著者の Web サイト　http://www.qmss.jp/portal/

まつばらのぞむ　とうけいがく	
松原 望　統計学	Printed in Japan

2013年9月25日 第1刷発行　　　　　© Nozomu Matsubara 2013

著 者　松 原　　望
発行所　東京図書株式会社
〒102-0072 東京都千代田区飯田橋 3-11-19
振替 00140-4-13803 電話 03(3288)9461
http://www.tokyo-tosho.co.jp

ISBN 978-4-489-02160-2

Ⓡ〈日本複写権センター委託出版物〉
本書の全部または一部を無断で複写複製（コピー）することは，著作権法上での例外を除き，禁じられています．本書からの複写を希望される場合は，日本複写権センター（03-3401-2382）にご連絡ください．